浙江省普通高校"十三五"新形态教材

女装结构设计

浦海燕 虞紫英 吴 薇 主编

PATTERN MAKING FOR WOMEN'S WEAR

化学工业出版社

·北京·

内容提要

服装结构设计是把款式图变成平面图的过程，它是服装设计的组成部分，既是款式设计的延伸和实现，又是工艺设计的依据和基础，在整个服装设计中，起承上启下的作用。女性体表是一个复杂的不规则曲面，既有内在的和谐性，又具有规律性，女装结构设计就是通过对省道、分割线、褶、裥等的综合运用来进一步体现女性的美。

本书的制板实例品类齐全，包括裙装、连衣裙、裤装、衬衫、衣领结构、衣袖结构等经典女装的结构设计，可作为大中专服装院校师生、服装厂技术人员、裁剪制衣店技术人员、广大服装设计爱好者学习和参考用书。

图书在版编目（CIP）数据

女装结构设计/浦海燕，虞紫英，吴薇主编. —北京：化学工业出版社，2020.8

ISBN 978-7-122-37119-5

Ⅰ.①女… Ⅱ.①浦…②虞…③吴… Ⅲ.①女服-结构设计-教材 Ⅳ.①TS941.717

中国版本图书馆CIP数据核字（2020）第092334号

责任编辑：张　蕾　　文字编辑：郝芯缈　陈小滔
责任校对：边　涛　　装帧设计：史利平

出版发行：化学工业出版社（北京市东城区青年湖南街13号　邮政编码100011）
印　　装：三河市延风印装有限公司
710mm×1000mm　1/16　印张12½　字数250千字　2020年10月北京第1版第1次印刷

购书咨询：010-64518888　　售后服务：010-64518899
网　　址：http://www.cip.com.cn
凡购买本书，如有缺损质量问题，本社销售中心负责调换。

定　　价：39.80元

前 / 言

服装结构设计是服装设计专业教学的重要组成部分，国内外相关高等院校大都将其作为服装专业的必修课。服装结构设计是服装专业的三大主干课程之一，既是服装款式设计的延伸与发展，又是工艺设计的依据与基础，在整个服装设计中，起着承上启下的作用。女装结构设计是服装结构设计的重要分支。

基于当前“互联网 + 教育”的教育信息化时代背景，仅以纸质教材为媒介的课堂教学载体已难以适应当前的教育需要，发展纸质教材与数字化资源一体化的新形态教材势在必行。为积极响应浙江省高校“十三五”新形态教材建设项目，本教材利用信息技术创新教材形态，充分发挥新形态教材在线上线下混合式教学改革和实践方面的作用，使教材与《女装结构设计》的在线课程（获 2019 年浙江省省级精品在线开放课程认定结构）深度融合，提高教学质量，提升人才培养质量。

本教材的创新点主要在于突破了传统纸质教材的编制模式，融入了“互联网 + 教育 + 出版 + 服务”的理念，通过移动互联网技术的运用，以嵌入二维码的纸质教材为载体，配套移动端应用软件，将纸质教材、在线课程网站和教学资源库的线上线下教育资源有机衔接，营造教材即课堂、教材即教学服务、教材即教学场景的全立体教材形态，满足学生随时随地学习、交流与互动的需求。

本教材的撰写在思想指导、框架构思、案例选择和语言表达等方面尽可能多地考虑教材的实用性、趣味性及专业度。主要体现在以下几点。

1. 本教材根据女装部件概念和分类，从女装结构设计的基础知识到不同基本款、变化时尚款的结构分析、步骤讲解，用分类阐述的方式表达。每章节开头设计引导性问题，结尾设计一定的思考题与项目练习，重点、难点附设二维码（进入视频讲解），使知识点得以巩固和拓展，使学习体验得到更好的提升。

2. 本教材以日本文化式新女装原型（即第八代原型）进行原型法的结构设计，原型法的特点有原理清晰、简便易学、善于变化、适用性广、普及率高等，能较好地顺应小批量、多品种、快时尚、个性化的服装发展趋势。教材内容主要有两大部分：一部分是基础知识，衣身、衣领、衣袖的部件结构原理和结构设计；另一部分是裙子、裤子、连衣裙、女衬衫的整体结构原理、结构设计和纸样制作。

3. 本教材收集了丰富的经典女装款型实例，分析讲解的案例均经过实践检验，实用性、可读性强，旨在与读者分享和促进多样化的学习方法及研究氛围。

4. 本教材文字简练、通俗易懂，形式上图、文、视频并茂；内容安排系统规范，实操性较强，理论知识与实践内容逐一对应，配以简单明了的设计案例的分析和讲解，让读者学有兴趣，从而提高学习的有效性。

本教材第一章文稿由嘉兴学院浦海燕、江西师范大学吴薇共同编写，第五章、第六章、第七章文稿由浦海燕编写，第二章、第三章、第四章、第八章文稿由嘉兴学院虞紫英编写。第三章至第八章的概述部分微课由嘉兴学院刘建铅录制，第一章第一节、第二章、第三章和第四章（除概述）、第八章（除概述）微课由虞紫英录制，第一章（除第一节）、第五章至第七章（除概述）微课由浦海燕录制。全书由浦海燕负责统稿。

本教材可作为服装相关专业教学用书，也可以作为相关行业技术人员提高职业技能的技术参考书，也可面向业余爱好者。

本教材在编写过程中参阅了多种书籍、图片和资料等（详见参考文献），在此特向相关编者表示诚挚的谢意。本教材的编写与江西师范大学美术学院服装系、平湖服装创意服务有限公司（平湖服装文化创意园）进行了一定的合作，得到诚恳的帮助与支持，在此表示衷心的感谢！

新形态教材建设任重而道远，限于笔者的水平和时间仓促，书中不当之处及遗漏在所难免，欢迎广大读者给予批评指正，不胜感激！

编者

2020 年 5 月

目 / 录

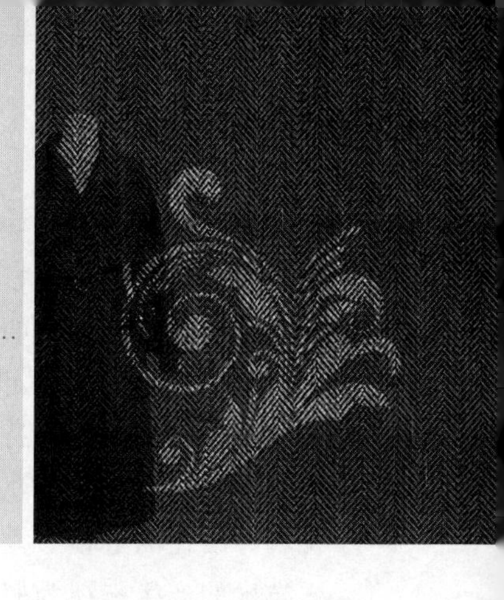

▶▶

第一章 服装结构设计基础

第一节　服装结构制图基础

预习思考

- 你了解服装结构设计吗？
- 服装结构设计基础知识有哪些？

视频01　概述

一、概述

（一）服装结构设计

现代服装的设计与实现是一项复杂的系统工程。根据各阶段的不同内容特点，主要分为造型设计（款式设计）、结构设计（板型设计）和工艺设计三部分。造型设计是进行服装设计的总体方向和基调。结构设计是实现技术的核心，它既是造型设计的延续和发展，又是工艺设计的依据和基础。因此，在服装设计中，结构设计起着承上启下的重要作用。

服装结构设计主要以人体为基础，研究服装的立体构成和平面结构的规律，是一门艺术与技术相结合、理论与实践相结合、功能与审美相结合的综合学科。服装结构设计可分为平面结构设计、立体结构设计、平面结构和立体结构相结合设计。服装结构设计要忠实于设计师的原创设计理念，又可进行二次设计，是服装设计系统工程中不可或缺的环节。

（二）服装平面结构设计与纸样

服装平面结构设计是以服装的平面展开形式——服装结构制图，来揭示和阐述服装结构的内涵、各部位的相互关系以及功能性和装饰性的技术融合。具体地说，它是通过人脑对人体与服装立体形态的剖析，在纸上绘制平面结构图，利用省道、褶裥及各种形式的分割线等变化手段，使服装构思具体化，使平面状的布料符合复杂的人体曲面，满足人体的静态舒适性和动态活动性。

服装平面结构设计主要是通过纸样（样板）来实现成衣加工的。借助纸样得到服装的面料裁片，再将裁片缝制加工成成衣。纸样是当今服装工业标准化的必要手段，实现高效而准确的服装工业化生产离不开纸样。除了用于批量生产服装的工业纸样以外，还有用于定制服装的单款纸样、家庭使用的简易纸样、有地域或社会集团区别的号型纸样和特体纸样等。

总之，服装工业化造就了纸样技术，纸样技术的发展和完善又促进了成衣社会化和标准化的进程，繁荣了时装市场，促进了服装设计和加工业的发展。因此，纸样技术的产生被视为服装行业的第一次技术革命。

（三）服装结构设计师

服装结构设计师在企业中通常被称为服装打板师。服装结构设计师的工作主要是按照服装艺术设计师的设计稿完成每款的纸样（样板）制作、生产工艺单制作，指导样衣工制作样衣，并根据生产的批量完成纸样的推板。除此以外，也要参与生产过程的质量控制。因此，服装结构设计师需要艺术审美素养高、款式解构能力强、专业技术素养过硬、团队合作和沟通能力良好。

一件服装设计作品离不开时尚的流行趋势，带着服装艺术设计师的艺术风格和个性创意，服装结构设计师须具备相当强的领悟能力，才能够充分领会作品的设计理念和设计意图，忠实于服装艺术设计师的原创设计并能够在其基础上进行二次创造。

服装结构设计师的专业能力具体可表现为服装材料的性能和外观效果的识别选择及应用能力、服装工艺处理能力和新技术在服装制作过程中的应用能力、服装机械新设备和计算机应用能力、服装成衣生产流程管理和技术文件处理能力等。服装结构设计师只有具备相当强的专业结构和解构能力，才能够正确审视服装效果图的结构组成、各部位比例关系和具体尺码等，才能够在造型（款式）与结构设计中寻找到共同语言和切入点，绘出准确的结构图，完成的纸样才能既符合服装艺术设计师唯美、时尚、个性化的要求，又适合工艺加工的可行性、工业化、经济化的要求。

作为一名优秀的服装结构设计师，良好的沟通能力和团队协作精神亦是不可或缺的必备素养。结构设计是将服装设计效果图稿实现为成衣的桥梁，服装结构设计师既要做好与艺术设计师的沟通，还要做好与缝制成衣工人的沟通。完成一件完美的服装设计作品，是一个优秀团队合作的结果。

二、服装结构制图基本常识

（一）服装主要部位中、英、日文名称及字母代号

服装主要部位中、英、日文名称及字母代号如表1-1所示。

表 1-1 服装主要部位中、英、日文名称及字母代号

中文名	字母代号	英文名	日文名
胸围	B	Bust	身巾、バスト
腰围	W	Waist	ウエスト
臀围	H	Hip	ヒップ
颈围	N	Neck	衿ぐり、ネック
肩宽	S	Shoulder	肩巾、肩幅
线、长度	L	Line、Length	線、長
衣长	L	Length	身丈
袖长	SL	Sleeve Length	袖丈
袖窿弧长	AH	Arm Hole	アームホール弧長
肘线	EL	Elbow Line	肘線
膝围线	KL	Knee Line	膝巾線
前中线	FCL	Front Center Line	前に正中線
胸点	BP	Bust Point	胸の高
侧颈点	SNP	Side Neck Point	側の肩點
前颈窝点	FNP	Front Neck Point	首の肩點
后颈窝点	BNP	Back Neck Point	后の肩點
上裆	TR	Top Rise	股上
下裆(内裆)	BR	Bottom Rise	股下
前裆长(前浪)	FR	Front Rise	股くり
后裆长(后浪)	BR	Back Rise	尻くり

(二) 服装结构制图的线条与符号

服装结构制图常用的线条与符号如表 1-2 所示。

表 1-2 服装结构制图常用的线条与符号

序号	线条符号	名称	说明
1	————————	细实线	1. 结构线(框架线) 2. 尺寸线、尺寸界线 3. 引出线等
2	━━━━━━━━	粗实线	轮廓线
3	------------	虚线	示意线、透视线
4	-·-·-·-·-·-·-	点画线	左右、上下对折线

续表

序号	线条符号	名称	说明
5		等分符号	此段进行若干等分(平分)
6		等长符号	两段长度相等
7	△▲○●◎□■◇◆☆★	等量符号	两个以上部位等量
8		省缝	需要缝合的省道
9		规则褶裥	1. 向左折、向右折 2. 对折(明裥、暗裥)
10		不规则抽褶	抽缩形成不规则皱褶
11		直角	两线垂直
12		剪开	该部位剪开
13		特别长度	未画完整的长度
14		合并	两个裁片在某部位接合
15		丝绺线	衣料的经纱方向
16	2　1.5　4　H/4	标注线	表示该线段的长度
17		拉链	该部位装拉链
18		松紧带	该部位装松紧带
19	归拢　拔开	归拔	该部位熨烫后收缩(归拢)、伸展拔长(拔开)

（三）服装专业术语

服装专业术语是服装行业用于专业技术交流的语言。我国各地使用的服装专业术语大致有三种来源。一是外来语，主要源于英语的音译和日语的汉字，如克夫(cuff)、育克（yoke)、塔克（tuck)、补正（日语汉字）等；二是地方民间的服装工艺术语，如袖头、挂面、撇门、窝势等；三是其他工程技术术语的移植，如轮廓线、结构图等。具体介绍如表1-3所示。

表1-3　服装专业术语

序号	服装专业术语	释义
1	省道	为让平面的衣料适合立体的人体外形，通过捏进(折叠)衣料的方式，使衣料形成隆起或者凹进的立体效果
2	门襟	衣身前中锁扣眼的衣片部位
3	里襟(底襟)	衣身前中钉纽扣的衣片部位
4	搭门	又称叠门，门、里襟扣合重叠的部分
5	止口	服装领、前门、腰头等部位的外边沿
6	贴边	一般用于无领领口、无袖袖口等毛边做光的工艺方法，贴在领口、袖口向里翻的一层面料
7	挂面	门、里襟的内层
8	过肩	肩缝前移，越过原肩缝部分
9	育克(yoke)	英译，衣片横向分割，上面的一块称为育克。常见的有肩育克、腰育克
10	克夫(cuff)	英译，即袖头
11	撇门	也叫劈门，位于前衣片中心线位置处的一种省道形式，使成衣符合人体胸坡度
12	窝势	经过熨烫或收省，使衣片产生立体变形，出现漏斗状曲面，与人体“球面”相吻合
13	吃势	相拼接的两个部位如袖山弧线与袖窿弧线，长的一边(袖山弧线)需抽缩(吃进)一定的量后与另一边(袖窿弧线)拼合，抽缩(吃进)的量称为吃势量
14	劈势	直线的偏进量，如前裤片侧缝上端的偏进量
15	困势	直线的偏出量，如后裤片侧缝上端的偏出量
16	翘势	轮廓线与水平线之间抬高(上翘)的量，如后裤片后裆起翘量
17	凹势	弧线部位凹进的量
18	胖势	弧线部位胖出的量
19	幅宽	又称门幅，指衣料的纬向宽度
20	缝份	服装缝制时缝在缝线外的部分，一般为1cm
21	净板	不含缝份的样板
22	毛板	包含缝份在内的样板
23	刀眼	样板上的对位标记，便于缝制时的准确对位

续表

序号	服装专业术语	释义
24	缩率	面料经过水洗、熨烫等处理后收缩的比率
25	倒涨	面料经过水洗、熨烫等处理后出现负缩率
26	豁口	左右前襟下部重叠过少，出现“八字”型褶皱
27	搅盖	左右前襟下部重叠过多，出现“倒八字”型褶皱
28	止口反吐	衣服止口处处理不当，出现内松外紧、内长外短

（四）服装制图工具

1. 常用工具

20cm 直尺、50cm 直尺、丁字尺、三角尺、铅笔、橡皮、裁剪刀、剪纸剪刀、裁纸刀、胶水、固体胶、双面胶、A4 打印纸、牛皮纸等。

2. 专用工具

服装制图最常用的专业工具如表 1-4 所示。

表 1-4　服装制图最常用的专业工具

工具	用途	工具	用途
软尺 带形软尺  卷尺 	用于量体，测量曲线等	锥子 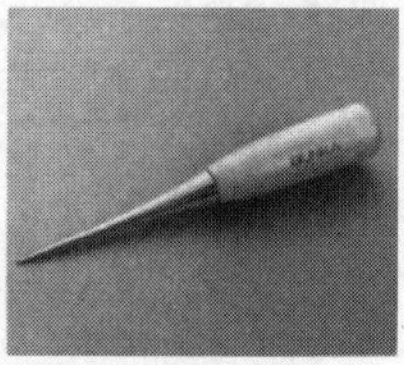	钻孔工具 用于纸样制作和缝制衣片时的定位
描线器（滚轮） 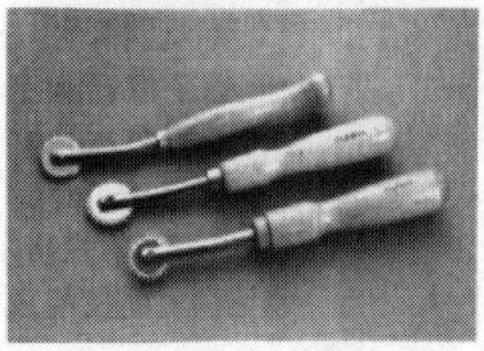	复制制板师专用工具 主要用于复制纸样的曲线	刀眼钳 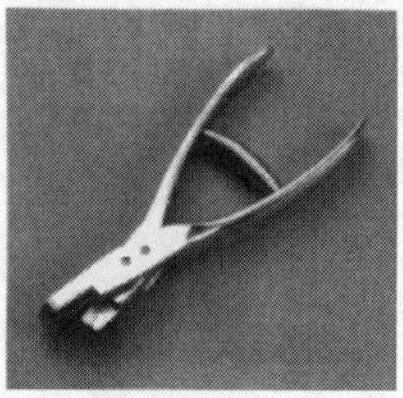	对位刀眼工具 主要用于服装纸样外边线上对位刀眼的剪切

3. 辅助工具

服装制图时可用到的辅助工具有比例尺、量角器、圆规、各式服用曲线尺等。

（五）长度单位及换算

1. 公制

1m（米）＝100cm（厘米）
1cm（厘米）＝10mm（毫米）

2. 市制

1 丈＝10 市尺
1 米＝3 市尺
1 市尺＝10 市寸
1 市寸＝10 市分

3. 英制

1″（英寸）＝2.54cm（厘米）
1″（英寸）＝8 英分
1′（英尺）＝12″（英寸）
1Y（码）＝3′（英尺）＝36″（英寸）＝91.44cm（厘米）

第二节　人体特征分析及人体测量

视频 02　制图基础知识

预习思考

- 与服装相关的人体特征有哪些？
- “量体裁衣”中的量体具体怎么进行？

视频 03　人体知识与量体

一、体型特征

（一）人体比例

人体的比例关系一般用头身比来表示，头身比＝身高/头全高。正常体成年女性的头身比是 7 头身，如图 1-1。人会随年龄增长而发生体型的变化，比如变胖或者变瘦，或者肌肉开始松弛下垂等，但这些体态变化不会影响人体的比例关系，只会引起视觉上的差异。

（二）体型观察

人体的外形特征可归纳为正常体型和特殊体型两大类。特殊体型主要表现为挺胸、驼背、凸臀、腆腹、平肩、溜肩等。了解体型特征是做好结构设计的重要前

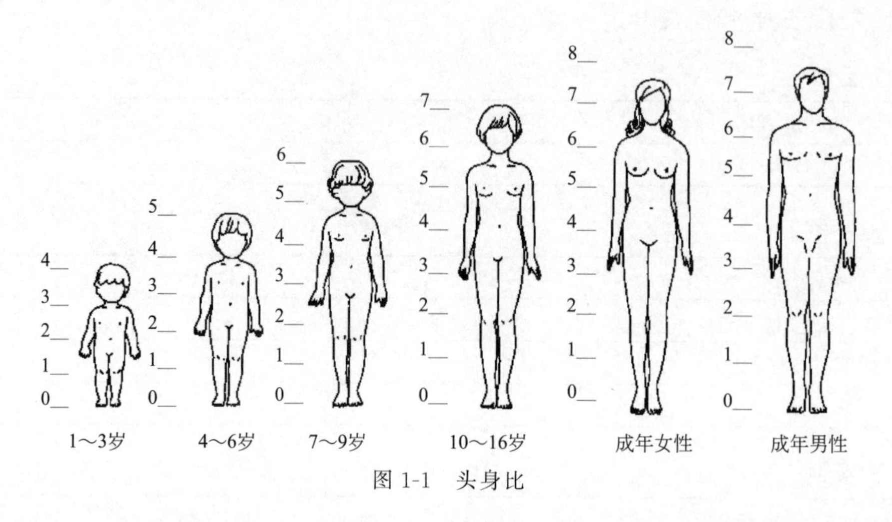

图 1-1 头身比

提，如通过比较胸围、腰围和臀围，可以确定服装廓型、省量大小；比较上体与下体长度，可以调整服装的长度和比例；比较胸点、后背凸点位置，可以确定前、后省尖的位置；比较前胸与后背宽度，可以确定相应的放松量等。

（三）人体部位与服装衣片

1. 头、颈部位

头、颈部位是服装的帽子、领子裁片的依据，头高、头围、颈围决定着帽子、领子裁片的尺寸。

2. 躯干部位

肩部、胸部、背部、腰腹臀部等是服装前、后衣身片等的依据；肩宽、胸围、腰围、臀围、胸宽、背宽等决定前、后衣身裁片的尺寸。女装躯干部合体的形态可以通过收省、褶裥、分割缝来实现。

3. 上肢（臂、手）

上肢（臂、手）是服装袖片的依据，臂长、臂围、肘围、腕围等决定着袖片的尺寸。

4. 腰、腹、臀、下肢（腿、足）

腰、腹、臀、下肢（腿、足）是下装（裤片、裙片）的依据，腰围高、腰围、臀围、臀长、上裆长、膝围、脚踝围等决定着下装（裙子、裤子、裙裤）裁片的尺寸。

二、人体测量

服装是人体的第二层皮肤，它是人体的外包装、软雕塑。所谓“量体裁衣”是指制作成衣之前需要先进行人体测量，得到人体各部位的尺寸数据，才能做出合体美观的成品衣服。

（一）人体测量的意义

人体测量是正确把握人体体型特征的重要手段，是进行服装结构设计的前提，是设计师必须具备的基本技能。服装号型标准的制定，是建立在大量人体测量的基础上的。

（二）人体测量要点

① 净尺寸测量、定点（人体基准点）测量、厘米制测量。

② 测量时自然站立，头部自然向前，耳、眼保持水平，呼吸保持平稳，背自然伸展不抬肩，双臂自然下垂，手掌朝向身体一侧，脚后跟并拢，脚尖自然分开。

③ 测量穿着贴体内衣裤。测量围度时注重在最丰满部位（如胸围、臀围）或最细部位（如腰围）水平围量一周，软尺保持水平、松紧适宜；测量长度、宽度时应顺势贴身，按照从前到后、从左到右、从上到下的顺序进行。

（三）人体测量部位和方法

人体测量是服装结构设计的前提，量体的数据是否准确合理，决定了结构制图的准确合理性，进而决定了制作出的服装是否合体、舒适、美观。不同的服装款型，制作时所需测量的部位有些不同，贴体服装需要的部位数据越多越好，宽松服装需要的部位数据则不需要太多。表 1-5 中的测量部位基本能满足一般服装制作的需求。

表 1-5　测量部位和方法

序号	测量部位（净体）	测量方法	服装成衣规格（含放松量）
1	胸围	在胸部最丰满处（经 BP）水平围量一周	胸围
2	腰围	在腰部最细处水平围量一周	腰围
3	臀围	在臀部最丰满处（过臀凸点）水平围量一周	臀围
4	头围	经前额中点、耳上方、头后部突出部位围量一周	头围
5	颈围	在颈部水平围量一周	上领围
6	颈根围	经前颈点、侧颈点、后颈点围量一周	下领围
7	臂围	在上臂最粗处水平围量一周	袖宽
8	臂根围	经肩点、前后腋点绕臂根围量一周	袖窿深
9	腕围	经过尺骨突点，与前腕轴呈直角的围长	克夫袖口
10	掌围	五指并拢，在拇指最突出部位围量一周	西服袖口
11	背长	从后颈点经肩胛骨点垂直量至腰部最细处的长度	背长
12	衣长	从侧颈点经前胸垂直向下量至所需位置的长度	衣长
13	前腰节长	从侧颈点经胸点垂直量至腰部最细处的长度	前腰节长
14	后腰节长	从侧颈点经肩胛骨点垂直量至腰部最细处的长度	后腰节长
15	胸高长	从侧颈点量至胸点（BP）的长度	胸高长

续表

序号	测量部位（净体）	测量方法	服装成衣规格（含放松量）
16	臂长	从肩点沿手臂经肘点量至手腕点的长度	袖长
17	腰围高	从腰部最细处垂直向下量至地面的长度	裤长
18	腰长	从后腰节点沿臀部体型量至臀凸点的长度	臀长
19	股上长	常采取坐姿，从腰线量至凳面的垂直高度	立裆(上裆)
20	肩宽	从左肩点经后颈点量至右肩点的体表实长	肩宽
21	前胸宽	从左前腋点量至右前腋点的体表实长	前胸宽
22	后背宽	从左后腋点量至右后腋点的体表实长	后背宽
23	乳间距	从左胸点量至右胸点的水平距离	胸间距

第三节　服装号型与成衣规格设计

预习思考

- 什么是服装号型？
- 你穿哪个号型的服装？

视频04　服装号型与成品规格测量

一、服装号型

（一）号型定义

我国的《服装号型》标准是由国家技术监督局颁布的强制性国家技术标准，是建立在科学调查研究基础上的，具有一定的准确性、普遍性和广泛性。它是表示服装产品大小和适穿人体范围的重要指标。国标确定将身高命名为“号”，人体胸围和腰围及体型分类代号为“型”。

“号”指人体的身高，是设计服装长度的依据。“型”指人体的净体胸围或腰围，是设计服装围度的依据。号型是人体净体数值而不是服装的具体规格尺寸。服装的成衣规格尺寸必须以人体的净体数值为基础，根据不同部位、不同款型、不同面料等因素加放不同的放松量。

（二）体型分类

根据国情，我国的服装号型标准使用围度差作为划分体型的依据，即以胸围与腰围差的数值作为划分体型的依据，将人体体型以胸腰差从大到小的顺序依次命名为Y、A、B、C型。其中A型是人数最多的普通人的体型，而Y型则是中腰较小

的人的体型，B型、C型与A型相比，腰围尺寸较大，故一般B型与C型表示稍胖和相当胖的人的体型，具体见表1-6。

表1-6　体型分类　　单位：cm

体型类别		Y(苗条)	A(普通)	B(稍胖)	C(胖)
胸(B)腰(W)差	女	19～24	14～18	9～13	4～8
	男	17～22	12～16	7～11	2～6

（三）号型标志

服装号型标准规定，成品服装上必须标明号、型，号、型之间用斜线分开，后接体型分类代号。例如，160/84A，其中“160”表示身高为160cm，“84”表示净体胸围为84cm，体型为A型，适合于身高在158～162cm，胸围在82～86cm，且胸腰差在14～18cm，属于A体型的女子。对于套装系列，上下装必须分别标有号型标志。

（四）号型系列

把人体的号和型进行有规律的分档排列即为号型系列。服装号型标准中规定，身高以5cm分档、胸围以4cm分档、腰围以4cm和2cm分档，组成5·4系列和5·2系列。上装采用5·4系列，下装采用5·4系列和5·2系列，如图1-2所示。上、下装配套时，上装可以在系列表中按需选一档胸围尺寸，下装可选用一档腰围尺寸。做裤子或裙子也可按系列表选两或三档腰围尺寸，分别做两条或三条裤子或裙子。例如，160/84A号型，其净体胸围为84cm，由于是A体型，它的胸腰差为14～18cm，所以腰围尺寸应在66cm(84cm－18cm)～70cm(84cm－14cm)，即腰围为66cm、67cm、68cm、69cm、70cm。选用腰围分档数值为2cm，那么可以选用的腰围尺寸为66cm、68cm、70cm三个尺寸，也就是说，如果在为上、下装配套时，可以根据84型在上述三个腰围尺寸中任选，如图1-3所示。

图1-2　上装和下装的号型系列

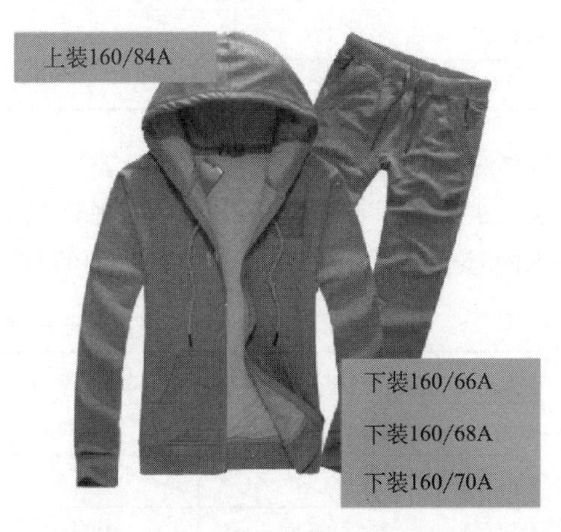

图1-3　上、下装配套的号型系列

（五）号型配置

规格系列表中的号型基本上能满足某一体型90%以上人们的需要，但在实际生产和销售中，由于投产批量小、品种不同，服装款式或者穿着对象不同等的客观原因，往往不能或者不必全部完成规格系列表中的规格配置，而是选用其中的一部分规格进行生产或选择部分热销的号型安排生产。号型配置方式一般有一号配一型、一号配多型和多号配一型等。

1. 一号一型

表1-7为某品牌所售一款裤装的规格尺寸表，从表中可看出一号配一型的号型配置方式。

表1-7　某品牌所售裤装的规格尺寸

某品牌号型	商品尺寸					建议身材/cm
	臀围	底裆宽	上裆	下摆宽度	裤内裆长	腰围
160/64A(XS)	88	26.5	22.5	14.5	76	60～68
165/72A(S)	94	28.5	23	15	76	68～76
170/80A(M)	100	30.5	24	16	76	76～84
175/88A(L)	106	32	25	17	76	84～92

2. 一号多型

表1-8为某品牌所售一款裤装（C体型尺码）的规格尺寸表，从表中可看出一号配三型的号型配置方式。

表1-8　某品牌所售裤装（C体型尺码）的规格尺寸

某品牌号型	商品尺寸					建议身材/cm
	臀围	底裆宽	上裆	下摆宽度	裤内裆长	腰围
185/104C(XXL)	120	37	26.5	18.5	79	100～108
185/112C(3XL)	124.5	38.5	27.5	19	79	108～116
185/120C(4XL)	129.5	40.5	28.5	20	79	116～124

3. 多号一型

表1-9为某平台所售一款衬衫的规格尺寸表，普通规格后带T（Tall）的即为同型不同号规格，由此可见两号配一型的号型配置方式。

表1-9　某平台所售衬衫的规格尺寸

号型	胸围/英寸	腰围/英寸	袖长/英寸	颈围/英寸
S	34～36	34～36	32.5～33	14～14.5
M	38～40	38～40	33.5～34	15～15.5
L	42～44	42～44	34.5～35	16～16.5

续表

号型	胸围/英寸	腰围/英寸	袖长/英寸	颈围/英寸
XL	46～48	46～48	35.5～36	17～17.5
XXL	50～52	50～52	35.5～36	18～18.5
MT	38～40	38～40	35.5～36	15～15.5
LT	42～44	42～44	36.5～37	16～16.5
XLT	46～48	46～48	36.5～37	17～17.5
2XT	50～52	50～52	37.5～38	18～18.5

号型配置在具体使用时，可根据地区的人体体型特点或者产品特点机动灵活运用。灵活运用的原则是既满足大部分消费者的需求，同时又避免生产过量而造成产品积压。

二、成衣规格设计

国家服装号型标准的颁布，给服装规格设计特别是成衣生产的规格设计提供了可靠的依据，但服装号型并不是现成的服装成品尺寸。服装号型提供的均是人体尺寸，成衣规格设计的任务就是以服装号型为依据，根据服装款式、体型等因素，加放不同的放松量以制定出服装规格，满足市场的需求，这也是我们贯彻服装号型标准的最终目的。影响放松量的因素有生理舒适量、运动舒适量、面料性能、内衣厚度、服装造型、消费者穿衣习惯等。

（一）成衣规格设计原则

在进行规格设计时，必须遵循以下原则。

1. 中间体不能变

须根据标准文本中已确定的男、女各类体型的中间体数值，不能自行更改。

2. 号型系列和分档数值不能变

标准文本中已规定男、女的号型系列是5·4系列和5·2系列两种，不能自订其他系列。号型系列一经确定，服装各部位的分档数值也就相应确定，不能任意变动。表1-10～表1-14给出标准文本中女子各体型控制部位的分档数值和女子各体型号型系列，以供在进行规格设计时使用。

3. 控制部位数值不能变

号—身高，型—胸围、腰围。

4. 放松量可以变

放松量可以根据不同品种、款式、面料、季节、地区以及穿着习惯和流行趋势而变化。因此，贯彻服装号型标准只是统一型号，而不是统一规格，丝毫不影响服装品种、款式的发展和变化。

表 1-10　女子服装号型各系列分档数值

单位：cm

体型	Y								A							
部位	中间体		5・4 系列		5・2 系列		身高、胸围、腰围每增减 1cm		中间体		5・4 系列		5・2 系列		身高、胸围、腰围每增减 1cm	
	计算数	采用数	计算数	采用数	计算数	采用数	计算数	采用数	计算数	采用数	计算数	采用数	计算数	采用数	计算数	采用数
身高	160	160	5	5	5	5	1	1	160	160	5	5	5	5	1	1
颈椎点高	136.2	136.0	4.46	4.00			0.89	0.80	136.0	136.0	4.53	4.00			0.91	0.80
坐姿颈椎点高	62.6	62.5	1.66	2.00			0.33	0.40	62.6	62.5	1.65	2.00			0.33	0.40
全臂长	50.4	50.5	1.66	1.50			0.33	0.30	50.4	50.5	1.70	1.50			0.34	0.30
腰围高	98.2	98.0	3.34	3.00	3.34	3.00	0.67	0.60	98.1	98.0	3.37	3.00	3.37	3.00	0.68	0.60
胸围	84	84	4	4			1	1	84	84	4	4			1	1
颈围	33.4	33.4	0.73	0.80			0.18	0.20	33.7	33.6	0.78	0.80			0.20	0.20
总肩宽	39.9	40.0	0.70	1.00			0.18	0.25	39.9	39.4	0.64	1.00			0.16	0.25
腰围	63.6	64.0	4	4	2	2	1	1	68.2	68.0	4	4	2	2	1	1
臀围	89.2	90.0	3.12	3.60	1.56	1.80	0.78	0.90	90.9	90.0	3.18	3.60	1.60	1.80	0.80	0.90
体型	B								C							
部位	中间体		5・4 系列		5・2 系列		身高、胸围、腰围每增减 1cm		中间体		5・4 系列		5・2 系列		身高、胸围、腰围每增减 1cm	
	计算数	采用数	计算数	采用数	计算数	采用数	计算数	采用数	计算数	采用数	计算数	采用数	计算数	采用数	计算数	采用数
身高	160	160	5	5	5	5	1	1	160	160	5	5	5	5	1	1
颈椎点高	136.3	136.5	4.57	4.00			0.92	0.80	136.5	136.5	4.48	4.00			0.90	0.80
坐姿颈椎点高	63.2	63.0	1.81	2.00			0.36	0.40	62.7	62.5	1.80	2.00			0.35	0.40
全臂长	50.5	50.5	1.68	1.50			0.34	0.30	50.5	50.5	1.60	1.50			0.32	0.30
腰围高	98.0	98.0	3.34	3.00	3.30	3.00	0.67	0.60	98.2	98.0	3.27	3.00	2.37	3.00	0.65	0.60
胸围	88	88	4	4			1	1	88	88	4	4			1	1
颈围	34.7	34.6	0.81	0.80			0.20	0.20	34.9	34.8	0.75	0.80			0.20	0.20
总肩宽	40.3	39.8	0.69	1.00			0.17	0.25	40.5	39.2	0.69	1.00			0.17	0.25
腰围	76.6	78.0	4	4	2	2	1	1	81.9	82	4	4	2	2	1	1
臀围	94.8	96.0	3.27	3.20	1.64	1.60	0.82	0.80	96.0	96.0	3.33	3.20	1.66	1.60	0.83	0.80

注：1. 身高所对应的高度部位是颈椎点高、坐姿颈椎点高、全臂长、腰围高。

2. 胸围所对应的围度部位是颈围、总肩宽。

3. 腰围所对应的围度部位是臀围。

表 1-11　5・4/5・2 Y 号型系列（女子）　　单位：cm

腰围 身高 臀围	145		150		155		160		165		170		175	
72	50	52	50	52	50	52	50	52						
76	54	56	54	56	54	56	54	56	54	56				
80	58	60	58	60	58	60	58	60	58	60	58	60		
84	62	64	62	64	62	64	62	64	62	64	62	64	62	64
88	66	68	66	68	66	68	66	68	66	68	66	68	66	68
92			70	72	70	72	70	72	70	72	70	72	70	72
96					74	76	74	76	74	76	74	76	74	76

表 1-12　5・4/5・2 A 号型系列（女子）　　单位：cm

腰围 身高 臀围	145			150			155			160			165			170			175		
72				54	56	58	54	56	58	54	56	58									
76	58	60	62	58	60	62	58	60	62	58	60	62	58	60	62						
80	62	64	66	62	64	66	62	64	66	62	64	66	62	64	66	62	64	66			
84	66	68	70	66	68	70	66	68	70	66	68	70	66	68	70	66	68	70	66	68	70
88	70	72	74	70	72	74	70	72	74	70	72	74	70	72	74	70	72	74	70	72	74
92				74	76	78	74	76	78	74	76	78	74	76	78	74	76	78	74	76	78
96							78	80	82	78	80	82	78	80	82	78	80	82	78	80	82

表 1-13　5・4/5・2 B 号型系列（女子）　　单位：cm

腰围 身高 臀围	145		150		155		160		165		170		175	
68			56	58	56	58	56	58						
72	60	62	60	62	60	62	60	62	60	62				
76	64	66	64	66	64	66	64	66	64	66				
80	68	70	68	70	68	70	68	70	68	70	68	70		
84	72	74	72	74	72	74	72	74	72	74	72	74	72	74
88	76	78	76	78	76	78	76	78	76	78	76	78	76	78
92	80	82	80	82	80	82	80	82	80	82	80	82	80	82
96			84	86	84	86	84	86	84	86	84	86	84	86
100					88	90	88	90	88	90	88	90	88	90
104							92	94	92	94	92	94	92	94

表 1-14　5·4/5·2 C 号型系列（女子）　单位：cm

腰围 身高 臀围	145		150		155		160		165		170		175	
68	60	62	60	62	60	62								
72	64	66	64	66	64	66	64	66						
76	68	70	68	70	68	70	68	70						
80	72	74	72	74	72	74	72	74	72	74				
84	76	78	76	78	76	78	76	78	76	78	76	78		
88	80	82	80	82	80	82	80	82	80	82	80	82		
92	84	86	84	86	84	86	84	86	84	86	84	86	84	86
96			88	90	88	90	88	90	88	90	88	90	88	90
100			92	94	92	94	92	94	92	94	92	94	92	94
104					96	98	96	98	96	98	96	98	96	98
108							100	102	100	102	100	102	100	102

（二）成衣规格设计

成衣的规格设计实际上就是对规定的各个控制部位的规格设计。在实际设计规格时，应根据地域特点、面料、款式、季节等具体因素灵活运用。表 1-15～表 1-25 的参考规格中，所有数值均是各类体型的中间体控制部位数值，在制定规格时，可按分档数值设计成规格系列表，对于 B、C 体型服装，放松量可适当放大些。对于上、下配套的套装，5·4 系列上衣适宜搭配 5·2 系列下装。

表 1-15　女衬衫（合体）规格（5·4 系列）　单位：cm

成品规格 号型 部位		160/84Y	160/84A	160/88B	160/88C	分档数值
衣长		60	60	60	60	3
胸围		92	92	96	96	4
袖长	长袖	53	53	53	53	1.5
	短袖	20	20	20	20	1
总肩宽		41.2	40.6	41	40.4	1
领围		36	36.2	37.2	37.4	0.8
设计依据		衣长＝2/5 号－4，长袖长＝3/10 号＋5，短袖长＝1/5 号－12，胸围＝型＋8，领围＝颈围＋2.6，总肩宽＝肩宽（净）＋1.2				

表 1-16　女衬衫（宽松）规格（5·4 系列）　　单位：cm

成品规格 号型 部位	160/84Y	160/84A	160/88B	160/88C	分档数值
衣长	64	64	64	64	2
胸围	98	98	102	102	4
袖长	26	26	26	26	1
总肩宽	41	40.4	40.8	40.2	1
领围	36.2	36.4	37.4	37.6	1
设计依据	衣长＝2/5 号＋2，袖长＝3/10 号－4，胸围＝型＋14，领围＝颈围＋2.8，总肩宽＝肩宽（净）＋1				

表 1-17　女短大衣规格（5·4 系列）　　单位：cm

成品规格 号型 部位	160/84Y	160/84A	160/88B	160/88C	分档数值
衣长	74	74	74	74	2
胸围	104	104	108	108	4
袖长	55.5	55.5	55.5	55.5	1.5
总肩宽	43	42.4	42.8	42.2	1
设计依据	衣长＝2/5 号＋10，袖长＝3/10 号＋7.5，胸围＝型＋20，总肩宽＝肩宽（净）＋3				

表 1-18　女长大衣（合体）规格（5·4 系列）　　单位：cm

成品规格 号型 部位	160/84Y	160/84A	160/88B	160/88C	分档数值
衣长	112	112	112	112	3
胸围	100	100	104	104	4
袖长	56.5	56.5	56.5	56.5	1.5
总肩宽	42	41.4	41.8	41.2	1
设计依据	衣长＝2/5 号＋16，袖长＝3/10 号＋8.5，胸围＝型＋16，总肩宽＝肩宽（净）＋2				

表 1-19　女西服规格（5·4 系列）　　单位：cm

成品规格 号型 部位	160/84Y	160/84A	160/88B	160/88C	分档数值
衣长	68	68	68	68	2
胸围	96	96	100	100	4
袖长	54	54	54	54	1.5
总肩宽	41	40.4	40.8	40.2	1
设计依据	衣长＝2/5 号＋4，袖长＝3/10 号＋6，胸围＝型＋12，总肩宽＝肩宽（净）＋1				

表 1-20　女时装（合体）规格（5·4 系列）　单位：cm

部位 \ 成品规格 \ 号型	160/84Y	160/84A	160/88B	160/88C	分档数值
衣长	70	70	70	70	2
胸围	92	92	96	96	4
袖长	54	54	54	54	1.5
总肩宽	40	39.4	39.8	39.2	1
设计依据	衣长＝2/5 号＋6，袖长＝3/10 号＋6，胸围＝型＋8，总肩宽＝肩宽（净）				

表 1-21　女运动服规格（5·4 系列）　单位：cm

部位 \ 成品规格 \ 号型	160/84Y	160/84A	160/88B	160/88C	分档数值
衣长	66	66	66	66	2
胸围	102	102	106	106	4
袖长	54	54	54	54	1.5
总肩宽	43	42.4	42.8	42.2	1.2
领围	40.4	40.6	41.6	41.8	0.8
设计依据	衣长＝2/5 号＋2，袖长＝3/10 号＋6，领围＝颈围＋7，胸围＝型＋18，总肩宽＝肩宽（净）＋3				

表 1-22　女棉衣规格（5·4 系列）　单位：cm

部位 \ 成品规格 \ 号型	160/84Y	160/84A	160/88B	160/88C	分档数值
衣长	68	68	68	68	2
胸围	110	110	114	114	4
袖长	55.5	55.5	55.5	55.5	1.5
总肩宽	44	43.4	43.8	43.2	1
领围	42.2	43.4	44.4	44.6	0.8
设计依据	衣长＝2/5 号＋4，袖长＝3/10 号＋7.5，领围＝颈围＋9.8，胸围＝型＋26，总肩宽＝肩宽（净）＋4				

表 1-23　女西装短裙规格（5·2 系列）　单位：cm

部位 \ 成品规格 \ 号型	160/62Y	160/66A	160/76B	160/80C	分档数值
裙长	60	60	60	60	2
腰围	63	67	77	81	2
臀围	92.2	92.2	98.4	98.4	Y、A＝1.8 B、C＝1.6
设计依据	裙长＝2/5 号－4，腰围＝型＋1，臀围＝臀围（净）＋4				

表 1-24　女西裤规格（5・2 系列）　　单位：cm

部位＼成品规格＼号型	160/62Y	160/66A	160/76B	160/80C	分档数值
裤长	100	100	100	100	3
腰围	62	66	76	80	2
臀围	94.2	94.2	100.4	100.4	Y、A=1.8 B、C=1.6
设计依据	腰围=型，臀围加放量=6				

表 1-25　女棉裤规格（5・2 系列）　　单位：cm

部位＼成品规格＼号型	160/62Y	160/66A	160/76B	160/80C	分档数值
裤长	100	100	100	100	3
腰围	66	70	80	84	2
臀围	100.2	100.2	106.4	106.4	Y、A=1.8 B、C=1.6
设计依据	裤长=腰围高+2，腰围=型+4，臀围=臀围(净)+12				

思考与练习

一、思考题

1.服装结构设计的含义是什么？

2.服装结构制图常用的工具有哪些？

3.服装号型中“号”和“型”指的是什么？我国服装号型标准中的体型分为哪几类？

4.人体测量时应注意哪些问题？

二、项目练习

1.熟悉服装常用专业术语、结构制图的常用符号及各部位代号。

2.了解女子体型特征，熟悉并掌握人体各测量部位和方法，做 3～5 个人体测量，记录各主要部位尺寸并做比较。

▶▶

第二章
衣身原型与结构变化原理

第一节　原型概述

预习思考

- 原型的定义与内涵是什么？
- 原型的作用是什么？

人体是多种曲面的集合体，人们用平面的材料通过各种方法组合成曲面去符合人体，达到贴体、舒适、美观的目的。而这个平面的几何形状则是原型的基本构成形式。服装原型是一种科学的裁剪方法，它是以人的净尺寸数值为依据，将人体平面展示后加入基本放松量制成的服装基本型，然后以此为基础进行各种服装的款式变化，如根据款式造型的需要，在某些部位作收省、褶裥、分割、拼接等处理，按季节和穿着的需要增减放松量等。

一、原型的定义

视频 05　原型概述

原型从日语翻译而来，意指与人体某部位对应的基本样片。

服装造型学中的原型是指平面裁剪中所用的基本纸样，即简单的、不带任何款式变化因素的立体型服装纸样。它要求款式设计尽可能简单，覆盖面尽可能广，适合人体形态。服装原型只是服装平面制图的基础，不是正式的服装裁剪图。

原型使用面广泛，适用性强。无论何种体型，只要胸围尺寸相同均可以使用同一个规格的原型。而同一个人的内衣乃至外套大衣仍可以使用同一规格的原型，只是根据相应款式的需要决定调整量的大小和形状。

二、服装原型的产生与发展

日本是东方最早研究服装原型的，日本于 1901 年开始制作原型，当时原型没有收省。日本昭和 10 年（1935 年）建立文化式原型，随着服装科学进步，原型经

过很多变化和发展，于日本平成13年（2001年）由三吉满智子教授建立第八代文化式原型（即新文化原型）。

第八代原型较第七代而言更合体，造型趋向于与人体体型相吻合。虽然第八代原型制图略为繁复，但是方便服装款式变化，特别是省道的结构、分配比例和位置与人体凹凸曲面更贴合。

原型由于其制图方法简单易学，结构原理浅显易懂，便于省道的转移和结构的变化，成为许多服装专业院校的结构教育课程，国内许多服装专业院校派人前往日本文化服装学院进修学习。原型裁剪在一定程度上替代了立体裁剪对于基础纸样分析理解的作用。

三、原型的种类

1. 按覆盖部位分类

上半身用原型、大身原型、裙原型、裤原型、上下连体原型、上肢袖原型。

2. 按性别、年龄差分类

幼儿原型、少年原型、少女原型、成人女性原型、成人男性原型。

3. 按加放松量分类

紧身服原型、合体服原型、宽松服原型，如图2-1所示。

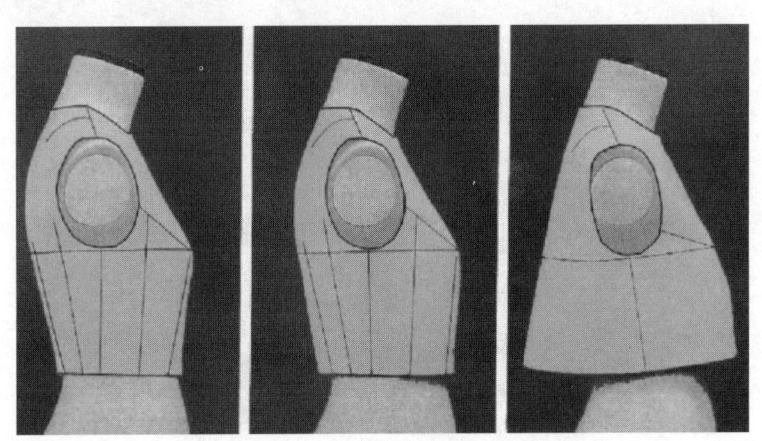

图2-1　按加放松量的原型分类

4. 按作图法分类

胸度式作图法、短寸式作图法、并用式作图法、立体裁剪法。

（1）胸度式作图法　测量穿着者胸围、背长、袖长等很少的几个尺寸，以胸围为基准，计算其他平面结构制图所需的尺寸。

（2）短寸式作图法　对人体的各部位进行精密测量，用测量数值制图的方法。

（3）并用式作图法　胸度式作图法和短寸式作图法并用的方法。

（4）立体裁剪法　将布料直接覆盖在人台或人体上，通过分割、折叠、抽缩、拉展等技术手法制成预先构思好的服装造型，通过剪裁制成服装。

5. 按所属国家分类

英式、美式、日式和中式等。日式又有文化式、登丽美式、田中式等。我国与日本的人体形体特征相近，通常选用日式原型。

四、文化式原型各部位名称

衣身原型各部位名称如图 2-2 所示，袖片原型各部位名称如图 2-3 所示。

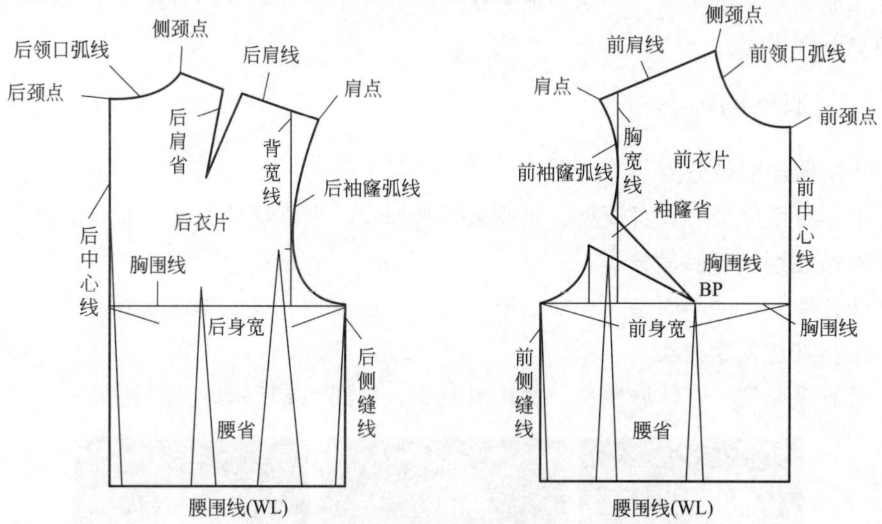

图 2-2　衣身原型各部位名称

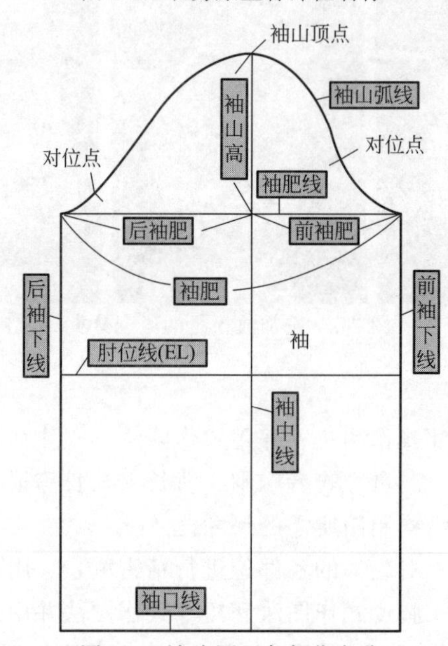

图 2-3　袖片原型各部位名称

第二节　衣身原型结构制图

预习思考

- 衣身原型结构制图要点有哪些？
- 如何合理分配腰省？

结构制图的程序一般是先作衣身，后作部件；先作大衣片，后作小衣片；先作前衣片，后作后衣片。对于具体的衣片来说，先作基础线，后作内部结构线和轮廓线。

作基础线一般是先横后纵，即先定长度、后定宽度，由上而下、由左而右进行。作好基础线后，根据轮廓线的绘制要求，在有关部位标出若干工艺点，最后用直线、曲线和光滑的弧线准确连接各部位定点和工艺点，完成轮廓线。

本章节所采用的原型为日本第八代原型，规格为160/84A，各部位尺寸如表2-1所示，胸围加放松量12cm，腰围加放松量6cm。

表2-1　衣身原型尺寸　　单位：cm

号型	部位名称	背长(L)	胸围(B)	腰围(W)	袖长(SL)
160/84A	净体尺寸	38	84	66	52
	成品尺寸	38	96	72	52

一、衣身原型基础结构线

视频06　原型上衣基础线

衣身原型基础结构线如图2-4所示。结构制图中B^*为净体尺寸，B为成品尺寸。

① 绘制后中心线：垂直方向作直线，长度为背长＝38cm，为后中心线。

② 绘制下平线：取B/2＝48cm，即$B^*/2+6$cm（放松量）。

③ 绘制胸围线（后袖窿深线）：从后中心线顶端往下量取袖窿深为$B^*/12+13.7=20.7$cm。

④ 绘制前中心线：连接下平线右端点和胸围线右端点，并延长，胸围线往上量取前袖窿深为$B^*/5+8.3=25.1$cm。

⑤ 绘制背宽线：在胸围线上靠近后中心线位置量取$B^*/8+7.4$cm＝17.9cm，作垂线，与后中心线平齐相连。

⑥ 绘制胸宽线：在胸围线上靠近前中心线位置量取$B^*/8+6.2$cm＝16.7cm，

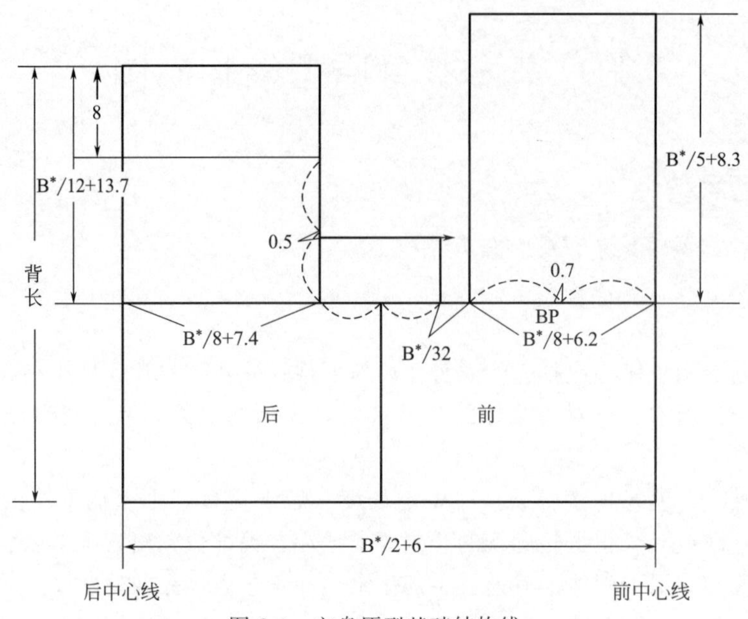

图 2-4 衣身原型基础结构线

作垂线，与前中心线平齐相连。

⑦ 绘制侧缝线：胸宽线向左取 $B^*/32$，剩余部分两等分，沿中点作垂线交至下平线。

⑧ 绘制后袖窿部位辅助线：后中心线取 8cm，作水平线。

⑨ 绘制胸省辅助线：将靠近胸围线部分的背宽线两等分，过等分点下移 0.5cm 的点作水平线。

⑩ 绘制 BP 点：将胸宽的中点向左偏移 0.7cm 确定 BP 点。

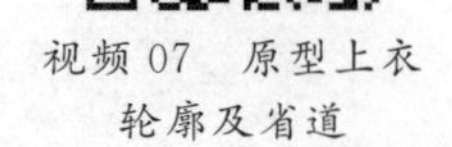

视频 07 原型上衣轮廓及省道

二、前衣片结构设计

前衣片结构设计如图 2-5 所示。

1. 绘制前领口弧线

取前横开领宽 $B^*/24+3.4$cm，记为◎；取前直开领◎＋0.5cm；将对角线三等分，取其中一等份减去 0.5cm；连接三点即前横开领点、等分点和前直开领点形成圆顺曲线。

2. 绘制肩线

以侧颈点为基准点取 22°的前肩倾角度，与胸宽线相交后延长 1.8cm 确定肩点。

3. 绘制袖窿省

将 BP 点与图 2-5 中所示箭头线的交点相连确定第一条省线；作角度为（$B^*/4-$

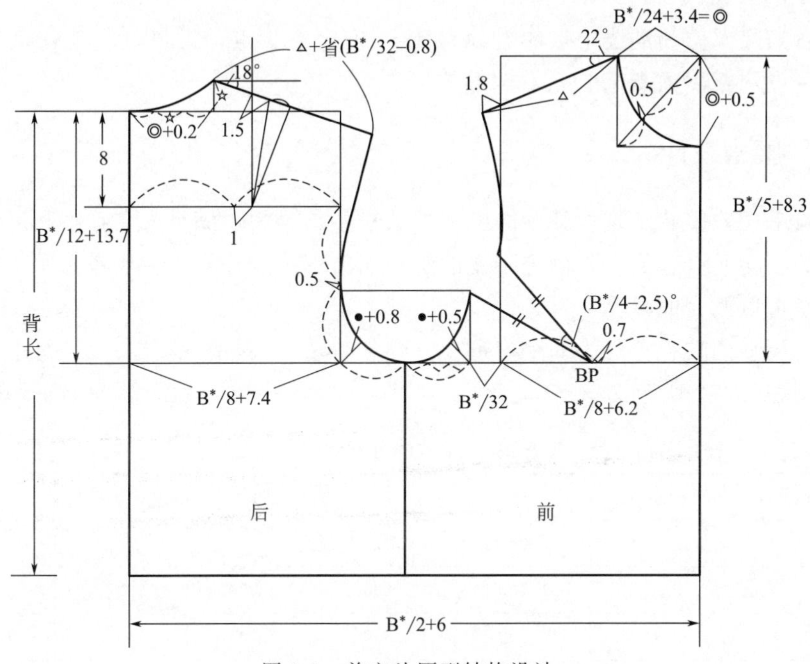

图 2-5　前衣片原型结构设计

2.5cm)°的另一条省线，两条省线长度相等，注意袖窿省合并时袖窿线要圆顺。

4. 绘制前袖窿弧线

在胸宽线和胸围线的角平分线上取•＋0.5cm，确定凹势；过肩点和省位点形成圆顺曲线为上段袖窿弧线；过第二个省位点、凹势点和袖窿底点形成圆顺曲线为下段袖窿弧线。

三、后衣片结构设计

1. 绘制后领口弧线

取后横开领宽度为◎＋0.2cm；将后横开领三等分，每等份记为☆；取后直开领的长度为☆，连接后横开领点和后直开领点形成圆顺曲线。

2. 绘制肩线（含一个肩省）

以后侧颈点为基准点取 18°的后肩倾角度；后肩宽长度＝前肩宽＋省，省宽大小为 B^*/32－0.8cm。

3. 绘制后袖窿弧线

在背宽线和胸围线的角平分线上取•＋0.8cm，确定凹势；过四点即肩点、袖窿辅助点、凹势点和袖窿底点形成圆顺曲线。注意在肩端点处跟肩线的夹角为直角，前后袖窿弧线在腋下的交汇处要圆顺。

4. 绘制肩省

将后袖窿部位辅助线中点向右偏移 1cm 确定省尖点；过该点往上作垂线与肩线交至一点，距离该点 1.5cm 作省位点。

四、腰省设计

一般来说，服装结构设计中的胸围加放松量，是为了满足人在呼吸和运动时人体围度的变化而设置的，是固定不变的量；而腰围加放松量，主要考虑原型的合体程度，是可以改变的量。

八代原型的腰省分解为 6 个省道，其腰省总量＝(胸围－腰围)/2，每个省道的分配比例如表 2-2 所示。

表 2-2　腰省的分配计算表　　单位：cm

总省的量	f	e	d	c	b	a
100%	7%	18%	35%	11%	15%	14%
9	0.630	1.620	3.150	0.990	1.350	1.260
10	0.700	1.800	3.500	1.100	1.500	1.400
11	0.770	1.980	3.850	1.210	1.650	1.540
12	0.840	2.160	4.200	1.320	1.800	1.680
12.5	0.875	2.250	4.375	1.375	1.875	1.750
13	0.910	2.340	4.550	1.430	1.950	1.820
14	0.980	2.520	4.900	1.540	2.100	1.960
15	1.050	2.700	5.250	1.650	2.250	2.100

根据规格尺寸设计，本原型的腰省量为 (96cm－74cm)/2＝11cm，故取表格中 11 省量的一行分配数值。腰省的 6 个省位点如图 2-6 所示，各省量以总省量为参照比例计算，以省道中心线为基准，在其两侧取等分省量。

a 省：由 BP 点向下 2～3cm 作为省尖点，向下作垂线交至腰围线为省道中心线。

b 省：由 B 点向右偏移 1.5cm 作垂线交至腰围线为省道中心线，反向延长与袖窿弧线交点作为省尖点。

c 省：将侧缝线作为省道中心线，袖窿底点作为省尖点。

d 省：由 D 点向左偏移 1cm 作为省尖点，作垂线交至腰围线为省道中心线。

e 省：由 E 点向左偏移 0.5cm 作垂线交至腰围线为省道中心线，与胸围线交点向上 2cm 作为省尖点。

f 省：将后中心线作为省道中心线，后中心线与胸围线的交点作为省尖点。

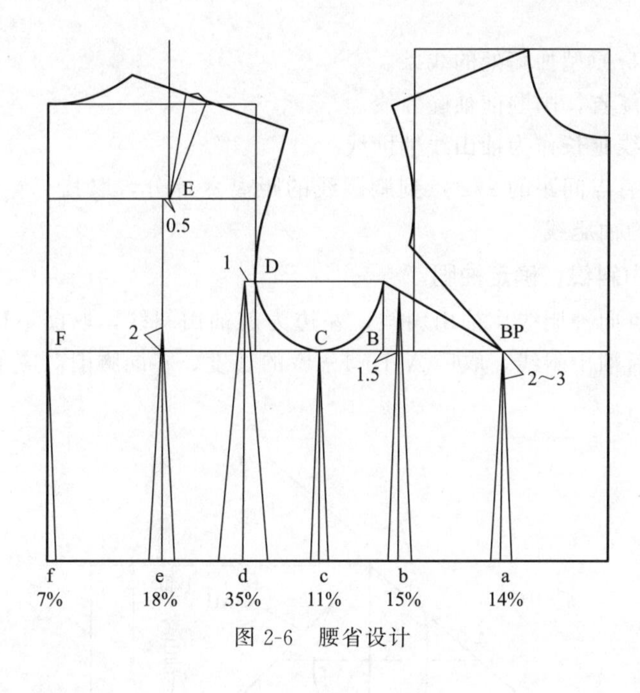

图 2-6　腰省设计

视频 08　原型袖子制图

五、袖片结构设计

袖片的绘制方法是将上半身原型的袖窿省合并，以此时前后肩点的高度为依据，在衣身原型的基础上绘制袖原型。

（一）基础结构线

1. 绘制袖山高

袖山高制图如图 2-7 所示。

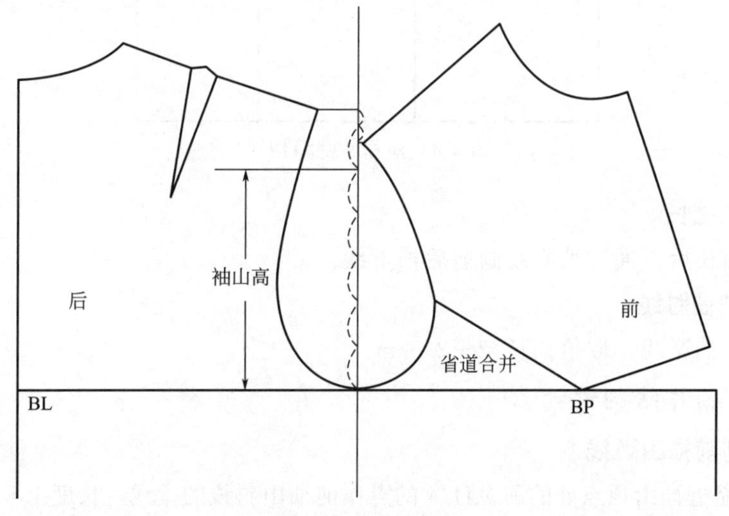

图 2-7　袖山高制图

① 拷贝衣身原型袖窿处的线条。

② 合并袖窿省，画顺前袖窿弧线。

③ 将侧缝线延长作为袖山线辅助线。

④ 将前后肩点间距的 1/2 点到胸围线的距离六等分，取其 5/6 的长度即为袖山高，横线即为袖肥线。

2. 绘制袖山斜线，确定袖肥

从袖山顶点向袖肥线作袖山斜线，左边为前袖山斜线，取前 AH（袖窿弧线）长度；右边为后袖山斜线，取后 AH＋1＋☆的长度，不同胸围对应不同的☆数值，如图 2-8 所示。

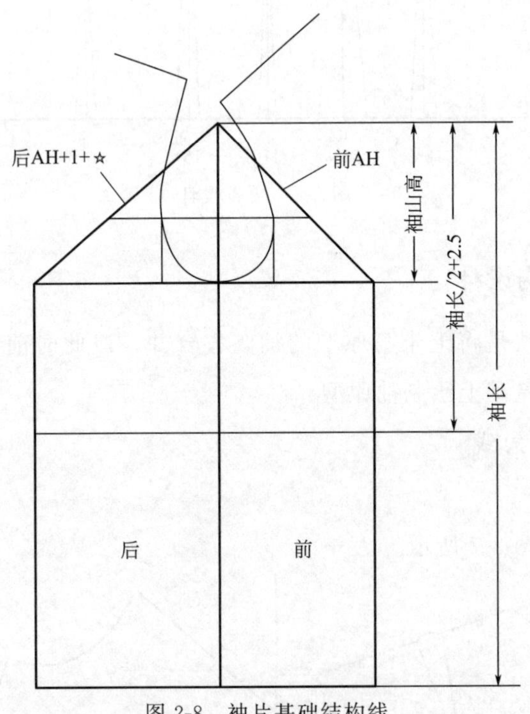

图 2-8　袖片基础结构线

3. 绘制袖长

确定袖长后，通过袖肥线画前后袖下线。

4. 绘制袖肘线

平行于袖肥线，取值袖长/2＋2.5cm。

（二）袖片结构设计

1. 绘制前袖山弧线

① 过靠近袖山顶点处的前 AH/4 的点作前袖山斜线的垂线，长度 1.8～1.9cm。

② 过袖窿辅助线与前袖山斜线的交点向上 1cm 作为袖山弧线的转折点。

③ 如图 2-9 所示，将•所处 A 点至袖窿底点的弧线拷贝至袖片的基础结构线上，作为前袖山弧线的底部。

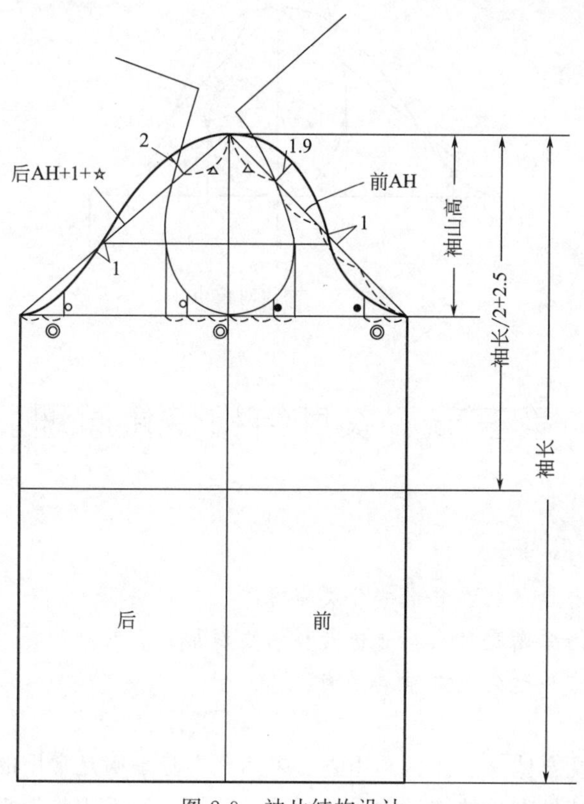

图 2-9　袖片结构设计

④ 经过袖山顶点及两个新的定位点与拷贝的袖山底部弧线画圆顺为前袖山弧线。

2. 绘制后袖山弧线

① 过靠近袖山顶点处的前 AH/4 的点作后袖山斜线的垂线，长度 2cm。

② 过袖窿辅助线与后袖山斜线的交点向下 1cm 作为袖山弧线的转折点。

③ 将◦所处 B 点至袖窿底点的弧线拷贝至袖片的基础结构线上，作为后袖山弧线的底部。

④ 经过袖山顶点及两个新的定位点与拷贝的袖山底部弧线画圆顺为后袖山弧线。

3. 确定对位点

袖片对位点如图 2-10 所示。

前对位点：在衣身上测量袖窿底点至 G 点的袖窿弧线长度；与袖山弧线底部向上量取等长的点，确定前对位点。

后对位点：将袖山底部画有◦弧线的位置点作为后对位点。

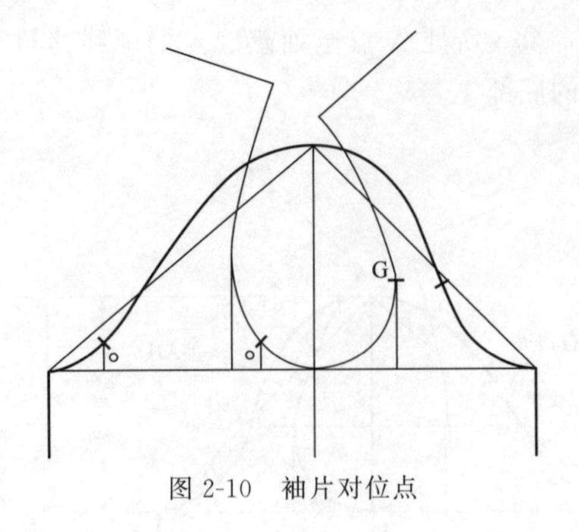

图 2-10　袖片对位点

第三节　衣身结构变化原理

预习思考

- 省道的概念是什么？省道的分类有哪些？
- 省道转移的原则是什么？省道转移的表现形式有几种？
- 如何通过省移达到衣身结构平衡？

服装要做到既合体又立体，利用省道来达到衣身平衡是常用的手段。人体有较多凹凸曲面，尤其是女性的体型曲线特征更为明显，通常用收省来达到凸面的效果及收掉凹面多余的部分，使之更好地贴合人体，达到立体效果。收省不仅使服装符合人体结构，而且满足了服装功能性和装饰性的要求。

一、省道概述

视频 09　省道概念

人体的凹凸起伏、围度的落差比、宽松度的大小以及适体程度的高低，决定了面料在人体的许多部位呈现松散状态。衣身的造型呈现出两种基本状态：宽松式与合体式。宽松式表现为面料与人体是一种离体状态，形成了一定的空间；而合体式则是面料与人体的符合，呈现出贴体状态，这种贴体状态的产生关键就在于省的运用，省是服装制作中对余量部分的一种处理形式，如图 2-11 所示。

1. 省的概念

所谓“省道”就是用平面的布包裹人体某部位曲面时，根据曲面曲率的大小而折叠缝合进去的多余部分，以一种集约的形式处理，将其捏合缝纫。

收去这个余量的工艺形式称为收省（捏省）。

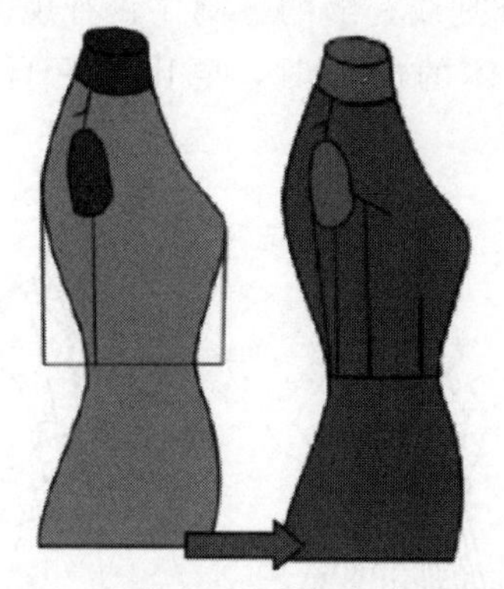

图 2-11　衣身造型的宽松与合体状态图

2. 省的命名

（1）按人体部位命名　服装中较常考虑的人体凸点，如胸凸、肩胛凸、臀凸等。为这些凸点而设置的相应的省为胸省、肩省、领省、门襟省、袖窿省、腰省、侧缝省、肚省、臀省、袖省等，如图 2-12 所示。

（2）按省的形状命名　锥形省、内（外）弧形省、菱形省（橄榄省）、S 形省、折线形省、梯形省，如图 2-12 所示。

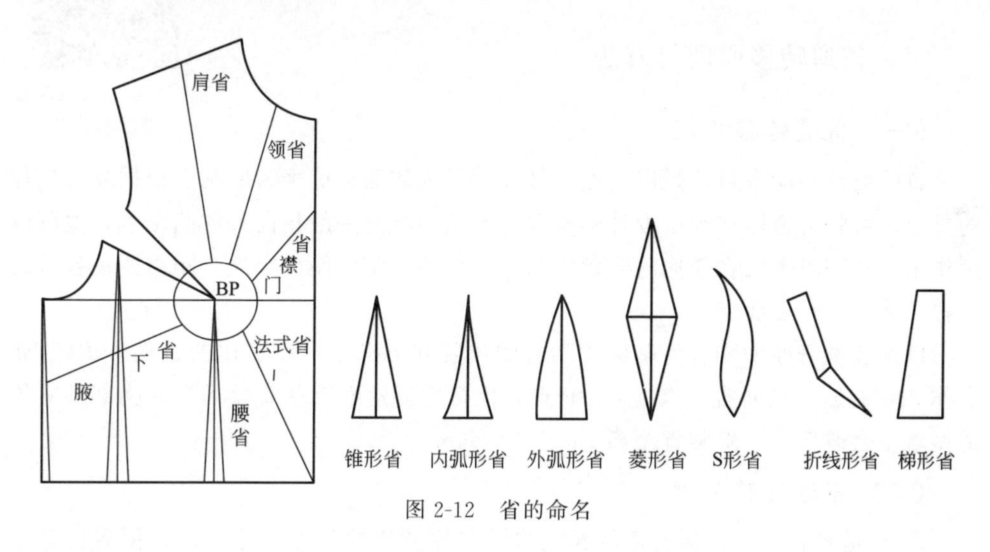

图 2-12　省的命名

3. 省的形式

在结构平衡处理方法上，除了省之外，还有褶、裥、缝（分割线）的表现形式，如图 2-13 所示。

褶：没有规律的皱褶（或碎褶）。

裥：介于省道和皱褶之间的一种有规律的形式，裥的构成起到了省的作用，又具有规律的外观。

缝：人为设定块面的分割线，缝的分割比较有规律，缝中常常包含着省的性质，缝使平面布料变成立体的曲面时，要比省更自然、圆顺，故有连省成缝之说。

图 2-13　省的形式

视频 10　省道转移原理与方法

二、省道转移原理与方法

（一）省道转移原理

省的设计不能盲目，是以自然巧妙地满足人体曲线优美为原则。根据款式设计的要求，可将省道转移到所设计的位置。省道的方向一般指向人体凸出点，也可以稍作偏离，同时省尖在任何时候都应与凸点保持一定的距离，这个距离要视省道的位置、大小、长度而定。

以女装衣身原型胸省为基础，胸省的位置和形态是可以变化的。胸省围绕 BP 点作 360°旋转，只要省尖点指向 BP 点，保持省道角度转移前后不变，胸部的立体造型就不会改变。一般胸省距离 BP 点 3～5cm。

（二）省道转移原则

① 省道经转移后，新省道的长度尺寸与原省道的长度尺寸不同，但省道的角度不变，即不论新省道位于衣片何处，新旧省道的张角都必须相等。

② 如新省道与原型的省道位置不相接时，应尽量作通过 BP 点的辅助线使两者相接，以便于省道的转移。

③ 无论款式造型多么复杂，省道的转移要保证衣身的整体平衡，一定要使前、后衣身的原型在腰节线处保持在同一水平线上，或基本在同一水平线上，否则会影响制成纸样的整体平衡和尺寸的准确性。

（三）省道转移的方法

1. 旋转法

通过旋转纸样来完成省道的转移，如图 2-14 所示。

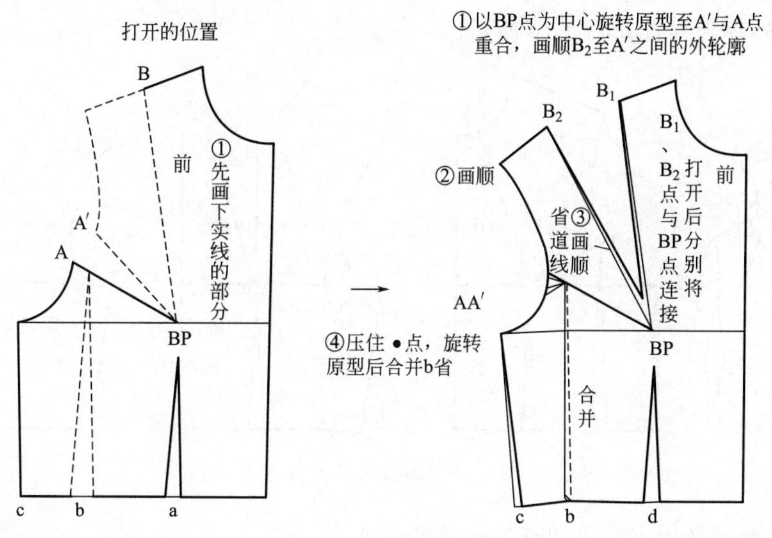

图 2-14　旋转法

2. 剪切法

设置新省位置，并剪开新设置的省线，关闭（折叠）原省道即完成省道转移。这种方法简单直观易懂，适合初学者，如图 2-15 所示。

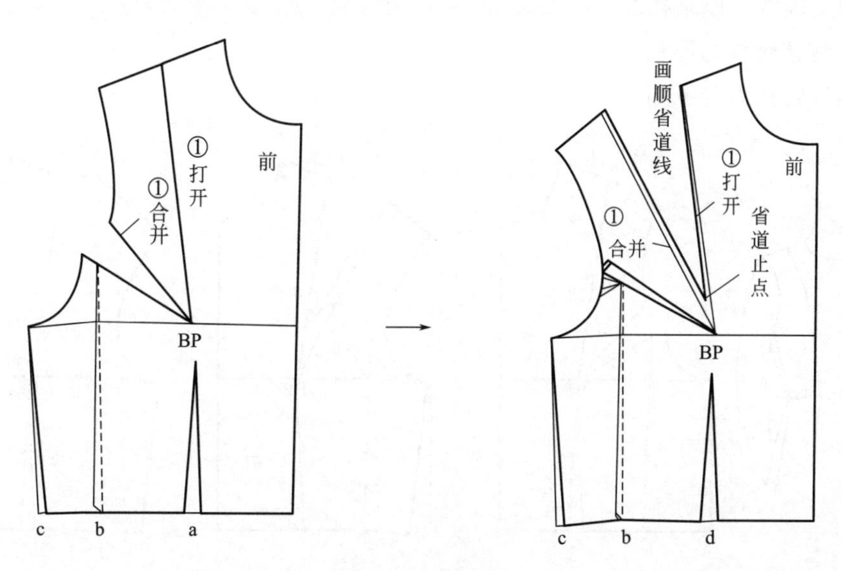

图 2-15　剪切法

三、衣身省道转移应用

视频 11　省道转移应用

（一）省转省

1. 胸省转移为领省

胸省转移为领省如图 2-16 所示。

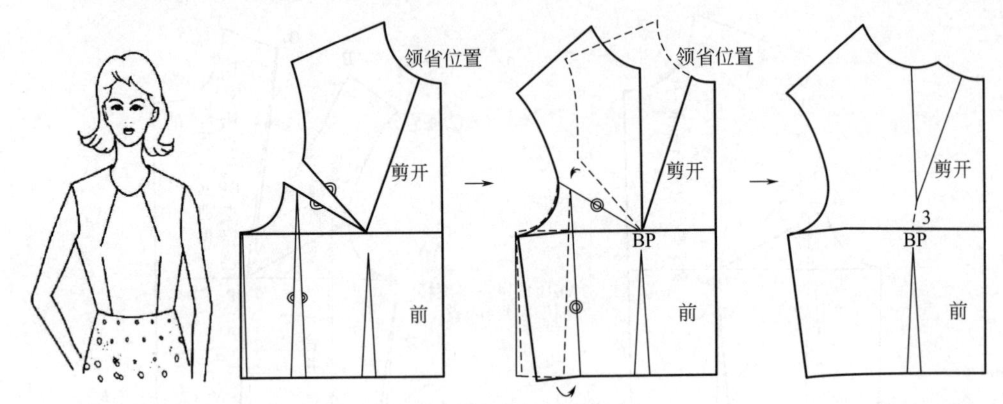

图 2-16　胸省转移为领省

① 在原型样板上画出领省的位置。
② 领省剪开至 BP 点。
③ 合并原省道。
④ 领省转移完成。
⑤ 修顺结构线与轮廓线。
图中虚线为原结构线。

2. 胸省转移为肩省

胸省转移为肩省如图 2-17 所示。

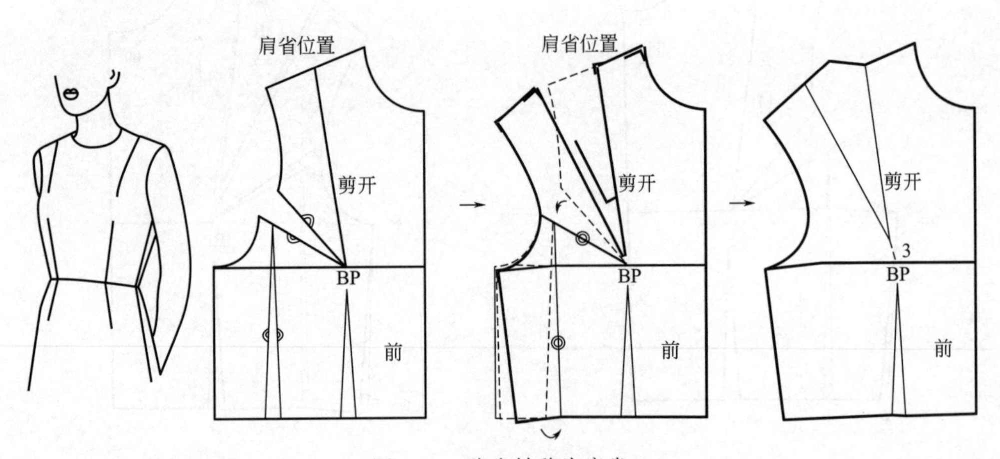

图 2-17　胸省转移为肩省

3. 胸省转移为腋下省

胸省转移为腋下省如图 2-18 所示。

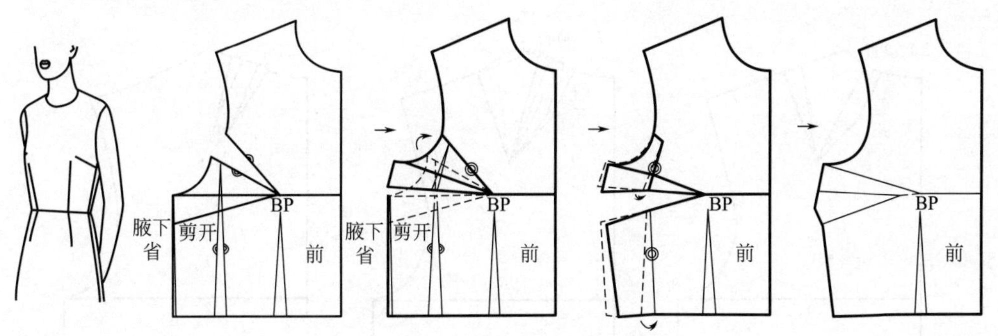

图 2-18　胸省转移为腋下省

4. 胸省转移为腰省

胸省转移为腰省如图 2-19 所示。

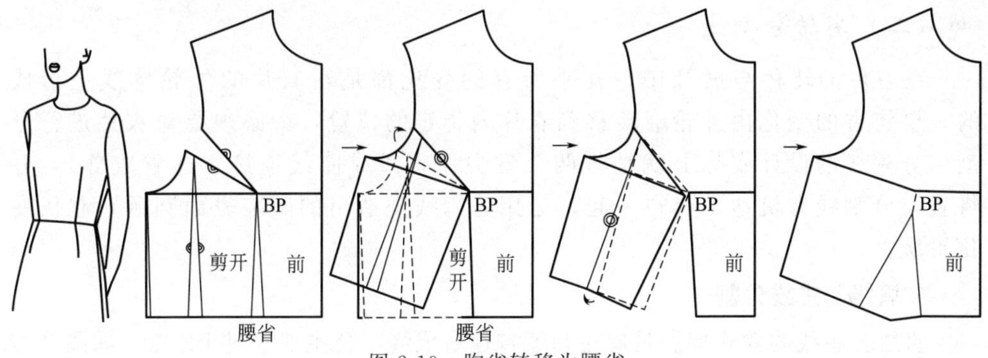

图 2-19　胸省转移为腰省

5. 胸省＋腰省转移为前中心省

胸省＋腰省转移为前中心省如图 2-20 所示。

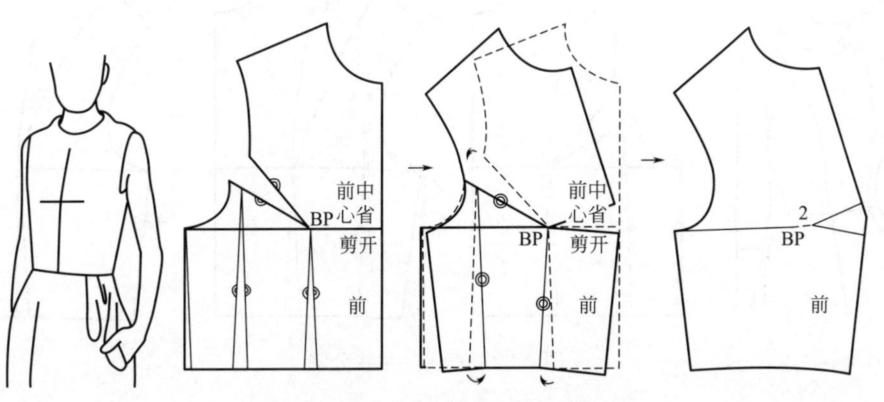

图 2-20　胸省＋腰省转移为前中心省

6. 肩省转移为领省

原省转移为多个省道，操作方法与单个省道转移无异（图 2-21）。

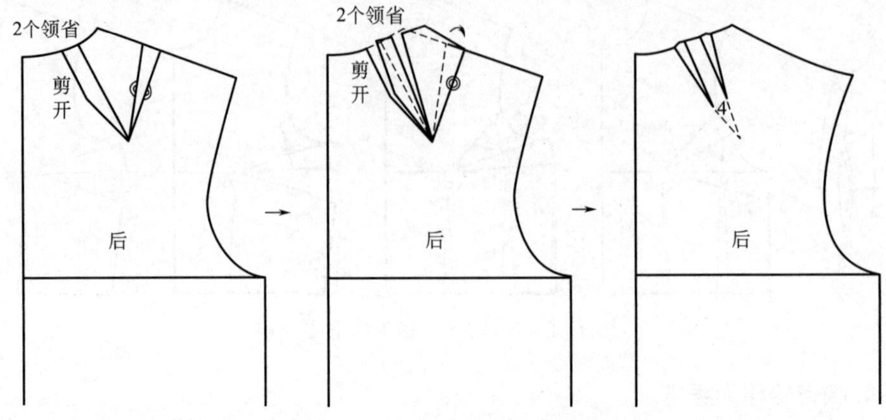

图 2-21　肩省转移为 2 个领省

（二）省转分割线

在省位的转移与展开中，几乎所有的变化都是在衣片的外轮廓线上形成的，要将省的变化由外轮廓转移到衣片内指定的位置，就必须要对衣片进行分割。分割线的设计实际上就是将两个省尖作直线或曲线连接（连省成缝），并将省与分割线有机地结合在一起，运用分割线塑造出的服装表面圆顺，起伏变化平缓。

1. 直线公主线分割

直线公主线的款式特点是肩省与腰省连省成缝，公主线经过 BP 点，如图 2-22 所示。

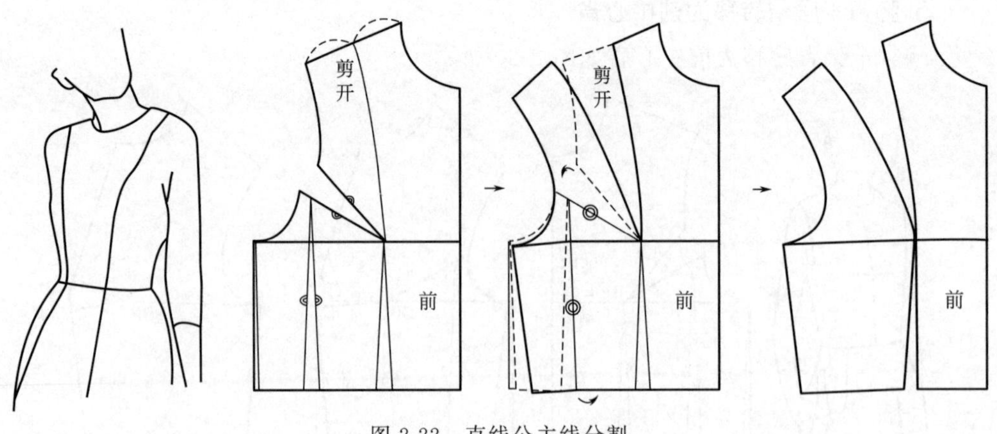

图 2-22　直线公主线分割

2. 刀背公主线分割

刀背缝款式特点是胸省分割线经过 BP 点，形状似刀背、且接近人体转折面，如图 2-23 所示。

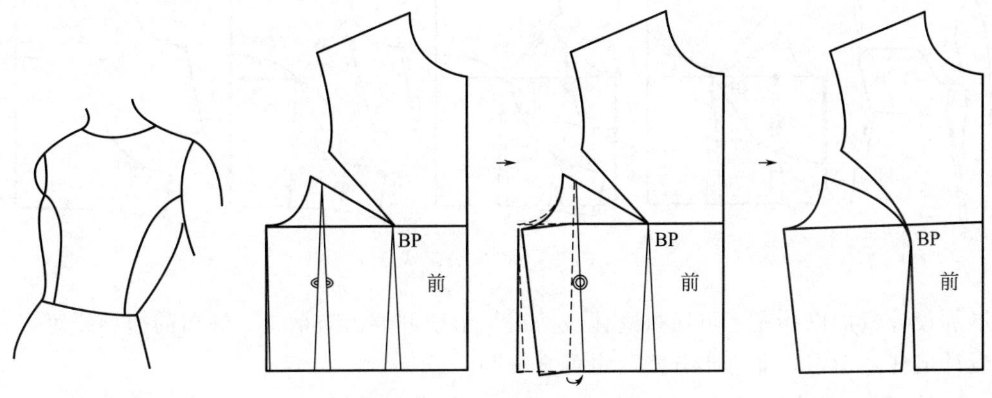

图 2-23　刀背公主线分割

3. 菱形分割线

根据款式造型线完成省道转移，再连省成缝，如图 2-24 所示。

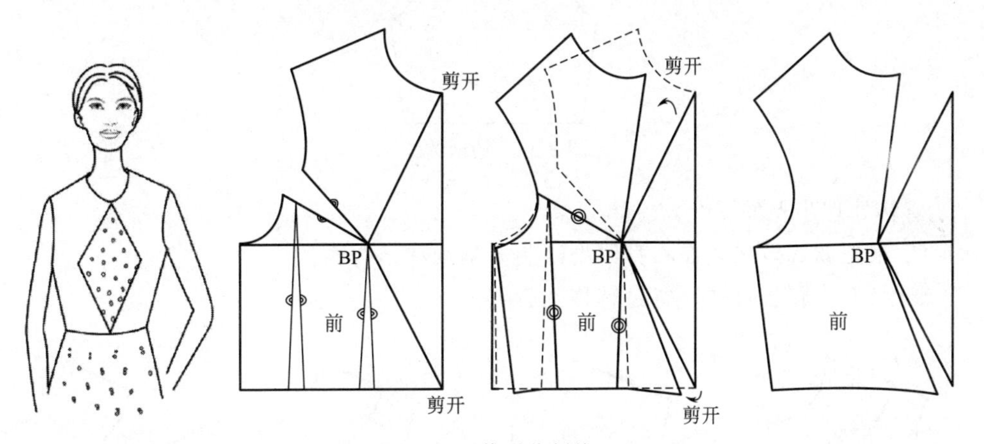

图 2-24　菱形分割线

4. 横向分割线

横向分割线如图 2-25 所示。

（三）省转褶裥

绕 BP 点的四周任一位置所打的皱褶通称为胸褶。胸褶和分割一样是胸省的一种结构形式。两者之间的区别在于，胸省、分割在合体服装中应用较多，而胸褶更适合宽松服装。如果说省道和分割线做的是减法，那褶裥做的是加法。

作褶的方法一般通过省移取得，具有强调和装饰作用。在结构处理上，要采用

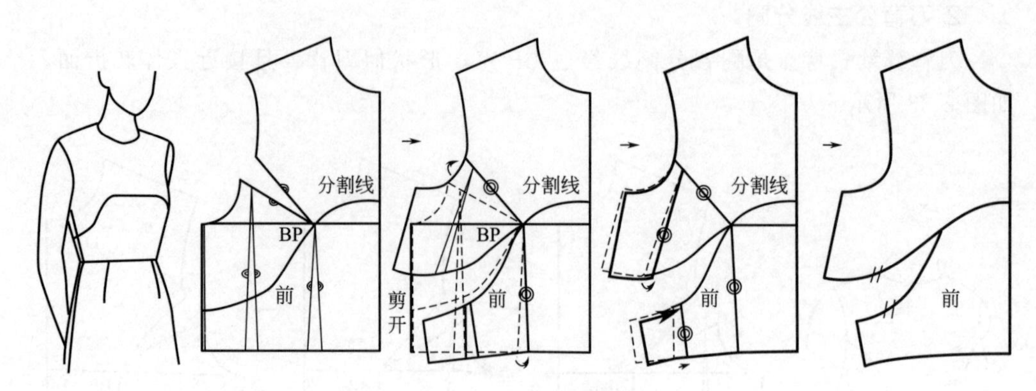

图 2-25　横向分割线

增加设计量加以补充，可通过立体裁剪或纸形切开放出皱褶量。皱褶的边界线可以设计成任意形态，即可半分割，也可全分割。

抽褶款式如图 2-26 所示，衣身无省道，在领围下方有分割线抽褶。

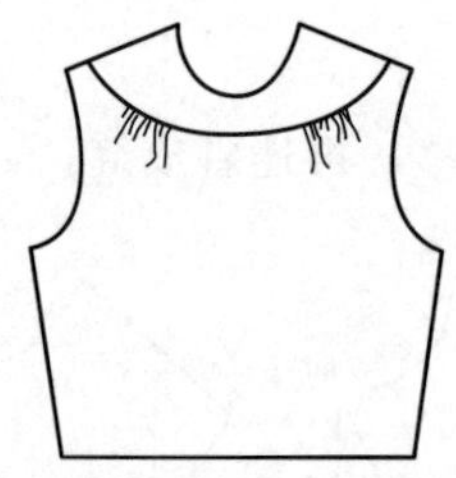

图 2-26　抽褶款式

省移处理步骤如图 2-27 所示。

① 根据款式效果，在衣身原型绘制分割线和结构线。

② 将 2 个腰省合并，省量转移到胸省。

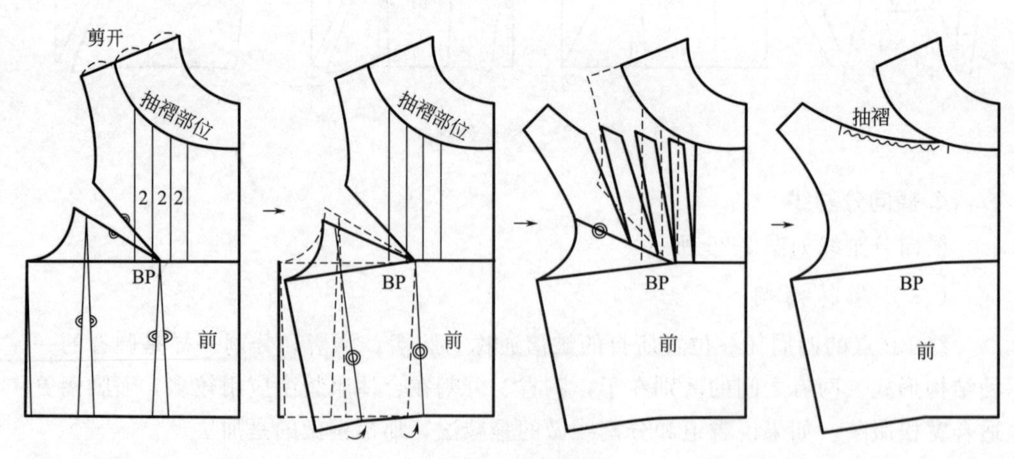

图 2-27　省转褶裥

③ 沿分割线剪开样片，将胸省合并，省量转移到四条分割线上。

④ 修顺新的分割线。

思考与练习

一、思考题

1. 描述衣身原型胸省和腰省的特点。

2. 省道转移的原则和思路是什么？

3. 进行分割结构设计的原理和思路是什么？

4. 褶裥结构设计时，褶裥的量可以通过几种方式获得？

二、项目练习

1. 分别绘制衣身原型、袖原型的结构制图，制图比例为1∶1或1∶5。

2. 胸省转移、分割设计、褶裥设计实例中，有选择性地练习若干款，制图比例为1∶5。

第三章

裙子结构设计与纸样

第一节　裙子概述

视频 12　裙子概述

预习思考

- 裙子有哪些分类？
- 裙子的结构设计要点有哪些？

裙子是指一种围在腰部以下的服装，属于下装的两种基本形式（另一种是裤装）之一，多为女子着装。广义的裙子还包括连衣裙、衬裙、腰裙。本章中出现的裙子均由裙腰和裙体构成，有的款式只有裙体而无裙腰。裙子因其通风散热性能好，穿着方便，行动自如，美观，样式变化多端等优点而为人们广泛接受。

裙子这种服装，在我国可谓源远流长。众所周知，在远古时代，我们先祖为抵御寒冷，用树叶或者兽皮连在一起，便成了裙子的雏形。据东汉末年刘熙撰写的《释名·释衣服》上说："裙，群也，联接群幅也。"即把许多小片树叶和兽皮连接起来。相传在四千多年前，黄帝即定下"上衣下裳"的制度，那时的"裳"就是裙子。裙子发展至今，已成为人们日常穿着的重要服装。

一、裙子的分类

裙子由裙腰和裙体构成，裙子可以按裙腰在腰节线的位置、裙体长度、裙体外形轮廓等方式来分类。

1. 从长度划分

（1）超短裙　也称迷你裙，长度至臀沟，腿部几乎完全外裸，约为 1/5 号＋4cm。

（2）短裙　长度至大腿中部，约为 1/4 号＋4cm。

（3）及膝裙　长度至膝关节上端，约为 3/10 号＋4cm。

（4）中长裙　长度至小腿中部，约为 2/5 号＋6cm。

（5）长裙　长度至脚踝骨，约为3/5号。

（6）拖地长裙　长度至地面，可以根据需要确定裙长，长度约为3/5号+8cm。

2. 从腰围线高低划分

（1）无腰裙　指没有腰头的裙子，在裙子的基本型中去除腰头就是一件无腰裙。

（2）自然腰　腰线位于人体腰际的裙型。

（3）低腰裙　指腰口线低于人体腰际的裙型。该类裙有助于拉长人体上半身的比例。

（4）高腰裙　指腰口线高于人体腰际的裙型。该裙型有助于拉长人体下半身的比例，使其显得修长。

（5）连腰裙　腰头直接连在裙片上。该裙型造型多变，时尚度较高。

3. 从裙摆大小划分

（1）紧身裙　臀围放松量在4cm左右；结构较严谨，下摆较窄，需开衩或加褶。

（2）直筒裙　整体造型与紧身裙相似，臀围放松量也为4cm，只是臀围线以下呈现直筒的轮廓特征。

（3）半紧身裙（A型裙）　臀围放松量在4～6cm，下摆稍大，结构简单，行走方便。

（4）斜裙　臀围放松量在6cm以上，下摆更大，呈喇叭状，结构简单，动感较强。

（5）半圆裙和整圆裙　下摆更大，下摆线和腰线呈180°或270°或360°等圆弧。

4. 从裙体片数划分

一片裙、四片裙、多片裙、节裙、褶裙等。

二、裙子的设计要点

1. 窄裙的结构及设计变化

窄裙的基本要求与特征主要有贴合人体，下摆略收；腹部与臀部收省道。穿脱功能需求是后中、侧缝或前中等部位开口。活动功能需求是下摆开叉。窄裙的结构设计可以通过以下方式变化。

（1）结构变化　打褶、分割、插片等结构设计产生裙类造型的变化，如图3-1所示。

（2）分割线变化　用平面分割进行设计变化，分割线设计可分为功能性、装饰性两种。功能性分割线对结构产生影响，装饰性分割线不对造型产生影响，如图3-2所示。

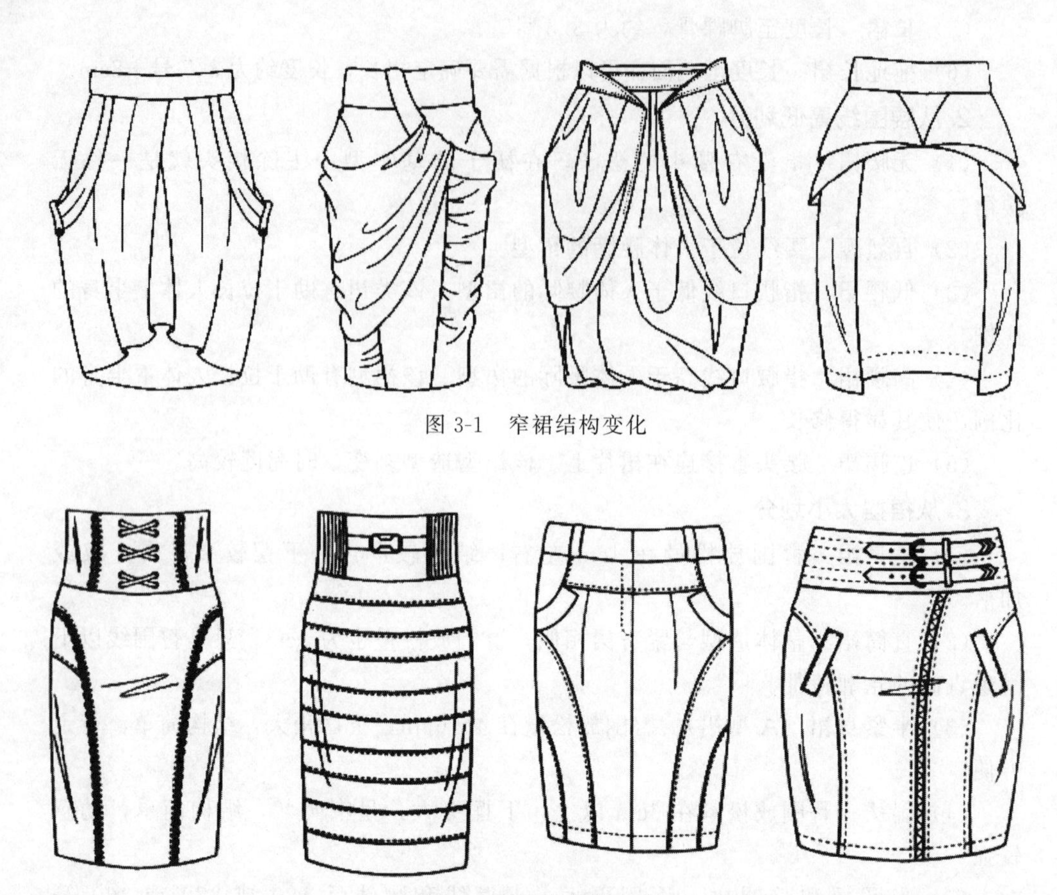

图 3-1　窄裙结构变化

图 3-2　窄裙分割线变化

（3）局部造型变化　在腰部、侧缝、下摆或其他局部位置所作的造型设计，如图 3-3 所示。

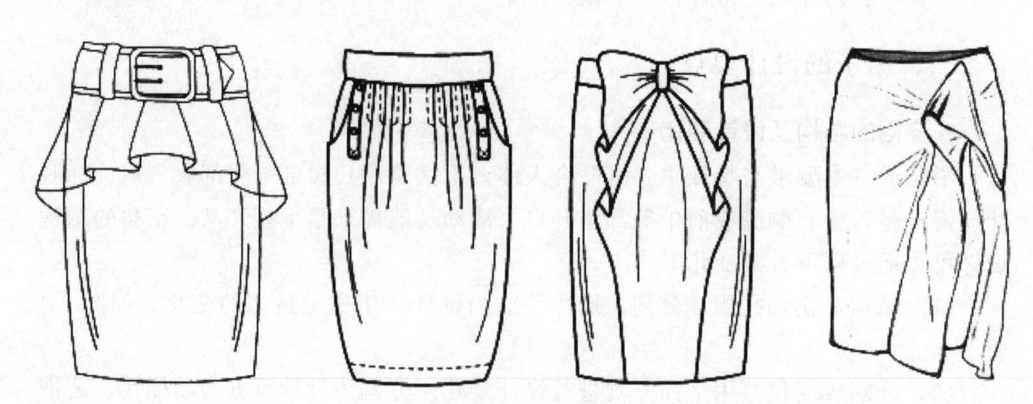

图 3-3　窄裙局部造型变化

（4）零部件变化　在口袋、扣襻等零部件处所做的装饰设计，如图 3-4 所示。

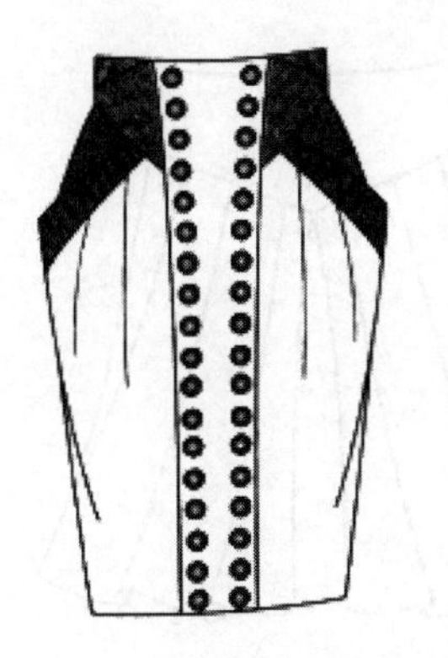

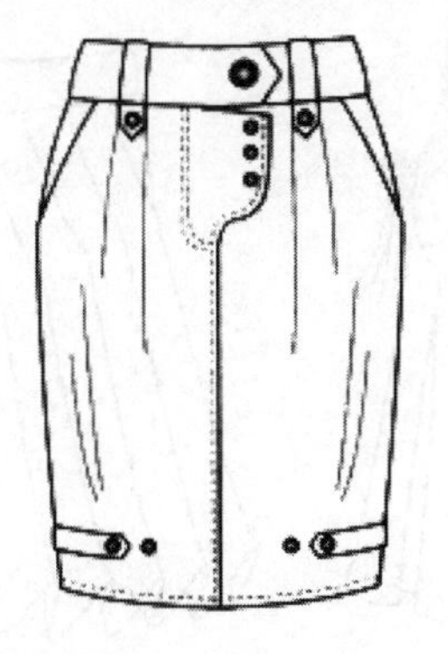

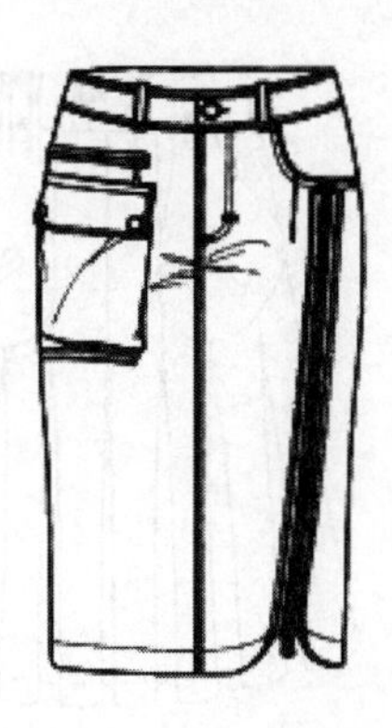

图 3-4　窄裙零部件变化

2. A 形裙的结构及设计变化

A 形裙的基本要求与特征主要有腰至臀部合体，臀线以下逐步放松；腹部与臀部收省处理，下摆呈 A 字展开；穿脱功能需求是后中、侧缝或前中等部位开口。

A 形裙的结构设计变化可参考窄裙，同时还可以在功能倾向上设计，如多口袋设计、功能性襻带设计、多分割设计、配件设计等，如图 3-5 所示。

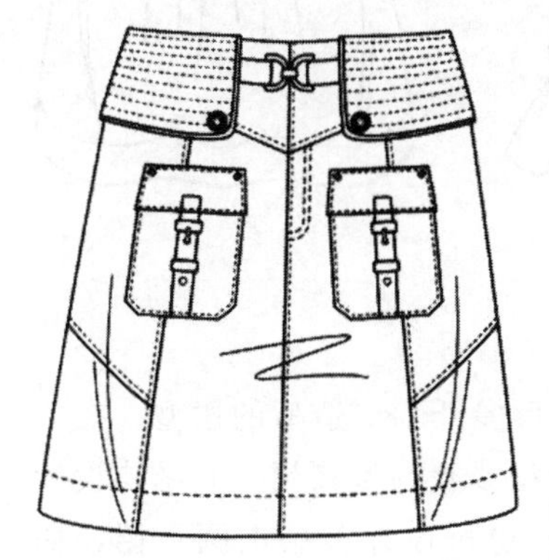

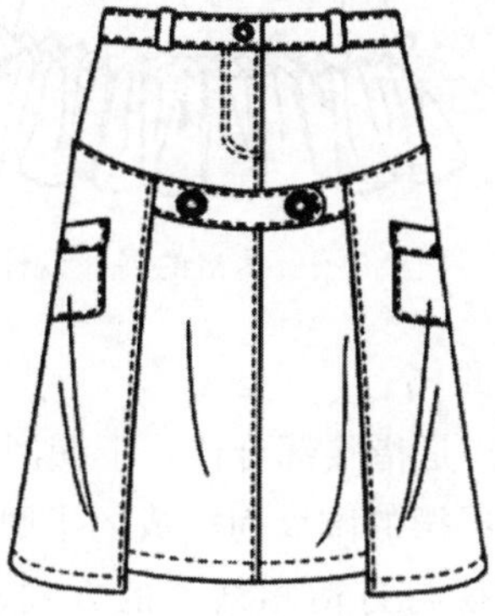

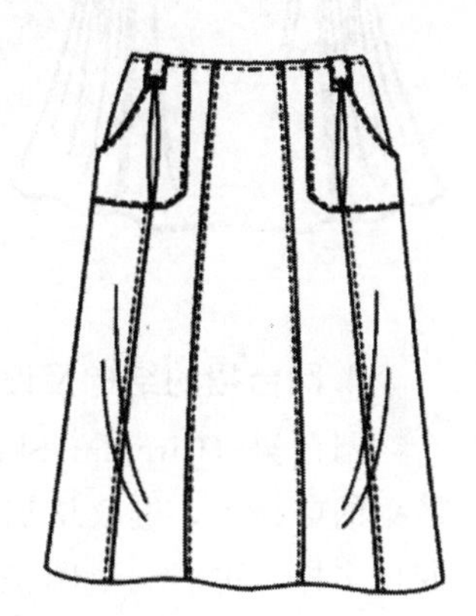

图 3-5　A 形裙设计变化

3. 褶裙的结构及设计变化

褶裙（Pleated Skirt）是指在窄裙造型的基础上，通过打褶等结构处理的方法进行展开设计，形成不同打褶造型特点的裙型。褶裙可分为两种：自然褶具有随意、多变、丰富、活泼的特点，而规律褶更具有次序感。

（1）规律褶的展开设计　由于规律褶会产生一定的立体感和量感，设计时需要注意打褶的位置、方向和数量，在达到造型目的的前提下不使裙装产生臃肿感，如图 3-6 所示。

（2）自然褶的展开设计　抽褶线的位置和抽褶的数量是自然褶展开设计的关键。在设计时需要注意此两点变化所产生的结构与造型的匹配度，如图 3-7 所示。

图 3-6　规律褶的展开设计

图 3-7　自然褶的展开设计

4. 圆台裙的结构及设计变化

圆台裙（Circular Skirt）是指腰部合体，下摆圆形展开 180°造型的裙型。在 A 形裙的前提下，继续增加其裙摆的阔度而完成的半圆型或整圆型腰裙。其结构设计变化多样，可以用半圆型裙摆与打褶相结合的方式，也可设计多层次圆台裙，如图 3-8 所示。

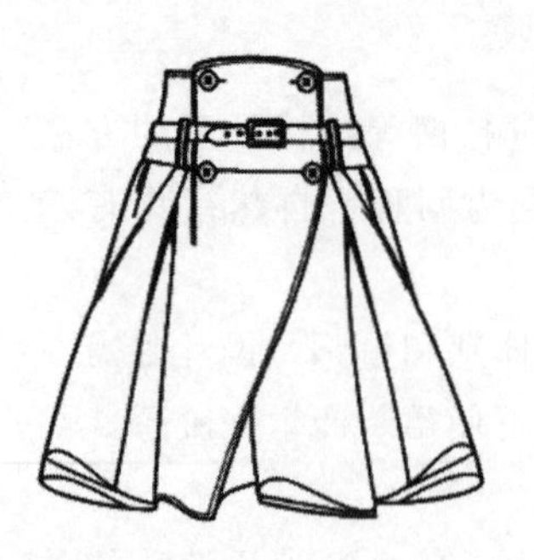

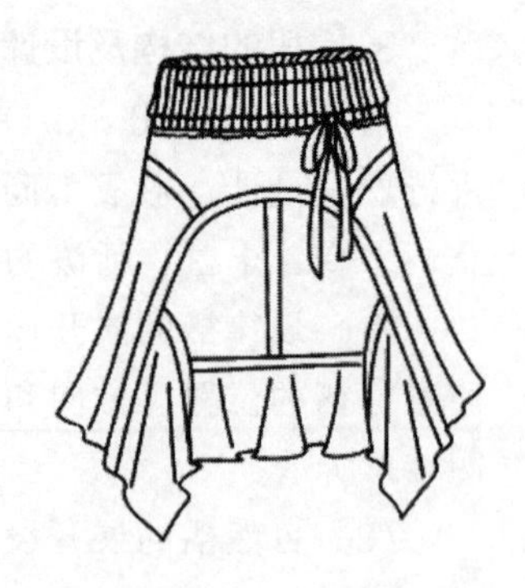

图 3-8　圆台裙的展开设计变化

三、裙子的面料

裙子是女性时尚搭配不可缺少的单品，一年四季均可穿着。根据不同季节的温度变化及时尚潮流，可选择不同颜色和不同材质的裙子。裙子选购面料时，不宜选择过薄和透明的面料。

1. 喇叭裙、斜裙

款式自然活泼、富有较强动感，适合年轻女性穿着，因此选购裙料要求悬垂性能好，如化纤织物中的印花富春纺、毛织物中的薄型或松结构呢料均可。

2. 百褶裙、组裙

款式轻盈、飘逸，因而选择裙料要求飘薄平挺。一般涤棉细布、涤棉麻纱、针织涤纶面料等常被采用。

3. 西装裙、直筒裙、开襟裙

款式雅致大方、挺括端庄，因此裙料要求身骨挺括，富有弹性，如各色薄毛料、涤毛混纺料、中长花呢、纯涤纶花呢、针织涤纶面料、罗缎、灯芯绒、劳动布等。

4. 节裙

裙身上下分几节，有时下边口也配有荷叶边，节间有嵌线、花边，这种款式富丽华贵、绚丽多彩，因此面料可选用丝绒、乔其立绒、烂花乔其绒和各式花布、丝绸等。

5. 旗袍裙

款式清秀、富有民族特色，穿着方便、凉爽、舒适，选择面料要求轻、软、平挺、悬垂性好，如丝绸中的双绉、电力纺、芦山纱，毛织物中的派力司、凡立丁，化纤织物中的薄型中长花呢、薄型针织涤纶面料等均可。

第二节 裙子结构设计原理

预习思考

- 如何解读裙子与人体的关系？
- 如何分析裙子的结构？

视频13 裙子与人体的关系

一、裙子与人体的关系

裙子是覆盖人体下身的服装，因此分析人体腰围线以下的体型特征是裙子纸样设计的基础。人体运动时体表形态发生变化，并且通过人体体表与服装之间的摩擦作用引起服装的变形。

① 如图 3-9 所示，人体腰围细、臀围粗，总体近似呈圆台体，前有腹凸，后有臀凸，且腹凸的位置高于臀凸的位置，这就要求前省长短于后省长。

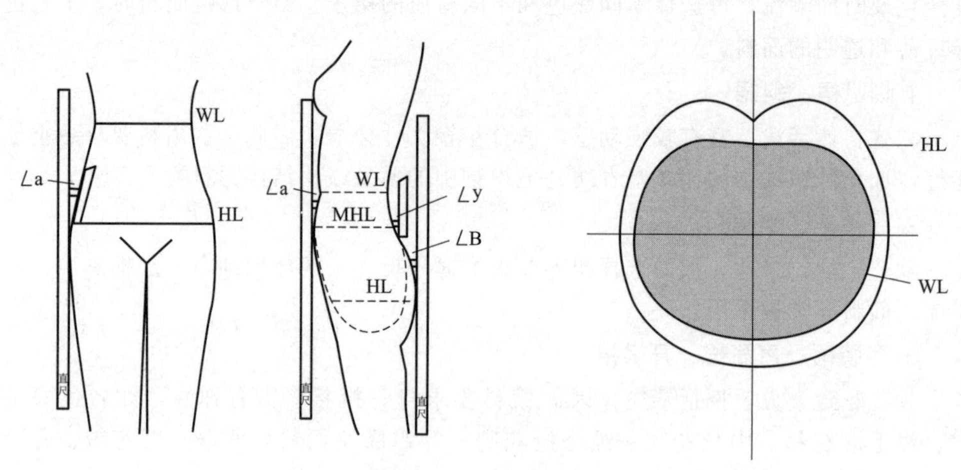

图 3-9 腰臀体型特征

② 在臀围线以下主要是下肢结构，围度逐渐减小，应该更多考虑运动状态，臀部运动主要有直立、坐下、前屈等动作。这一部分动作的运动状态包括臀部运动和人体行走的尺度，如表 3-1、表 3-2 所示。

表 3-1 臀围变化所需松量 单位：cm

运动姿势	动作	臀部增加量	裙子纸样作用点
正常直立姿势	45°前屈	0.6	臀围加放量
	90°前屈	1.3	臀围加放量
坐姿	正坐	2.6	臀围加放量
	90°前屈	3.5	臀围加放量
席地而坐	正坐	2.9	臀围加放量
	90°前屈	4.0	臀围加放量

表 3-2 腰围变化所需松量 单位：cm

运动姿势	动作	臀部增加量	裙子纸样作用点
正常直立姿势	45°前屈	1.1	腰围加放量
	90°前屈	1.8	腰围加放量
坐姿	正坐	1.5	腰围加放量
	90°前屈	1.7	腰围加放量
席地而坐	正坐	1.6	腰围加放量
	90°前屈	2.9	腰围加放量

二、裙子结构分析

（一）裙子的放松量

1. 腰围的放松量

在裙装中，腰围是最小的围度，它的尺寸规格不受款式造型的影响，是裙装中围度规格中变化最小的。人在呼吸、站、坐时，腰围会有 2cm 的差值变化。从生理学角度讲，人体腰部周长缩小 2cm 时，不会产生强烈的压迫感，所以裙装的放松量可以控制在 0～2cm。对于一些靠腰围固定的裙装，放松量取下限。

2. 臀围的放松量

臀围放松量的大小会直接影响裙装的造型风格。对于一些宽松型的裙装，放松量可不做严格规定。而对于合体的裙装，其臀围的加放量就要考虑到人体的体型特征及它的一般活动变化范围。若满足人体一般的坐立变化需要，臀围的放松量一般控制在 4～6cm。

3. 裙摆围的放松量

裙摆围的大小由款式造型而定。宽松型裙装的裙摆围可以呈 A 形、圆形，甚至超过 360°；而合体裙摆围的设计要考虑到人体的活动范围。当裙摆围小于人体的一般行走步幅时，下肢的活动会有控制感，走路就很不方便。如果既要小下摆又要便于行走，可采用开衩的方法，如旗袍。但衩也不能开得太高，以免不雅，一般开在距腰围线 40cm 以下为宜。如果不开衩，那么裙摆围应随着裙长的增加而增加。所以，裙摆围的设计要求艺术性与实用性相结合。

（二）臀围线

臀围线的位置由臀长决定，即从腰围线到臀围线沿人体曲面的长度。一般认为，臀长与人体的高度存在一定的比例关系。臀长可以是身高/10＋1cm 或是臀围/6，也可以实际测量从腰围线到臀围线的长度进行确定。

（三）腰围线

东方女性的体型特征：腹部隆起，臀部较平，后腰至臀部之间的斜度偏长且平坦，并在上部略有凹进。从侧面观察，腰臀之间呈 S 形，人体的这种形态使得腰际线前后不在一个水平截面上。一般侧臀高大于前臀高 1cm 左右，前臀高大于后臀高 1cm 左右。其中上腰腰头宽一般为 2～4cm（宽腰裙除外），使用超薄型面料可为 1～2cm。

① 对于低腰裙设计，应重新设计低腰位的腰围和臀长，腰头要采用弧形腰头才能满足要求。也可以先按基本裙型画图，再来切割变化长度方向的尺寸（裙长和臀长要学会灵活变化）。一般低腰裙低于正常腰线 3cm，不大于 6～8cm。

② 对于高腰款式，必须依据人体形态，从腰节往上逐渐加大裙腰围度，构成裙腰上口大于底口的造型。一般高出腰线 6～8cm，不超过 10cm。

（四）腰省

1. 省量

腰省量为腰臀围的差值。它的位置与裙子的款式有关，每个省的省量过大或过小均不合适。过大会使省尖过于突兀，过小则达不到收省的目的。贴体型裙子，侧缝省应控制在 0.5～1cm。随着宽松程度的增加，省量可在 0.5～3cm 变化。裙体内的省道省量一般控制在 1.5～3cm。

2. 省数

整个腰围的裙片内省个数一般为偶数。如果是 4 个或 8 个，则前后各一半，以对称形式出现。如果是 6 个，则前 2 后 4。

三、裙子的测量

由裙子与人体之前的关系可知，裙子的结构设计主要用到腰围、臀围、裙长和裙摆围这几个尺寸。

① 腰围：腰部最细处水平围绕一周的长度，对应裙子的腰头长。

② 臀围：臀部最丰满处水平围绕一周的长度，对应裙子臀围线处的长度。

③ 裙摆围：裙子下摆周长。

④ 裙长：腰节线至裙摆围的垂直长度。

四、裙子的结构线名称

裙子的结构线名称如图 3-10 所示。

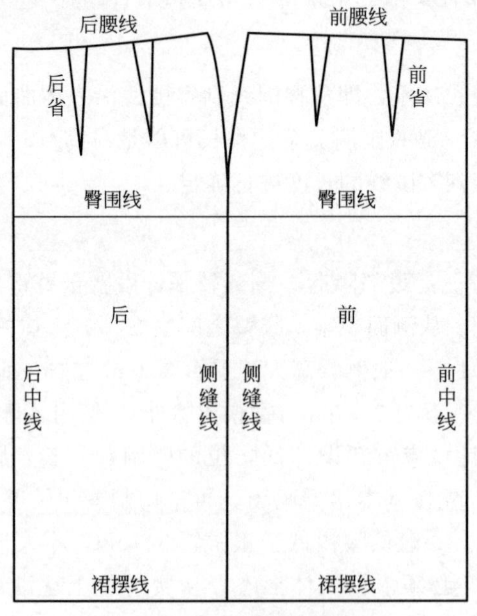

图 3-10　裙子的结构线名称

第三节　直身裙结构设计与纸样

视频 14　直裙测量要点与制图要领

预习思考

- 直身裙包括哪些裙型？
- 直身裙有哪些制图要领？
- 为什么制图时裙子后腰中线下落 1cm（0.5～1.5cm）？

裙子的造型沿着三个基本规律而变化，即廓形、分割和打褶，在这三个基本规律变化中，廓形是最基础、也是最重要的变化。从表面上看，影响裙子外形的是裙摆，而实质制约裙摆的关键在于裙腰线的构成方式。这一规律可以从窄裙到圆裙结构的演化中得以证明。比如窄裙、A 形裙等裙子造型，就是在裙基型的基础上变化得到的。

一、裙基型结构设计

（一）裙基型款式

如图 3-11 所示，裙基型为符合人体结构特征的裙子，前后裙片各有 4 个省道，后腰装拉链，后中下摆开衩，侧缝为竖直线。

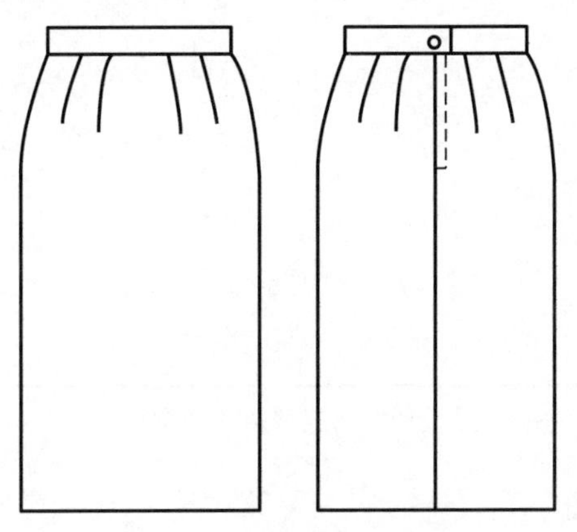

图 3-11　裙基型结构设计

（二）规格设计

裙基型的规格设计如表 3-3 所示，裙子成品腰围加放 2cm 松量，臀围加放 4cm 松量，达到裙子的合体状态。基型设置长度为 60cm，含腰头宽。

表 3-3　裙基型款式尺寸　　单位：cm

号型	部位名称	裙长(SL)	腰围(W)	臀围(H)	臀长	腰头宽
160/66A	净体尺寸		66	88	18	
	成品尺寸	60	68	92	18	3

（三）结构设计

裙基型结构设计的方法，如图 3-12 所示，结构制图中用到的 W、H 等为成品尺寸，具体绘制步骤如下。

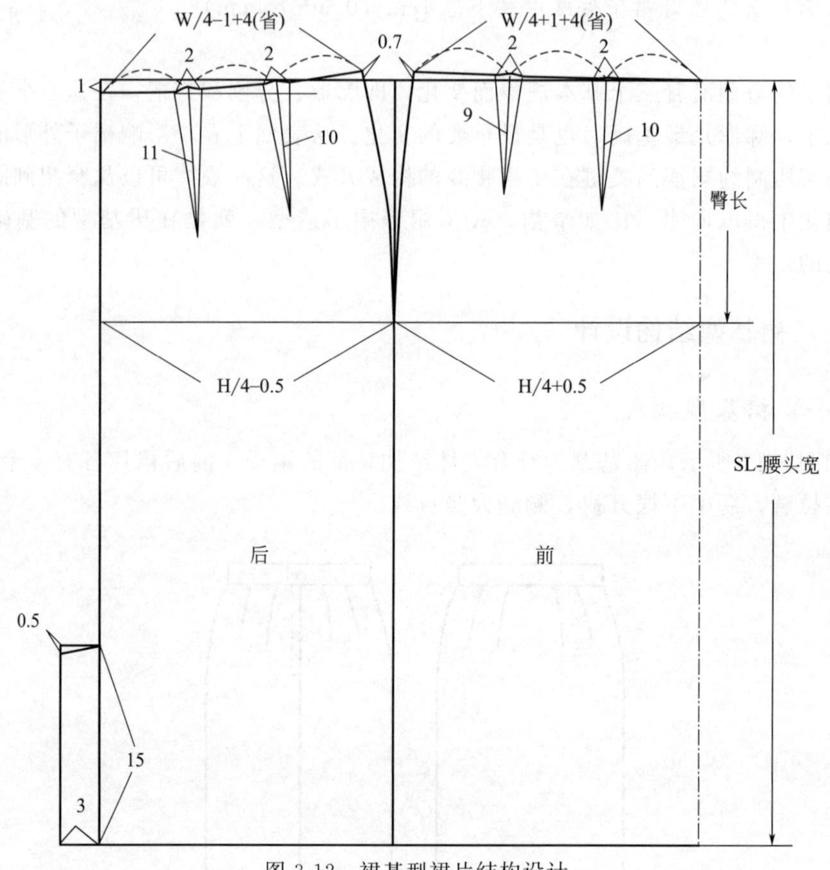

图 3-12　裙基型裙片结构设计

1. 基础结构线制图

（1）绘制结构线　长方形，长度为裙长－腰头宽＝57cm，宽度为 H/2。

（2）绘制臀围线　从上平线往下取臀长 18cm。

（3）绘制侧缝线　将臀围尺寸区分前后裙片，取前臀围大为 H/4＋0.5cm，后臀围大为 H/4－0.5cm；画线交至底摆辅助线。

裙子侧缝线确定或前后臀围大的分配与穿着状态有关，为了穿着美观，裙子的侧缝不应靠前而应靠后，因此在裙子的制图中，臀围分配采用前臀片略大于后臀片，前后差可在 0～2cm。

（4）确定前后腰围　由于人体体型在腰部的特殊性（详见本章第二节内容），裙子的前后腰围分类采用前腰围略大于后腰围，一般取值为前腰围 W/4＋1cm，后腰围 W/4－1cm。

2. 后裙片结构设计

（1）绘制腰围线　先将后中腰线低落 1cm，在两条腰围辅助线上量取 W/4－1cm＋4cm（2 个省宽），确定腰侧点，将其抬高 0.7cm，连成圆顺曲线。制图时注意以下几点。

① 后中腰线比前中腰线低落 1cm，其原因与女性的体型有关。侧观人体，可见腹部前凸，而臀部略有下垂，致使后腰至臀部之间的斜坡显得平坦，并在上部处略有凹进，腰际至臀底部处呈 S 形。因此，腹部的隆起使得前裙腰向斜上方移升，后腰下部的平坦使得后腰下沉，致使整个裙腰处于前高后低的非水平状态。在后中腰线低落 1cm 左右，能使裙腰处于良好状态；至于低落的幅度，具体应根据体型及合体程度加以调节。

② 侧缝处的腰线起翘 0.7cm。人体臀腰差的存在，使裙子侧缝线在腰线处出现劈势，因劈势的存在，使起翘成为必然。因此侧缝的劈势使得前、后裙片拼接后，在腰线处少了凹角。劈势越大，凹角越大，反之亦然。制图起翘量的作用就是将凹角填补。

（2）绘制侧缝线　将腰侧点与侧缝辅助线相连，臀围以上连成圆顺曲线。

（3）绘制开衩　长 15cm、宽 3cm 的开衩，上端下降 0.5cm。一般来说，臀围线以下若下来 10cm，下摆宽度增长 1cm（宽度以 10％的幅度增长，办公服以 15％的幅度增长）；若不放大下摆时，可以开衩，开衩的位置至少在臀围线以下 15cm，以免曝光。

（4）绘制腰省　将后腰线三等分，每等分点即省中点，分别作省长为 11cm 和 10cm、省宽为 2cm 的 2 个省道。

腰省的设计和臀腰差有关，臀腰差的处理可以是收省、侧缝劈势和后中劈势。当臀腰差在 24cm 以上时，前后半片各收 2 个省；臀腰差在 24cm 以下时，前后半片各收 1 个省。本例臀腰差刚好为 24cm，故设 1 个或 2 个省均可。一般前片单个省宽不超过 2.5～3cm。

3. 前裙片结构设计

（1）绘制前中心线　前裙片为一片式，将前中心线设置为翻折线。

（2）绘制腰围线　在腰围辅助线上量取 W/4＋1cm＋4cm（2 个省宽），确定腰侧点，将其抬高 0.7cm，连成圆顺曲线。

（3）绘制侧缝线　将腰侧点与侧缝辅助线相连，臀围以上连成圆顺曲线。

（4）绘制腰省　将前腰线三等分，每等分点即省中点，分别作省长为 10cm 和

9cm、省宽为 2cm 的 2 个省道。

4. 腰头结构设计

如图 3-13 所示，绘制长为 W、宽 3cm 的腰头；并添加 3cm 长的叠门量。

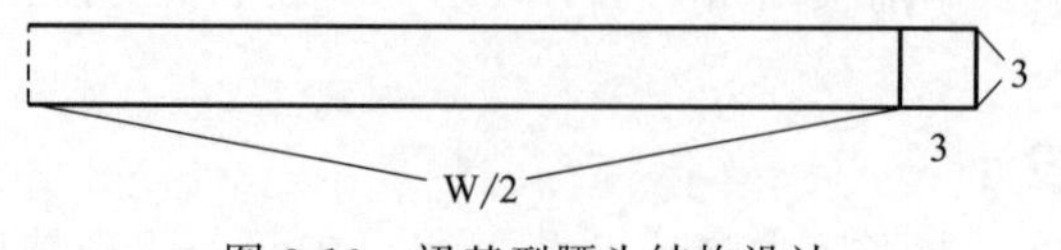

图 3-13　裙基型腰头结构设计

视频 15　直裙类制图

二、西服裙结构设计与纸样

1. 西服裙款式设计

西服裙是直身裙的其中一种裙型，紧身型的西服裙可以将侧缝线往里收，表现为窄裙形式；也可以将侧缝线外放，表现为 A 形裙形式。本款西服裙属于 A 形，并在前中心线的位置采用褶裥增加人体下肢的活动量，褶裥为阴褶，即褶裥的上部分缉线封口，如图 3-14 所示。

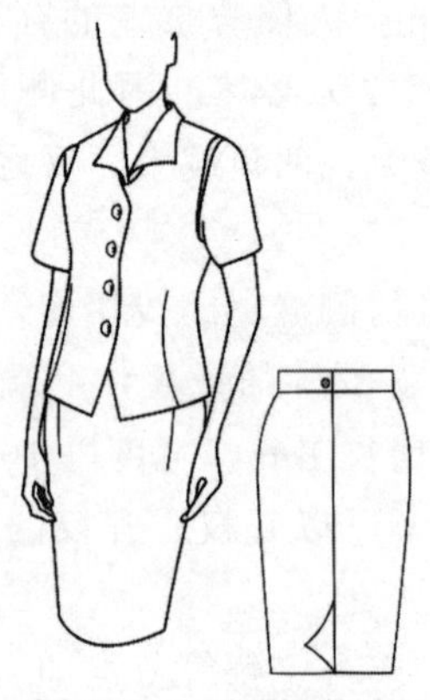

图 3-14　西服裙款式

2. 规格设计

该款西服裙的规格设计如表 3-4 所示，裙子成品腰围加放 2cm 松量，臀围加放 4cm 松量，达到裙子的合体状态。裙长为 62cm，含腰头宽。

表 3-4　西服裙尺寸　　单位：cm

号型	部位名称	裙长(SL)	腰围(W)	臀围(H)	臀长	腰头宽
160/66A	净体尺寸		66	88	18	
	成品尺寸	62	68	92	18	3

3. 结构设计

西服裙结构设计与裙基型的结构设计方法相同，具体如图 3-15 所示，主要注

意以下几点。

① A 形裙侧缝外放的同时底摆要有起翘量，一是确保侧缝线与底摆线成直角，二是使得前后裙片的侧缝一样长。

② 该款西装裙的腰省设计，前片 1 个省道省宽为 2.5cm，后片 2 个省道省宽分别为 3cm 和 2cm，省长根据省宽稍作变化。

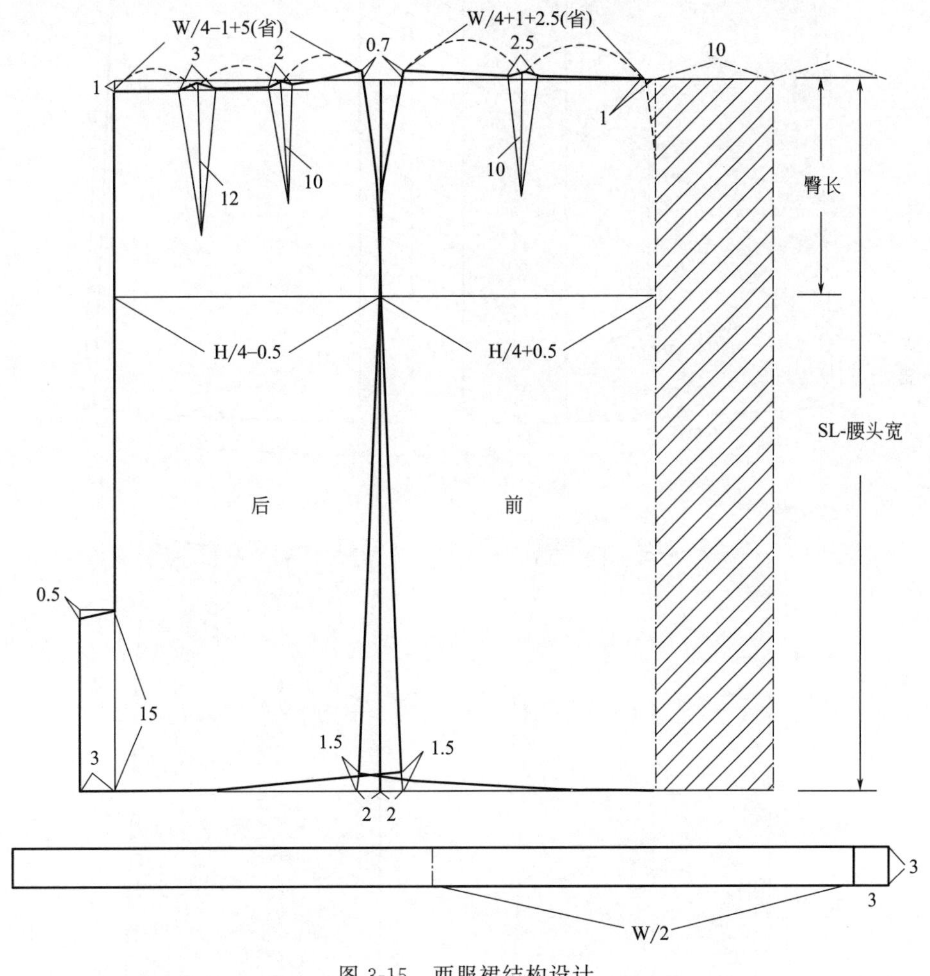

图 3-15　西服裙结构设计

4. 纸样制作

（1）前裙片纸样　如图 3-16 所示，前裙片底摆加放缝份 3cm，其余部位加放缝份 1cm。标注对位记号和省位点。

（2）后裙片纸样　如图 3-17 所示，后裙片底摆加放缝份 3cm，后中心线处装拉链加放缝份 1.5cm，其余部位加放缝份 1cm。标注对位记号和省位点。由于西服裙后中有开衩，左右裙片的开衩放缝有所不同。

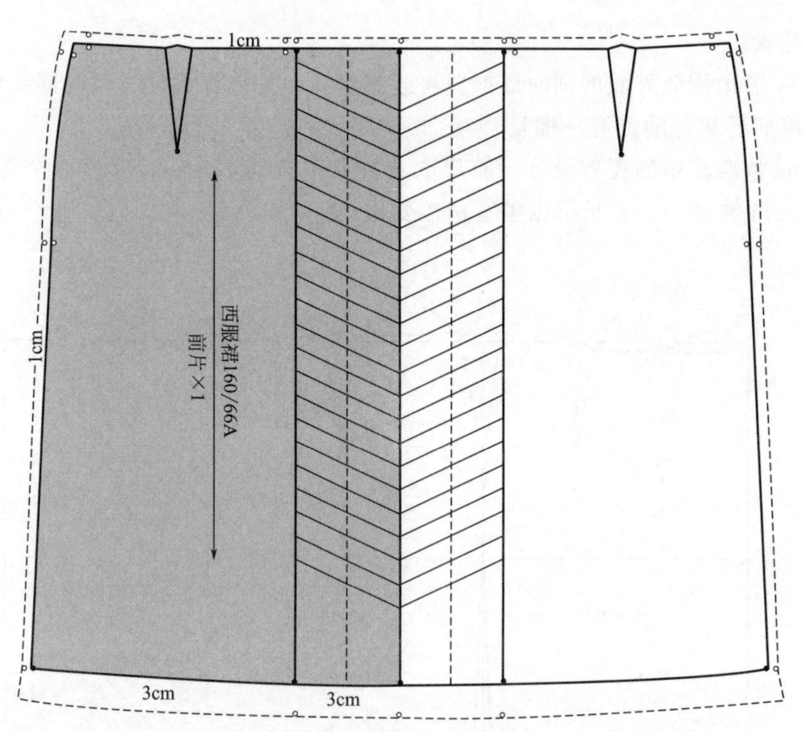

图 3-16　前裙片纸样

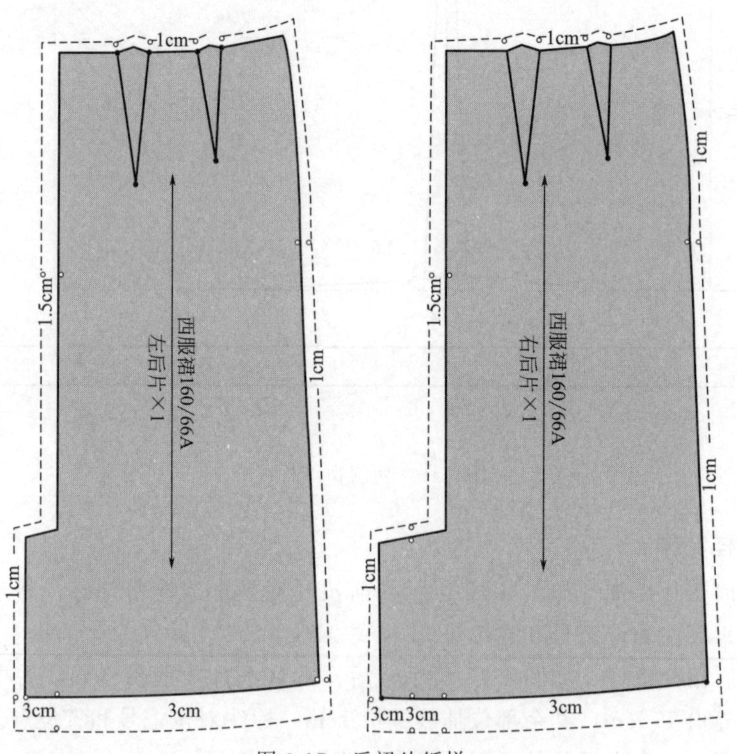

图 3-17　后裙片纸样

（3）腰头纸样　腰头纸样如图 3-18 所示。

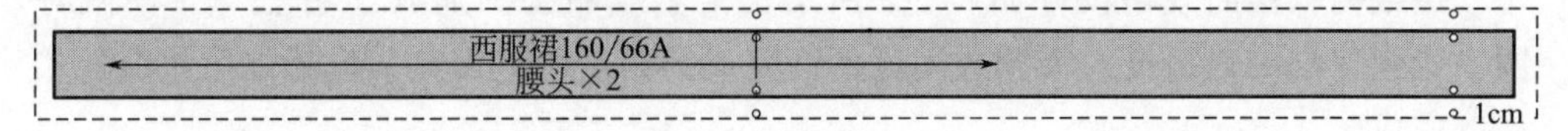

图 3-18　腰头纸样

第四节　斜裙结构设计与纸样

预习思考

- 斜裙包括哪些裙型？
- 斜裙有哪些制图要领？

斜裙是由腰部至下摆斜向展开呈 A 字的裙子。在裁剪时，一般按圆径 90°制图，腰口小、下摆大，呈喇叭形，并且裙片完全是斜丝绺构成，故名斜裙。此类裙子属于宽松型裙型，根据搭配上衣及使用面料，裙长上设计可长可短，臀围规格不必控制，底摆大小也根据设计要求制作。

一、喇叭裙结构设计与纸样

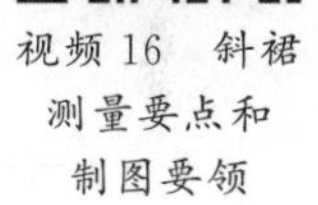

视频 16　斜裙测量要点和制图要领

（一）款式设计

如图 3-19 所示，喇叭裙是适合一年四季广泛穿着的一种斜裙。该款喇叭裙为两片式，每片展开角度为 90°，裙摆宽大，右侧装拉链。

图 3-19　喇叭裙款式

（二）规格设计

该款喇叭裙的规格设计如表 3-5 所示，裙子成品腰围加放 2cm 松量，不限臀围，达到宽松的舒适度。该款式用比例法完成结构制图，因此其他部位尺寸由公式计算完成。

表 3-5　喇叭裙尺寸　　单位：cm

号型	部位名称	裙长(SL)	腰围(W)	臀长	腰头宽
160/66A	净体尺寸		66		
	成品尺寸	70	68	18	3

（三）结构设计

喇叭裙的结构平面展开图为扇形，因此可以直接作图实现，如图 3-20 所示。

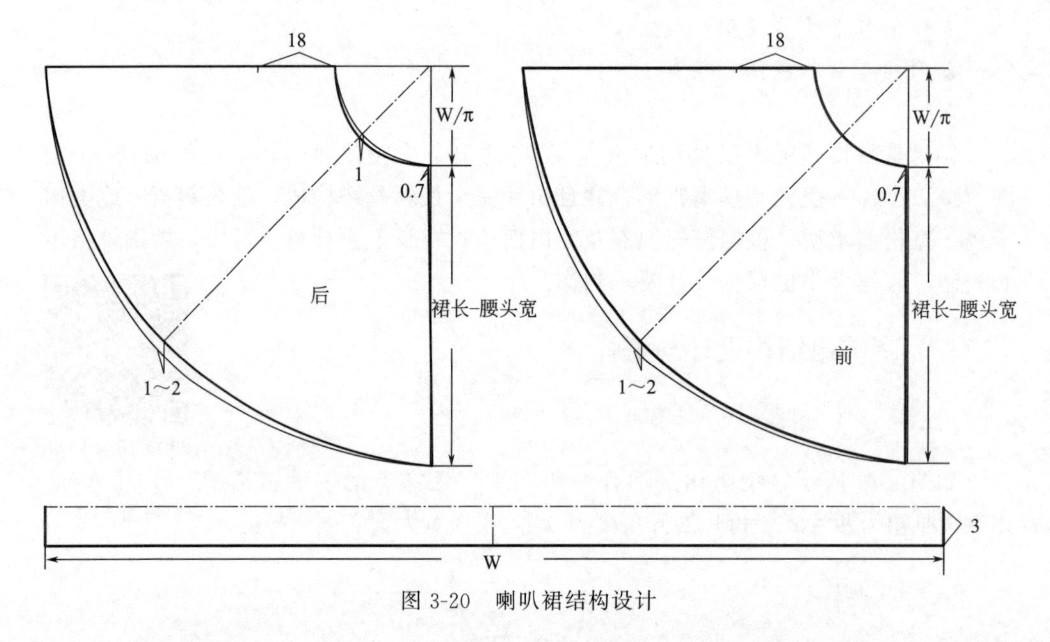

图 3-20　喇叭裙结构设计

绘制前裙片：首先绘制半径为 W/π＋裙长－腰头宽数值的 90°扇形；再根据 W/π 的半径值绘制腰口弧线，靠近侧缝的腰口线收 0.7cm 的劈势；将前中心线底摆向上收 2cm。

后裙片与前裙片的绘制步骤和方法相同，唯一不同的就是后腰线需低落 1cm。

斜裙类在结构设计时需注意以下几点。

1. 制图规格尺寸中的裙腰围与成品尺寸的裙腰围之间的差异

由于斜裙的腰口是斜丝绺，易拉伸，而缝纫时又因造型需要略伸开，因此，成品的腰围与制图尺寸存在差异。为解决这个问题，可有两种方法，一是在结构制图时在两侧线处劈去一定的量，量的大小视面料质地性能而定；二是将腰围的规格尺

寸减小。

2. 斜裙的角度与腰口弧线的计算公式

两片斜裙裙片的夹角通常为90°，结构设计时可用求半径来计算腰口弧线。设腰口半径为R，则R=腰围W/π。

3. 裙摆的处理

斜裙下摆斜丝部位不稳定，容易拉伸，因此在结构设计时先考虑这个因素。因面料的质地性能不同，拉伸下垂的长度也不同，要酌情考虑，一般为1～2cm。

（四）纸样制作

如图3-21所示，前、后裙片底摆加放缝份3cm，装拉链侧缝边加放缝份1.5cm，其余部位加放缝份1cm。标注对位记号。

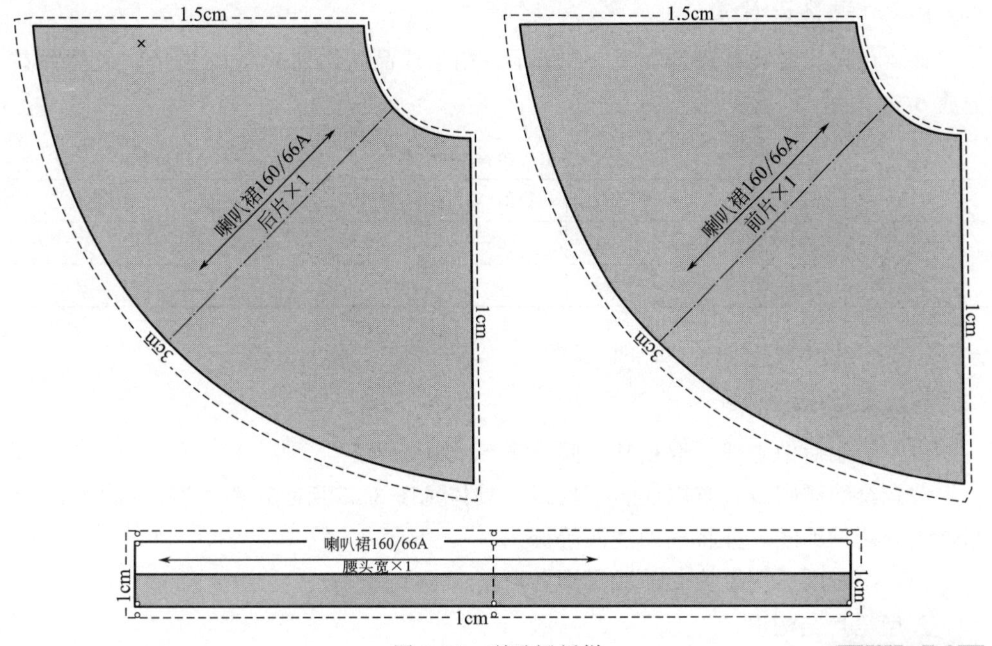

图3-21　喇叭裙纸样

视频17　斜裙结构设计

二、鱼尾裙结构设计与纸样

鱼尾裙因其下摆形似鱼尾而得名。鱼尾裙一般分为纵向分割和弧形分割，有六片式、八片式等。

（一）款式设计

本款鱼尾裙的前后片均设弧形分割线，如图3-22所示，裙型合体但外形无省（腰省转移到分割线上），装腰，右侧装拉链。

图 3-22　鱼尾裙款式

（二）规格设计

该款鱼尾裙的规格设计如表 3-6 所示，裙子成品腰围加放 2cm 松量，成品臀围加放 6cm 松量。

表 3-6　鱼尾裙尺寸　　单位：cm

号型	部位名称	裙长(SL)	腰围(W)	臀围(H)	臀长	腰头宽
160/66A	净体尺寸		66	88		
	成品尺寸	78	70	94	18	3

（三）结构设计

1. 基础结构线制图

（1）绘制后中心线　取裙长－腰头宽＝75cm。

（2）绘制腰围线、臀围线、下摆线　具体见图 3-23 所示，距离臀围线 24cm 绘制鱼尾分割辅助线，并将辅助线两等分。

（3）绘制前后侧缝线　前后臀围各取值 W/4。

2. 后裙片结构设计

根据鱼尾裙款式设计，后裙片由三部分组成，如图 3-24 所示。

（1）绘制腰围线　腰围线低落 1cm，取值 W/4，确定侧腰辅助点；将腰围线剩下的部分两等分，记等分值为●；将一个等分量含在腰围中，即省宽为●的腰省；重新确定侧腰点，并抬高 0.7cm，将后腰点和侧腰点连成圆顺曲线。

（2）绘制侧缝线　将腰侧点与侧缝辅助线相连，臀围以上连成圆顺曲线。

（3）绘制底摆线　由于鱼尾造型，每一片裙片底摆都向外展开 5cm。

（4）绘制分割线　后上片裙片的分割线起点始于侧缝上 8cm 的位置，经过省尖点，再到后中；后中片裙片的分割线起点始于侧缝与臀围线的交点，连为圆顺曲线，并调整分割线长度，使得拼合部位等长。

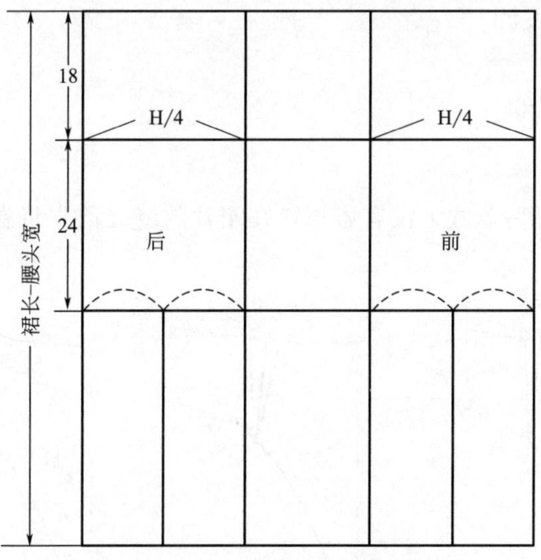

图 3-23 鱼尾裙基础结构线

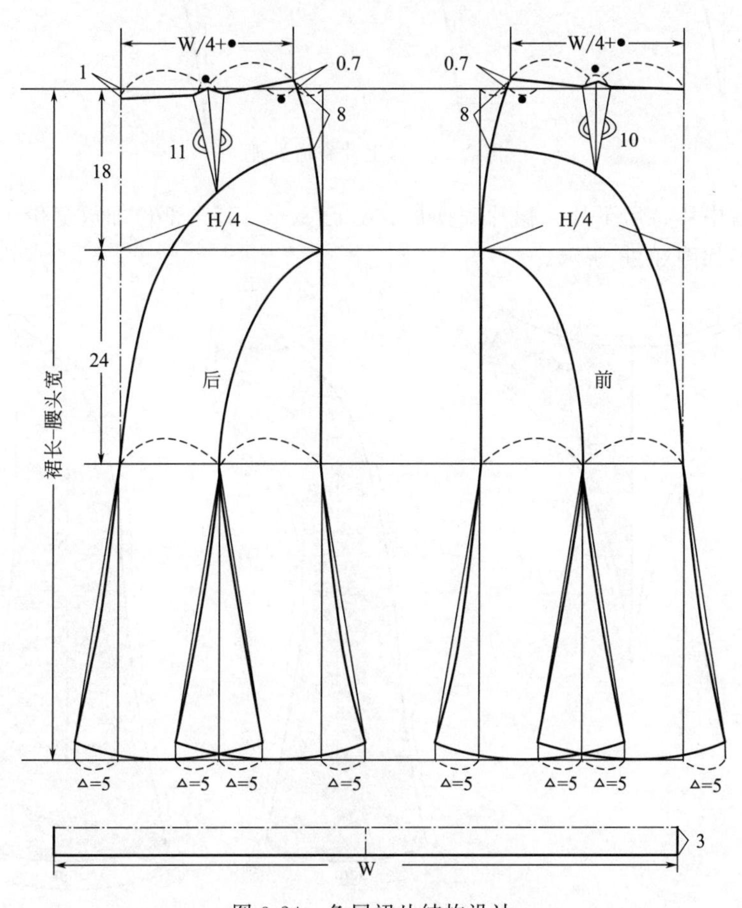

图 3-24 鱼尾裙片结构设计

3. 前裙片结构设计

方法同后裙片。

（四）纸样制作

1. 后片纸样

（1）后上片　裙片款式上没有省道，在裙片放缝之前先将省道合并，如图 3-25 所示。

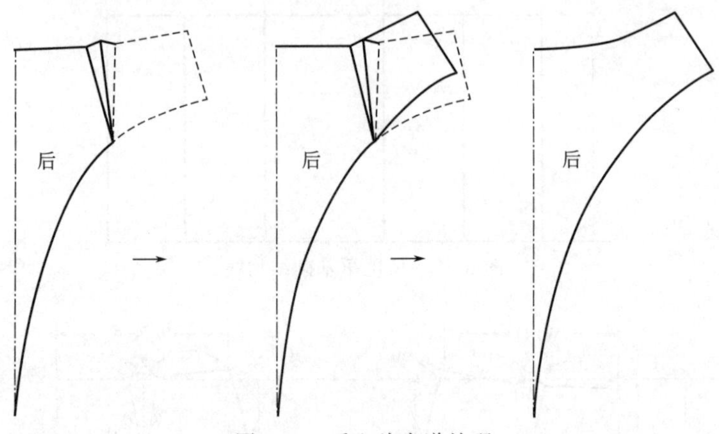

图 3-25　后上片省道处理

（2）后中片、后下片　裙片底摆加放缝份 3cm，其余部位加放缝份 1cm，标注对位记号，如图 3-26 所示。

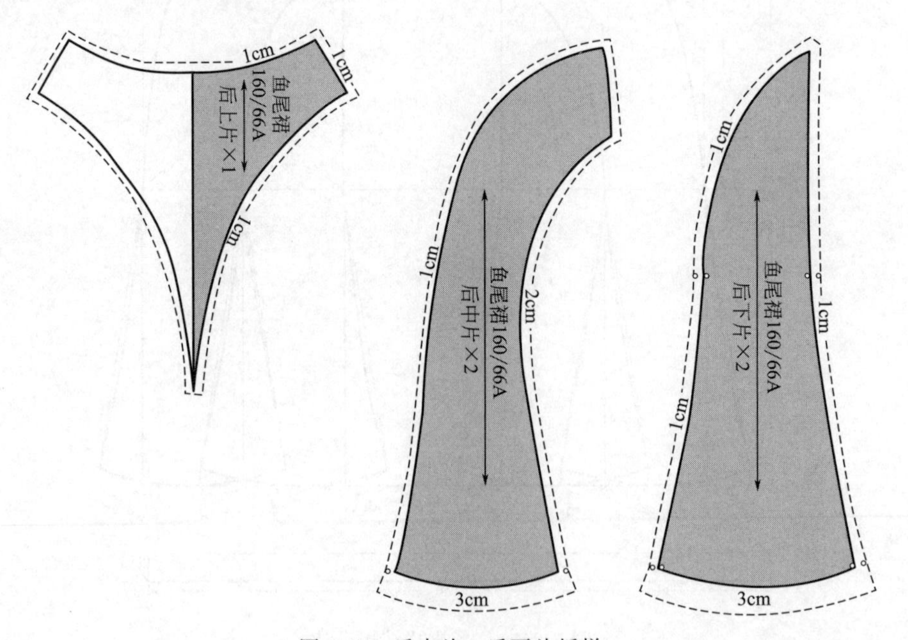

图 3-26　后中片、后下片纸样

2. 前片纸样

① 前上片裙片款式上没有省道，在裙片放缝之前先将省道合并，如图 3-27 所示。

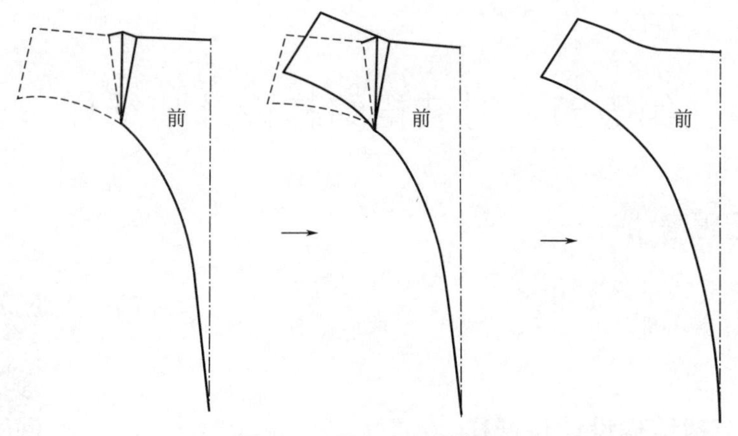

图 3-27 前上片省道处理

② 前中片、前下片裙片底摆加放缝份 3cm，其余部位加放缝份 1cm，标注对位记号，如图 3-28 所示。

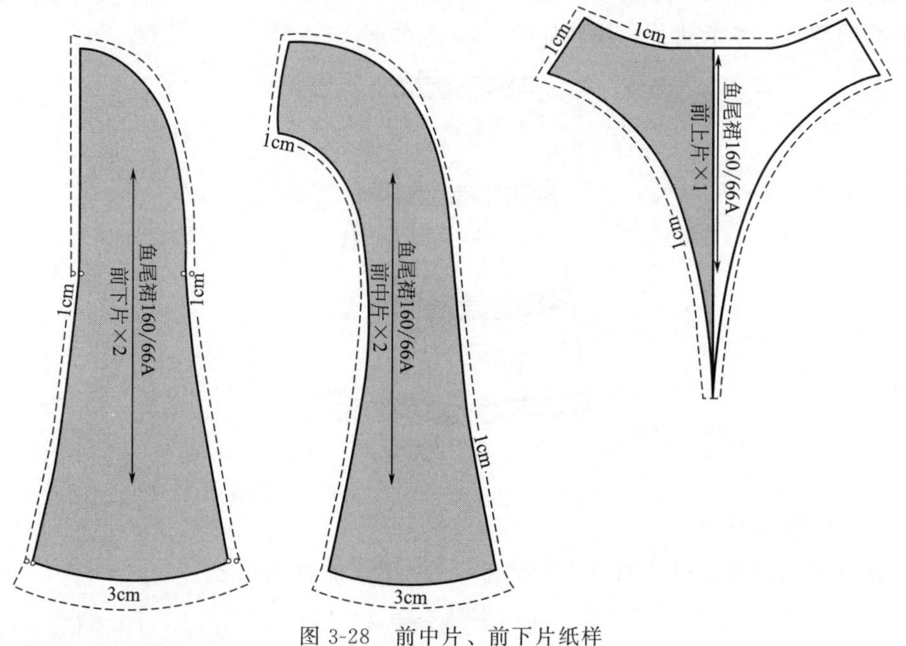

图 3-28 前中片、前下片纸样

3. 腰头纸样

加放缝份 1cm，如图 3-29 所示。

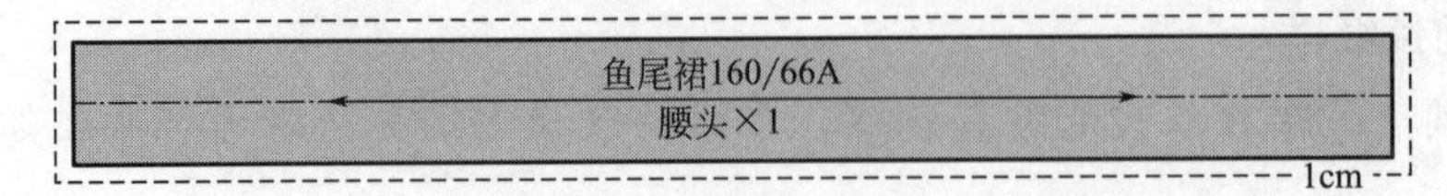

图 3-29　腰头纸样

第五节　时装裙结构设计与纸样

预习思考

- 收集变化款女裙的款式及对应的结构制图。
- 如何实现裙子的省移、分割、褶裥的结构变化？

视频 18　时装裙结构设计

一、节裙结构设计与纸样

（一）款式特点

节裙又称塔裙，指裙体以多层次的横向彩排抽褶相连，外形如塔状的裙子。根据塔的层面分布，可分为规则塔裙和不规则塔裙，不同宽、窄的裙片可以自由组合形成新的款式。本节裙分三段，如图 3-30 所示。

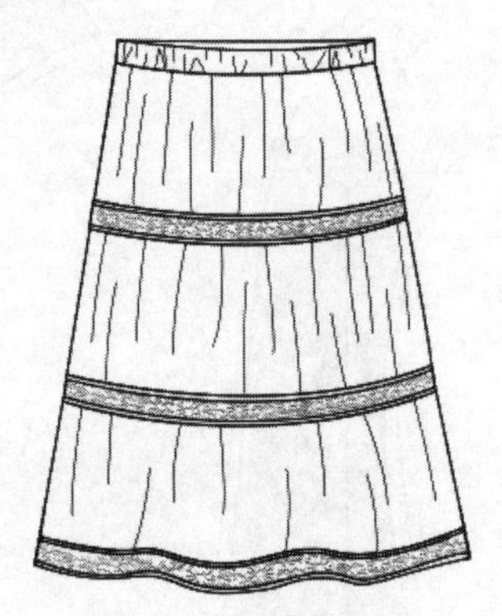

图 3-30　节裙款式

（二）规格设计

该款节裙的规格设计如表 3-7 所示，成品腰围加放 2cm 松量。

表 3-7　节裙尺寸　　单位：cm

号型	部位名称	裙长(SL)	腰围(W)	腰头宽
160/66A	净体尺寸		66	
	成品尺寸	85	68	3

（三）结构设计

1. 前裙片结构设计

前裙片结构设计如图 3-31 所示。

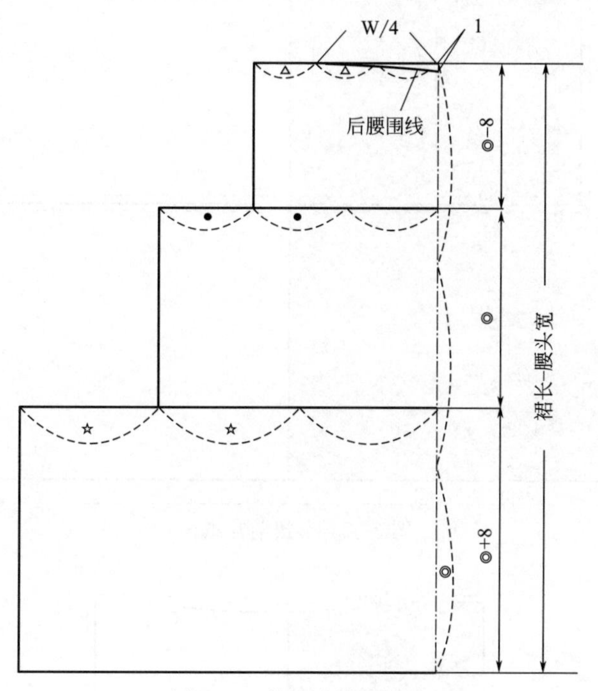

图 3-31 前裙片结构设计

① 绘制裙长－腰头宽＝82cm，再将其三等分，其中一等份记为◎。

② 绘制腰围线，取值 W/4；再将其二等分，其中一份记为△；延长腰围线△长度。

③ 绘制横向分割线：将裙长分为三节，分别取◎－8cm、◎、◎＋8cm；分割线长度计算方法与腰围线一样。

节裙的抽褶量应按面料的质地性能和所要表现的效果来考虑增加的具体数量。一般采用断开处原有量的 1/3 倍、1/2 倍、2/3 倍、1 倍等几种方法，如为多节裙，则各节相应类推。

2. 后裙片结构设计

除腰围在后中心线位置低落 1cm 外，其余结构设计与前裙片结构设计方法相同。

（四）纸样制作

前、后裙片底摆加放缝份 3cm，其余部位加放缝份 1cm，标注对位记号，如图 3-32～图 3-34 所示。

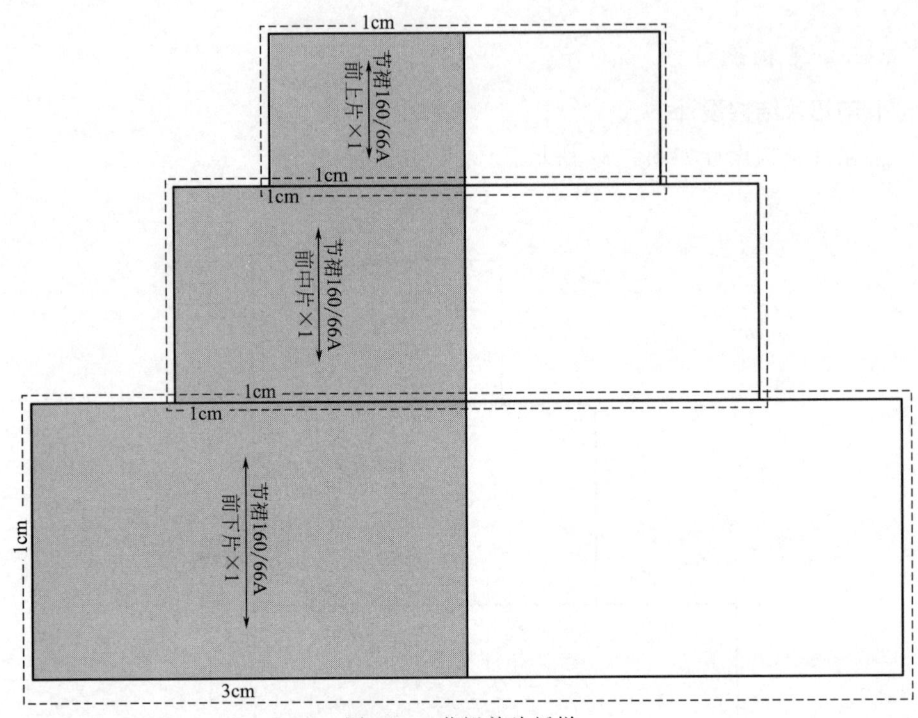

图 3-32　节裙前片纸样

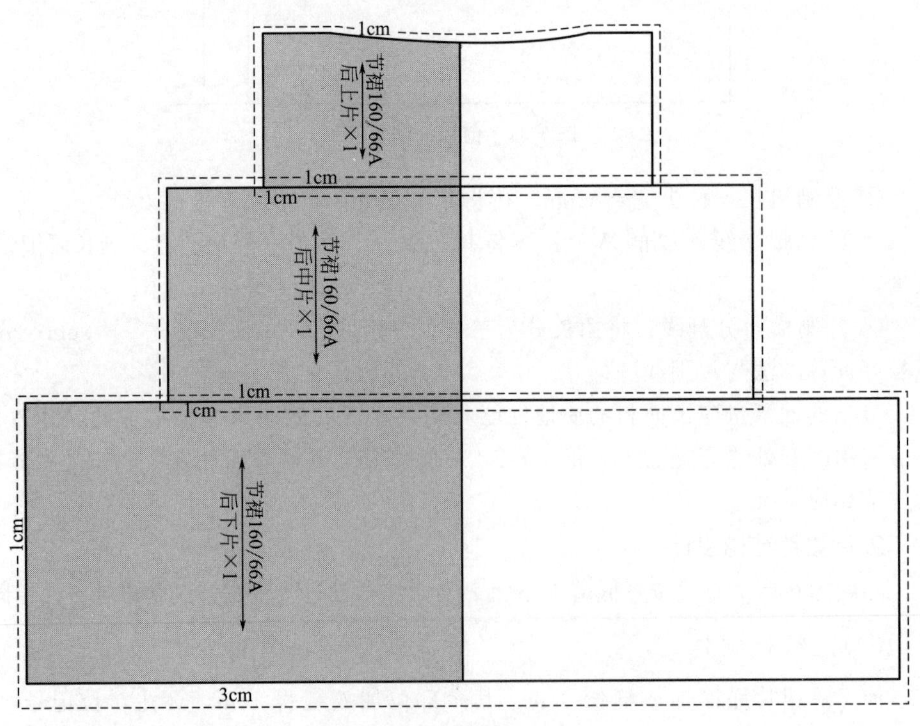

图 3-33　节裙后片纸样

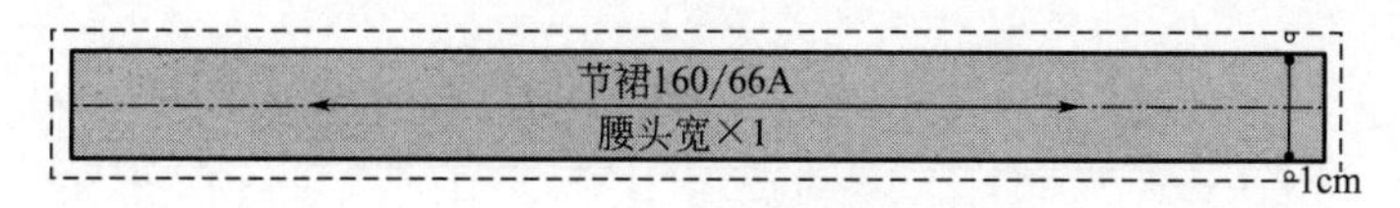

图 3-34　腰头宽纸样

二、灯笼裙结构设计与纸样

（一）款式设计

如图 3-35 所示，该裙子外形像灯笼，给人以可爱、独特的感觉。前片开襟，装 6 粒扣；前片有半分割线并在分割线上作碎褶；后片作全分割线育克，也在分割线上抽碎褶；低腰无腰头，装贴边。

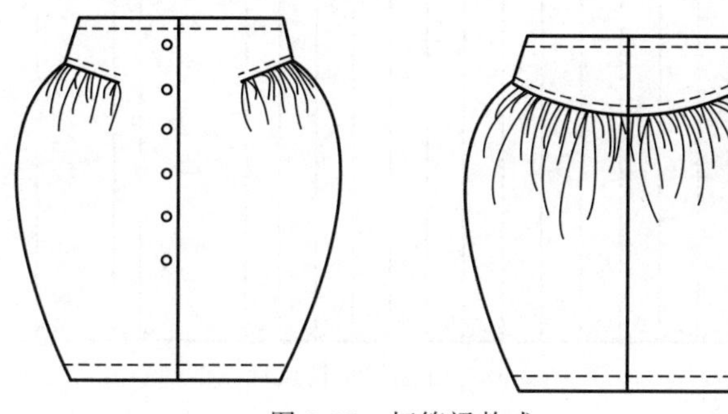

图 3-35　灯笼裙款式

（二）规格设计

该款灯笼裙的规格设计如表 3-8 所示，成品腰围加放 2cm 松量，成品臀围加放 4cm 松量。

表 3-8　灯笼裙尺寸　　单位：cm

号型	部位名称	裙长(SL)	腰围(W)	臀围(W)	臀长	腰头宽
160/66A	净体尺寸		66	88		
	成品尺寸	50	68	92	18	3

（三）结构设计

该款灯笼裙的结构设计采用原型法制图，即在裙基型的结构上进行设计，如图 3-36 所示。

1. 后裙片结构设计

（1）绘制腰围线　距离裙基型腰围线 3cm，绘制灯笼裙腰围线。

（2）绘制育克分割线　侧缝线上距离腰围 5cm，过两个省道省尖，连成横向分割线，形成育克。

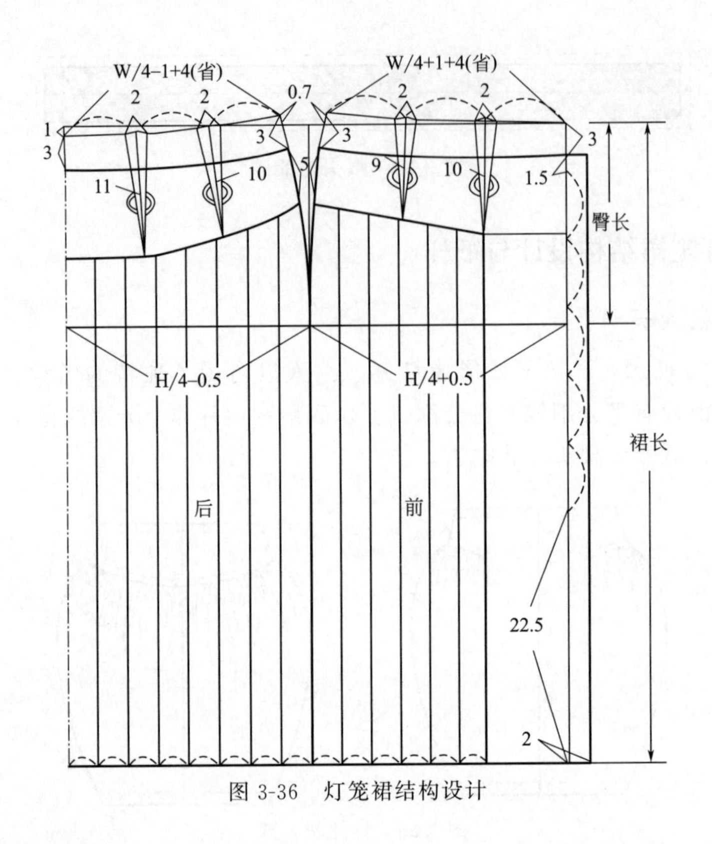

图 3-36　灯笼裙结构设计

2. 前裙片结构设计

（1）绘制腰围线　距离裙基型腰围线 3cm，绘制灯笼裙腰围线。

（2）绘制横向分割线　侧缝线上距离腰围 5cm，过两个省道省尖，连成横向分割线。

（3）绘制门襟及扣位　绘制门襟宽 2cm，在前中心位置定 6 颗扣位，第一颗扣位距离腰围线 1.5cm，最后一颗扣位距离底摆线 22.5cm。

（四）纸样制作

1. 后片纸样

根据款式设计，后片分为后育克和后裙片。

（1）后育克　先将后育克裁片两个省道合并，形成新的裁片，如图 3-37 所示。

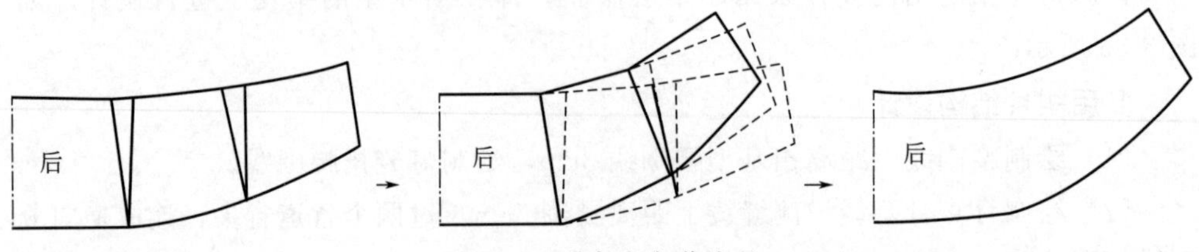

图 3-37　后育克省道处理

各部位加放缝份 1cm，标注对位记号，如图 3-38 所示。

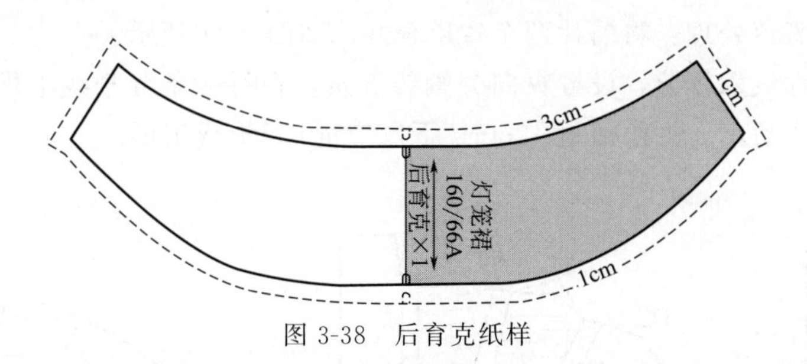

图 3-38　后育克纸样

（2）后裙片　将底摆线八等分，设置纵向分割线七条，在每一条分割线上展开加放抽褶量，如图 3-39 所示。上段褶量 9cm，下段褶量 0，形成扇形。

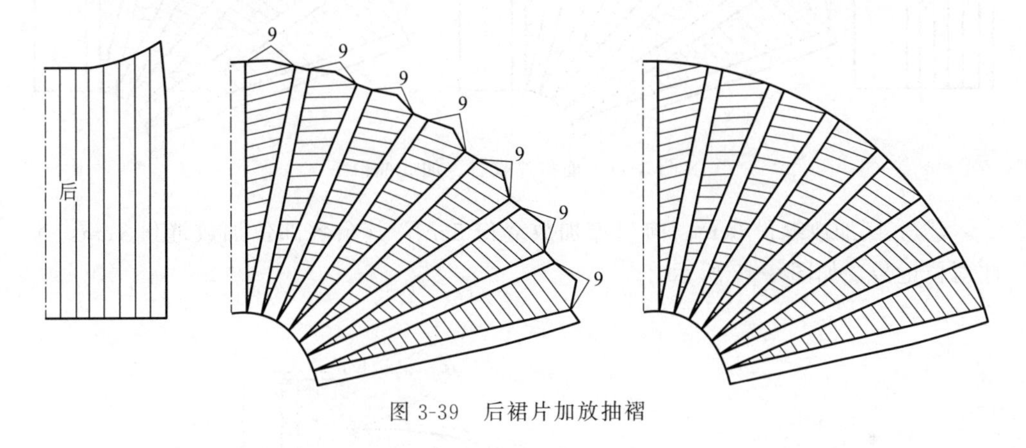

图 3-39　后裙片加放抽褶

底摆加放缝份 3cm，其余各部位加放缝份 1cm，标注对位记号，如图 3-40 所示。

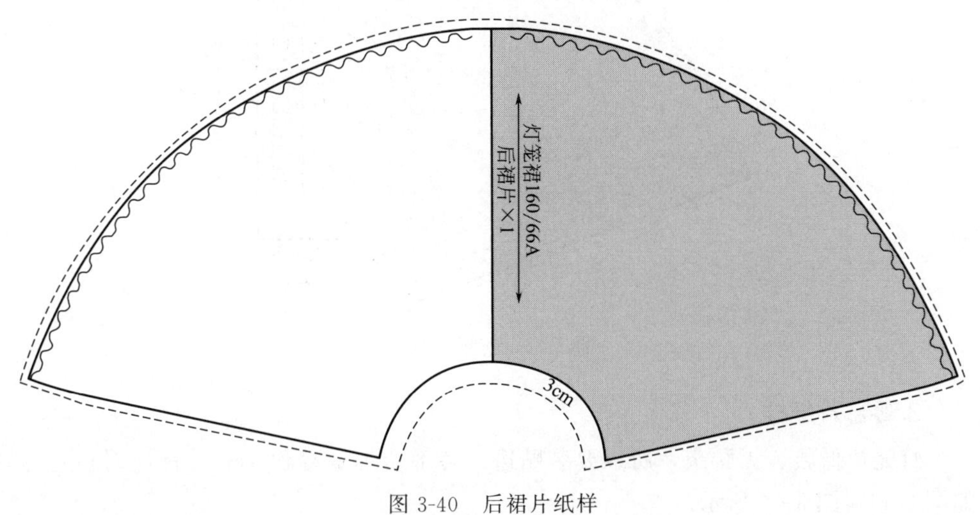

图 3-40　后裙片纸样

2. 前片纸样

① 前片省道处理：将前片两个省道合并，如图 3-41 所示。

② 将底摆线六等分，设置纵向分割线五条，在每一条分割线上展开加放抽褶量，如图 3-41 所示。上段褶量 12cm，下段褶量 0，形成扇形。

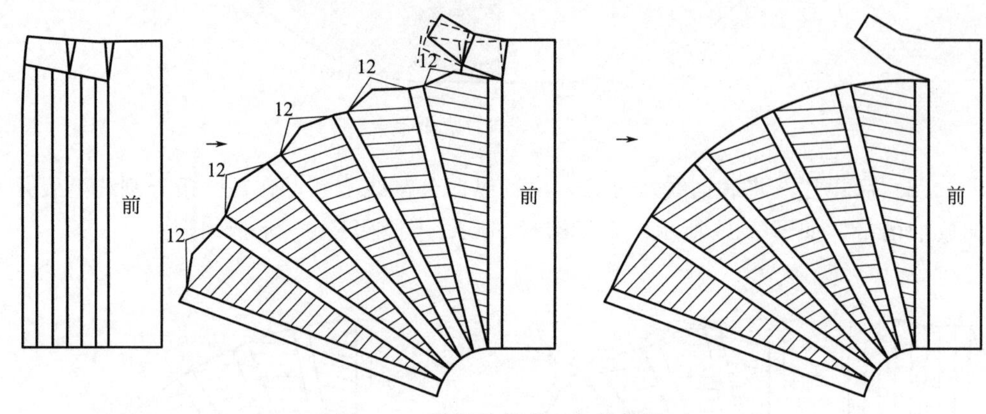

图 3-41　前裙片收省、加放抽褶

③ 底摆加放缝份 3cm，前门襟加放缝份 5cm，其余各部位加放缝份 1cm，标注对位记号，如图 3-42 所示。

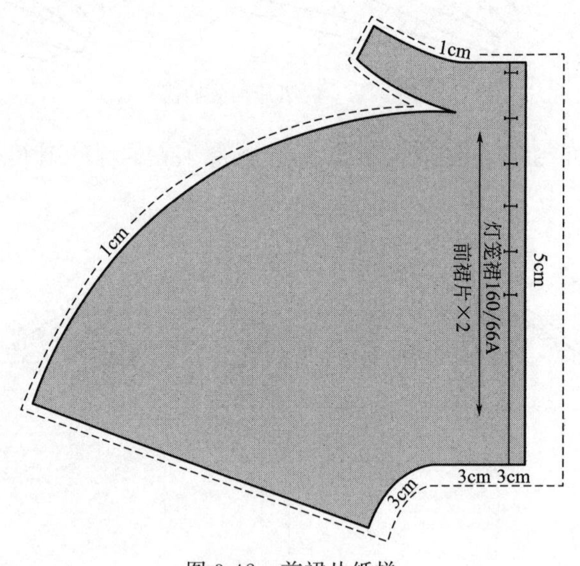

图 3-42　前裙片纸样

3. 零部件纸样

灯笼裙低腰、无腰头，所以要装贴边。各部位加放缝份 1cm，标注对位记号，如图 3-43、图 3-44 所示。

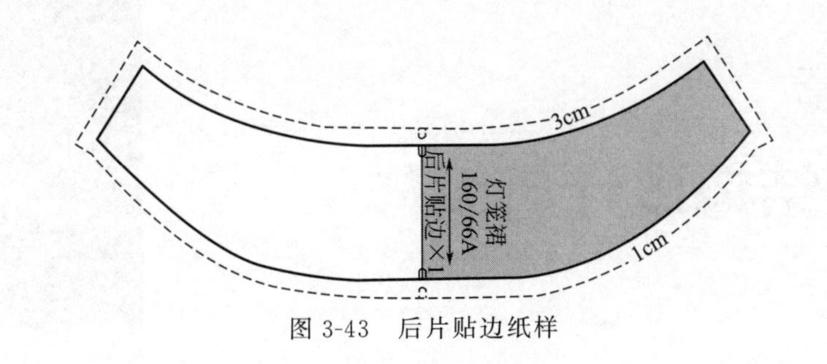

图 3-43 后片贴边纸样

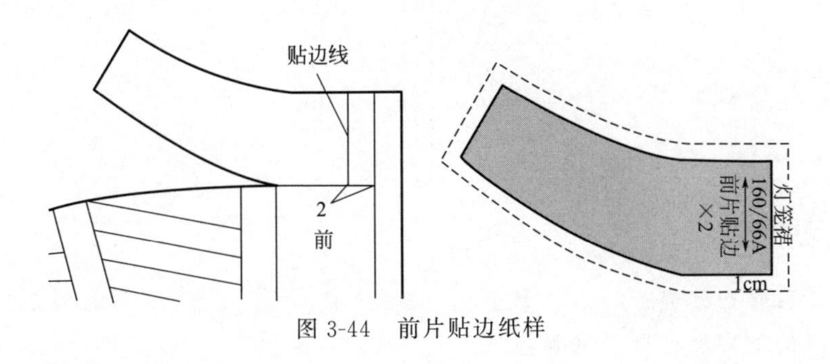

图 3-44 前片贴边纸样

思考与练习

一、思考题

1. 裙子结构设计变化中，横向分割设计有哪些部位？如何达到结构平衡？

2. 裙子结构设计变化中，纵向分割设计有哪些部位？如何达到结构平衡？

3. 裙子后中低落 1cm 是否可以调整？怎么调整？

4. 如何利用裙基型设计波浪裙结构？

二、项目练习

1. 绘制西装裙结构制图，并进行 1∶1 纸样制作。

2. 收集或设计 3～5 款有结构设计变化形式的裙子，进行 1∶5 结构设计和 1∶1 纸样制作，须附正面、背面款式图，要求清晰显示款式结构，可辅以局部结构放大图，并附规格尺寸表、建议面料等信息。

第四章

裤子结构设计与纸样

第一节　裤子概述

预习思考

- 裤子有哪些分类？
- 裤子的结构设计要点有哪些？

裤子，泛指人穿在腰部以下的服装，一般由一个裤腰、一个裤裆、两条裤腿缝纫而成，是人类腰部以下穿着的主要服饰。随着社会的发展，裤子以其实用功能特征，在现代服饰中扮演了十分重要的角色。

女性身材的好与差，很重要的一点便是看她的穿衣。有人说，能将裤子穿出性感与美丽的女性才是真正有好的身材，原因是裙子能掩盖体型上的缺点，一般体型的女性穿裙子都很好看，而裤子对体型的要求明显高于裙子。由于穿着舒适、方便，裤子已经成为女性衣橱的必备服装。

一、裤子的分类

视频 19　裤子概述

根据材质、造型和受众的不同，裤子分类达 130 多种。本书只介绍常规的几种分类。

1. 按裤子长度划分

如图 4-1 所示，裤子从短至长可分为热裤（hot pants）、迷你裤（mini pants）或超短裤、西装裤（suit shorts）、百慕大短裤（Bermuda shorts）、甲板短裤（deck pants）或五分裤、中裤、中长骑车裤（pedal shorts）或七分裤、短长裤（maxi-shorts）或八分裤、卡普里裤（Capri pants）或九分裤、长裤（slack）。

2. 按裤子腰头的高低划分

低腰露脐裤、无腰头裤、普通腰裤、高腰裤。

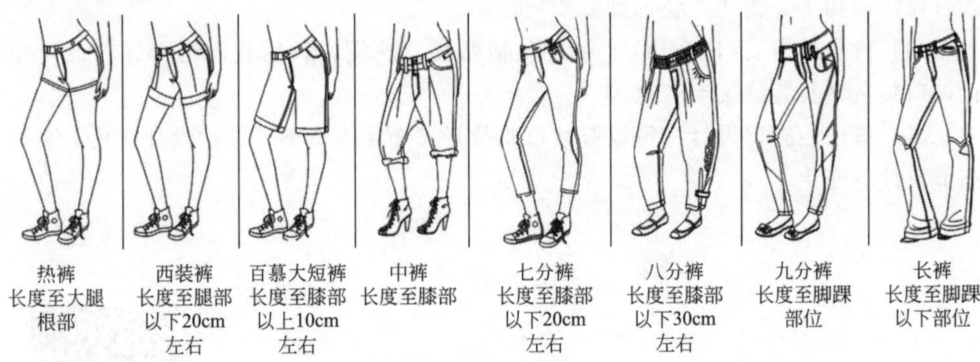

图 4-1　按裤子长度分类

3. 按裤子轮廓的几何线形外观划分

(1) 紧身裤　从腰、臀至脚口紧贴腿型的裤子。此类裤型一般会选择有一定弹性的面料。

(2) 直筒裤　又称筒裤。直筒裤的裤脚口一般不翻卷。由于脚口较大（与中裆相同），裤管挺直，所以有整齐、稳重之感。

(3) 阔腿裤　阔腿裤和直筒裤形状相似，但裤腿很宽，外观形似裙子，是裤子与裙子的一种结合体。阔腿裤在我国的流行开始于 20 世纪 80 年代，当时的阔腿裤大多是轻飘飘的的确良或纱的质地，而且一般都是高腰。

(4) 喇叭裤　臀部到膝盖部位是合身的，从膝盖往下开始慢慢变大，呈喇叭状展开。它的特点是低腰短裆，紧裹臀部；裤腿上窄下宽，从膝盖以下逐渐张开，裤口的尺寸明显大于膝盖的尺寸，形成喇叭状。

(5) 哈伦裤（垮裆裤）　臀部或大腿部宽松、舒适，裆部较低的一种裤型。这种形态的裤子可以有效地掩盖臀部或者大腿处的缺点，有效地塑造腿部线条。

(6) 马裤（灯笼裤）　膝盖上方隆起，下部因配穿靴子而收紧，形似灯笼，故又名灯笼裤。

(7) 背带裤、连体裤　有背带的或上下连体的裤子。牛仔背带或连体裤较为常见。

4. 按裤子的穿着场合分

西裤、休闲裤、工作裤、运动裤、工装裤、牛仔裤、羽绒裤等。

二、裤子的设计要点

(1) 裤型的设计　可以变化紧身、直筒、喇叭、萝卜裤型等。

(2) 裤子腰头的设计　主要包括宽腰与窄腰的设计、高腰与低腰的设计、装饰细节变化设计等。

(3) 裤子的门襟设计　主要包括长短、粗细变化，左右门襟结构变化，闭合方式（拉链或扣子）变化，装饰细节变化等。

（4）裤子的前后口袋设计　主要包括贴袋、挖袋、斜插袋、组合袋的设计变化，口袋造型及装饰细节变化等。

（5）裤子的脚口设计　可以有紧口或敞开式变化，造型、结构设计变化，装饰细节设计等变化。

第二节　裤子结构设计原理

视频 20　裤子结构特征与名称

预习思考

- 裤子结构与人体之间对应的关系是什么？
- 裤子有哪些重要结构线影响裤型？

在裤子结构制图前，首先要了解裤子基本样板的各部位结构线名称、作用和比例分配，结构设计中经常接触到的专业术语；其次是裤子的测量应注意的事宜、部位与基本方法；最后是裤子的放松量。这些因素决定着裤子成品的规格，准确的规格设计是决定板型优美与否的关键。

一、裤子的构成原理

裤类与裙类一样，是下装中应用最广泛的品种，但其结构要复杂得多，它的控制部位除了腰部、臀围外，还有横裆、上裆和后翘等。

裤类的构成原理是在裙类的基础上产生的，当我们分别沿裙子的前、后中线向上剪开至横裆线，要在人体腿部形成筒形裤装，必须增加表现人体腿部厚度的面料，即裆布，其宽度是与横裆相应的宽度，长度是上裆长，如图 4-2(a) 所示。

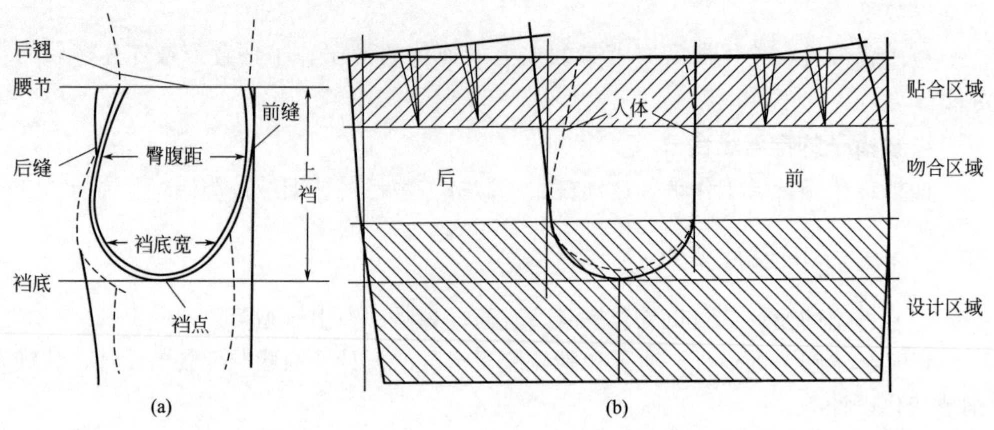

图 4-2　前、后裆线与臀部形状对应图

裤子的平面展开图如图 4-2(b) 所示，其后裆线与包裹人体臀部的后中缝相对应，而前裆线则与包裹人体腹部的前中缝相对应。这是裤子区别于裙子的结构线。

二、裤子的结构线名称

裤子的结构线名称如图 4-3 所示。

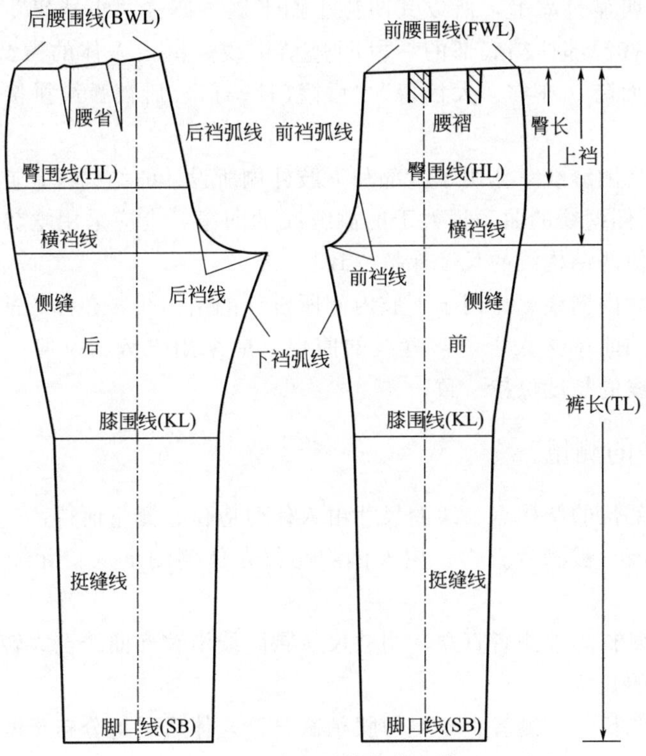

图 4-3　裤子的结构线名称

1. 横向结构线

横向结构线包括腰围线、臀围线、横裆线、膝围线、脚口线。

(1) 横裆线　平行于上平线，并以股上尺寸取值的水平线即称为横裆线。在裤子结构设计中，该结构线的确定直接关系到裤子的功能性和舒适性。

(2) 落裆线　指后裆弧线低于前裆弧线的一条基准线，为裤子的后横裆线，落裆的作用是使裤子穿着更具适体性。

2. 纵向结构线

纵向结构线包括臀长、上裆长、裤长、挺缝线（烫迹线）。

前、后烫迹线：位于裤子裤筒前、后身片中心位置的结构线。如果是西裤造型，则一般由熨斗定型成折线，也称“前、后裤中线”或“前、后挺缝线”。这两条线在裤子样板绘制时必须与臀围线垂直，不得歪斜，裁剪时必须保持前、后烫迹线与面料的直丝绺一致（否则会出现烫迹线歪斜现象）。该结构线也是确定和判断裤子造型及产品质量的重要依据。

3. 裤片轮廓线

裤片轮廓线包括侧缝线、上裆弧线（前、后裆弧线）、下裆弧线等。

（1）前、后裆弧线　前裆弧线是指由腹部往裆底部的一段凹弧结构线，由于人体的腹凸不明显且靠上，所以其凹势小而平缓，亦称“小裆弯”“前窿门”。后裆弧线是指由臀沟部往裆底部的一段凹弧结构线。由于人体的臀凸较大且靠下，所以其凹势大而陡，亦称“大裆弯”“后窿门”。前、后裆弧线拼接后，亦称“裤窿门”。

（2）前、后侧缝线　作用于髋部和下肢外侧所设计的结构线，亦称“前、后栋缝线”。由于后侧缝线的曲率稍大于前侧缝线的曲率，也应采用吃势、拉伸、归拔工艺的处理，使两结构线的长度保持一致。

（3）前、后内缝线　作用于下肢内侧所设计的结构线，亦称“前、后下裆线”。由于后内缝线的曲率必大于前内缝线的曲率，应采用吃势、拉伸、归拔工艺的处理，使两结构线的长度保持一致。

三、裤子的测量

裤子不同部位的结构点、线的尺寸由人体对应位置测量而得。

（1）腰围高　被测者直立，用人体测高仪在体侧测量从腰际线至地面的垂直距离。

（2）腿外侧长　被测者直立，用软尺从腰际线沿臀部曲线至大转子点，然后垂直至地面测量的长度。

（3）腿内侧长　被测者直立，两腿稍微分开，体重平均分布于两腿，用软尺测量自会阴点至地面的垂直距离。

（4）直裆　用人体测高仪测量自腰际线至会阴点的垂直距离，也可以采用坐姿测量法，被测者端坐在凳上，大腿保持水平状态，由腰际线量至凳面的距离。

（5）腰围　腰部最细处水平围量一周。

（6）臀围　臀部最丰满处水平围量一周（经过臀峰点）。

（7）大腿根围　被测者直立，腿部放松，测量大腿最高部位的水平围长。在紧身型裤装的纸样设计中有所应用，也可以作为适体型裤装的参考规格。

（8）膝围　被测者直立，测量膝部的围长。测量时软尺上缘与胫骨点（膝部）对齐。在喇叭裤的纸样设计中有所应用。

（9）踝围　被测者直立，测量踝骨中部的围长。在小脚裤的纸样设计中有所应用。

（10）腿肚围　被测者直立，两腿稍微分开，体重平均分布两腿，测量小腿腿肚最粗处的水平围长。在紧身裤的纸样设计中有所应用。

（11）足围　脚背绷直，经过足跟处围量一周。在小脚裤的纸样设计中有所应用。

视频21　裤子专业术语及结构设计原理

四、裤子的制图要点

1. 裤子结构设计原理

（1）放松量　一般来说，裤子腰围的放松量为0～2cm，臀围的放松量≥4cm。

臀围的放松量随裤子版型的变化而变化：紧身裤为0～4cm，弹性面料≤4cm－面料弹性伸长量，合体裤为4～8cm，较宽松裤为8～12cm，宽松裤为12cm以上。

（2）侧缝线位置　侧缝线由腰围和臀围两个尺寸控制。

裤子的臀围分配：前臀围＝H/4－(1～2)cm，后臀围＝H/4＋(1～2)cm。

裤子的腰围分配：前腰围＝W/4＋1cm，后腰围＝W/4－1cm。

紧身裤：前后腰围＝W/4。

（3）上裆长（去腰头）与臀长　臀长＝17cm。合体裤的上裆＝25cm，臀底留0～1cm活动间隙量；宽松裤的上裆＝25cm＋(1～2)cm，臀底留1～2cm活动间隙量；紧身裤的上裆＝25cm－1cm，臀底无间隙量。

（4）落裆量　后横裆线要比前横裆线下落0.5～1.5cm。

（5）前后裆宽　总裆宽＝1.6H/10，前后裆宽比例为1∶2，如图4-4所示。

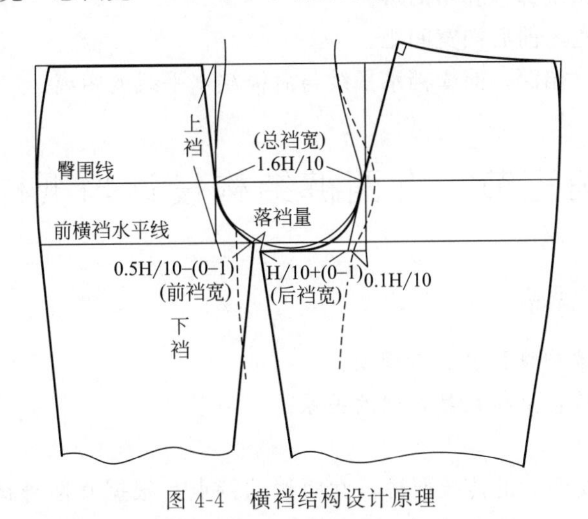

图4-4　横裆结构设计原理

2. 裤子结构制图专用术语

裤子结构制图时会用到一些专用术语，如图4-5所示。

（1）劈势　直线（比如前、后中心线和侧缝线等）上端的偏进量，作用是让服装贴身合体。

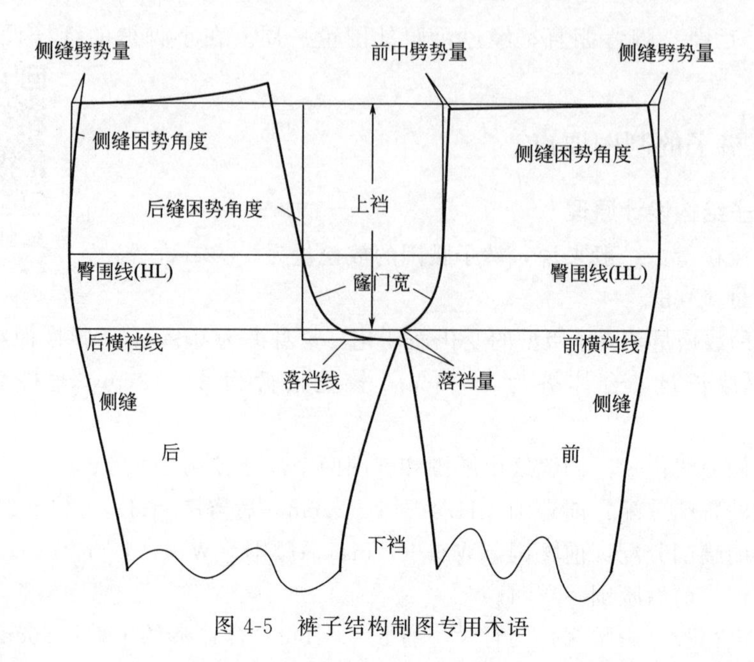

图 4-5　裤子结构制图专用术语

（2）困势　直线的偏出，比如裤子侧缝困势指后裤片在侧缝线上端处的偏出量。

（3）翘势　水平线的抬高，如裤子后翘，指后腰线在后裆缝线处的抬高量。

（4）凹势　弧线部位凹进的量。

（5）胖势　弧线部位胖出的量。

（6）裤窿门宽　前后裆宽间距。

（7）落裆量　裆深，前横裆水平线与后横裆水平线的距离。

第三节　女西裤结构设计与纸样

预习思考

- 女西裤的结构设计要点有哪些？
- 分析女西裤前后横裆线之间的关系。

女西裤即配女西装的传统西裤，女西裤的特点是根据女性身材进行造型设计，裤线挺括，形体和谐，造型美观，是西裤的一大特征。女西裤依靠腰省，使腰部与臀部之间的外轮廓线平顺自然，形成臀部的圆顺。裤子的臀围应该大小适当，整条裤子从臀部最丰满处到裤脚边，自然下垂，挺括潇洒。

合身的西裤与精致的上装搭配，很容易产生身材苗条的感觉，因为人体从腰节起被两狭长的、平整的面料所覆盖，自然显得高，裤脚也增加瘦长感。

一、款式特点

视频 22　女西裤基本款结构设计

如图 4-6 所示，该款女西裤是常见的西服套装之一，款式特征合体、庄重，是较传统的基本裤型，基本样板一般采用此裤型。西裤的胯围、臀围、中裆比小直筒裤稍肥，裤形与直筒裤大致相同，主要由两片前裤片、两片后裤片和一腰头构成基型。通常裤子的前腰口线处有两个倒向两侧缝的单褶。由于较正统的裤型，前裤片内衬里子，两侧缝直插兜，右侧开门、里襟，缉缝一条拉链。后裤片有两个省，无后兜。

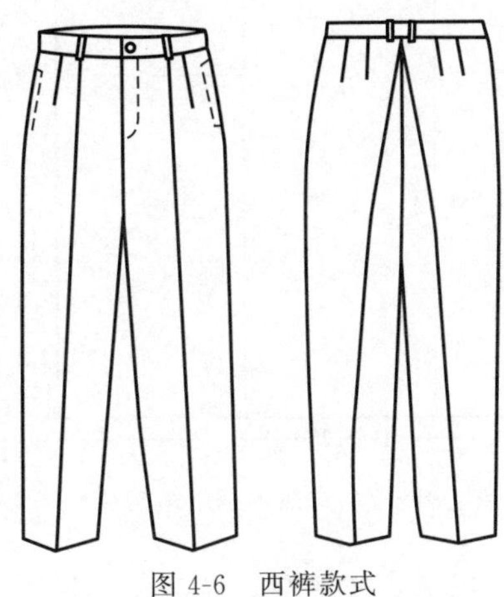

图 4-6　西裤款式

二、规格设计

该款女西裤的规格设计如表 4-1 所示，腰围加放松量 2cm，臀围加放 12cm，较宽松版型。裤长和上裆数值均包含腰头宽。

表 4-1　女西裤尺寸　　单位：cm

号型	部位名称	裤长(TL)	上裆(CL)	腰围(W)	臀围(H)	脚口(SB)	腰头宽
160/68A	净体尺寸		25	68	90		
	成品尺寸	98	28	70	102	40	3

三、结构设计

女西裤采用比例法的方式，结构制图中用到的 W、H 等为成品尺寸。

裤子结构设计的步骤：首先绘制主要部件——前裤片、后裤片，然后绘制零部件——腰面、腰里、腰带襻、前袋贴布、后贴袋、后袋垫布、口袋布、开袋嵌线布、门襟、里襟等。

（一）基础结构线制图

女西裤基础结构线如图 4-7 所示。

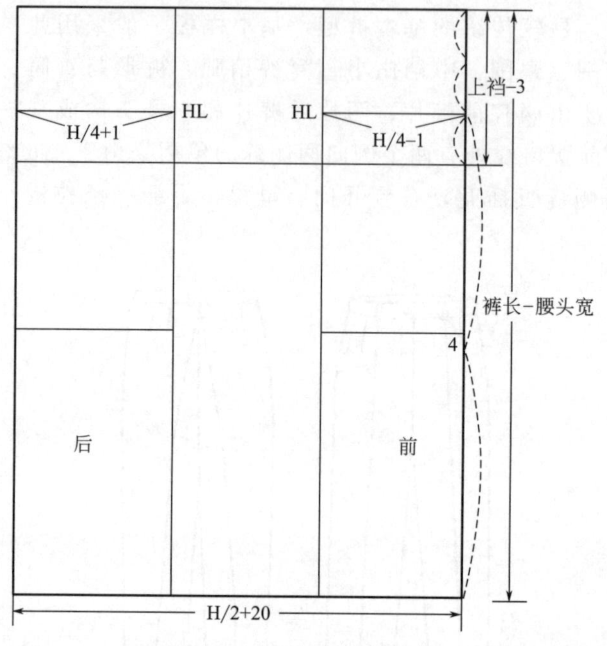

图 4-7　女西裤基础结构线

（1）绘制前侧缝直线　以裤长减去腰头宽 3cm 的尺寸（95cm）画直线。

（2）绘制上平线（腰围线）　在竖直线的上端作一条水平线，长度为 H/2＋20cm，这 20cm 为大约数值，是前裆宽（H/20－1cm）＋后裆宽（H/10）＋后裆缝的倾斜宽度（2cm）＋前后裤片间空隙宽（3cm）的总和数值，数值估算多些为宜，少了影响后裤片的绘制。

（3）绘制下平线（裤口线）　在竖直线的下端作一条水平线，长度为 H/2＋20cm。

（4）作后侧缝直线　在上平线与下平线间，平行距前侧缝直线的尺寸，且相等于前侧缝直线长度的尺寸，在纸张的左侧画一竖直线。

（5）绘制横裆线（上裆线）　平行于上平线，间距为上裆尺寸＝上裆－腰头宽＝25cm，作水平线。

（6）绘制臀围线　与横裆线的间距为上裆 25/3＝8.3cm，作一条水平线。

（7）绘制中裆线　由臀围线至下平线的 1/2 向上抬高 4cm，作一条水平线。

（8）绘制前上裆直线　在臀围线上，平行距前侧缝直线 H/4－1cm，在上平线与横裆线间作一条竖直线。

（9）绘制后上裆直线　在臀围线上，平行距后侧缝直线 H/4＋1cm，在上平线与横裆线间作一条竖直线。

（二）前裤片结构设计

前裤片结构设计如图 4-8 所示。

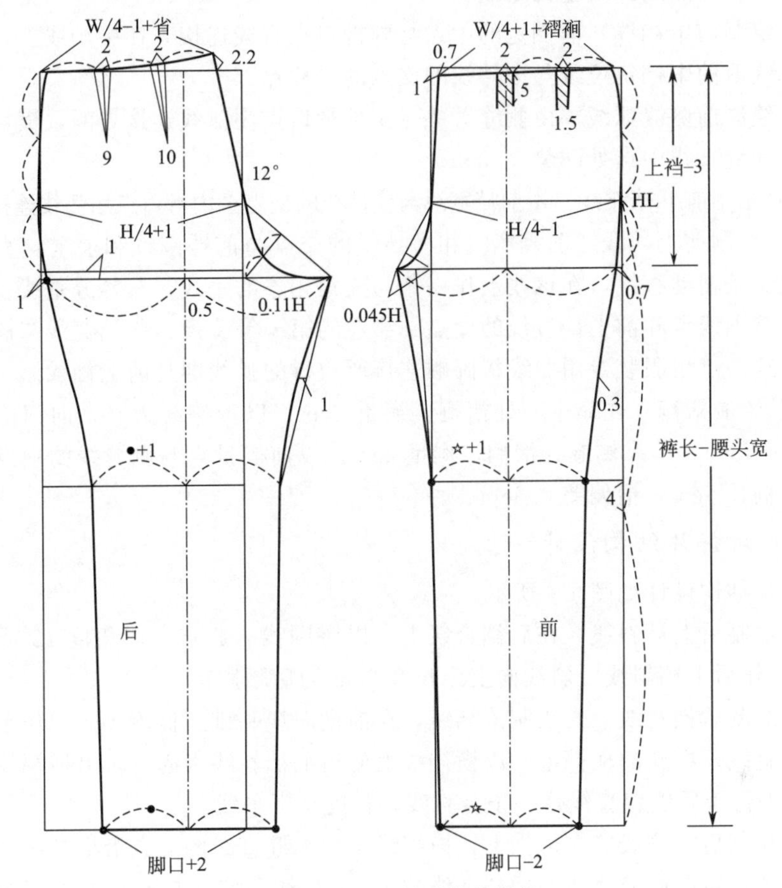

图 4-8　前、后裤片结构设计

（1）绘制前裆宽直线　在横裆线上，以横裆线上的前上裆直线为起点，沿横裆线向左取 0.045H，平行于前侧缝直线作一条竖直线，长度至下平线。

（2）绘制前横裆大　横裆线与前侧缝直线的交点沿横裆线向左平移 0.7cm 的位置，该数值的大小视侧缝线的顺滑为依据，一般为 0.5～1cm；在横裆线上，该位置至前裆宽的间距，即为前横裆大。

（3）绘制前烫迹线　在横裆线上，按前横裆大的 1/2 作平行于前侧缝直线的一条竖直线。

（4）绘制门襟劈势　在前腰口线，以前上裆直线为起点，沿腰口线向右平移 1cm 门襟劈势，低落 0.7cm 的点。

（5）绘制侧缝劈势　在前腰口线上，以前上裆直线为起点，沿腰口线取值 W/4＋1cm＋褶裥（2 个 2cm 宽的褶），确定侧缝劈势量。

(6) 绘制腰口线　将两点连成圆顺曲线。

(7) 绘制前裤脚口弧线　按 1/2 脚口－2cm，以前烫迹线为中心两侧平分，然后与内、外裤口点用弧线连接划顺。

(8) 绘制前中裆线　前裆宽的中点与内裤口点直线连接，在中裆线上，以烫迹线为对称线取前中裆定位线与中裆线的交点的对称点。

(9) 绘制前侧缝弧线　由侧缝劈势点至外裤口点用弧线连接划顺，横裆线至中裆线间的侧缝直线中点处凹势 0.3cm。

(10) 绘制前下裆弧线　由前裆宽线与横裆线的交点至内裤口点用弧线连接划顺。

(11) 绘制前上裆线　前裆宽线和横裆线的交点与前臀围线和前上裆直线的交点相连成一条辅助直线，在该线上作一条与交角相连的垂线，三等分垂线；门襟劈势点、前臀围线点和前上裆直线的交点、靠左的第一等分点、前裆宽线与横裆线的交点，将这四点用服装专用曲线板圆顺连接所获得的弧线即是前上裆线。

(12) 绘制褶裥　作靠中心处褶裥，裥量 2cm，以烫迹线为界，向门襟方向偏 1cm，裥长 5cm；作靠侧缝处褶裥，裥量 2cm，以前裥量点与侧缝线的中点两侧平分裥量，裥长 5cm，褶偏差 0.5cm。

(三) 后裤片结构设计

后裤片结构设计如图 4-8 所示。

(1) 绘制后上裆斜线　在后裆直线上，以臀围线为起点，取角度 12°或比值为 15∶3.5，作后上裆斜线，斜线向上延长 2.2cm 为后腰翘势。

(2) 绘制后裆宽线　先绘制落裆线，在前横向线基础上低落 1cm，作平行于后裆宽线的直线。在新的横裆上，以横裆线上的后上裆斜线为起点，沿横裆线向右取 0.11H，平行于后侧缝直线作一条竖直线，长度至下平线。

(3) 绘制后烫迹线　在横裆上，横裆线与后侧缝直线的交点沿横裆线向右平移 1cm 的位置，再取侧缝直线至后裆宽线的 1/2，再往左偏 0.5cm 作平行于侧缝直线的一条竖直线。

(4) 绘制后腰口线　过后腰翘势点作后裆斜线的垂线，与上平线相交成钝角，用弧线划顺该钝角。

(5) 绘制后裤口弧线　按 1/2 裤口＋2cm，以后烫迹线为中心两侧平分，然后与内、外裤口点用弧线连接划顺。

(6) 绘制后中裆线　在中裆线上，以烫迹线为中线两边各取前 1/2 中裆＋2cm。

(7) 绘制后侧缝弧线　由上平线与后腰围线的交点至外裤口点用弧线连接划顺，其中中裆线至臀围线间的侧缝直线三等分点处凹势 0.5cm。

(8) 绘制后下裆弧线　由落裆量点至内裤口点用弧线连接划顺，其中落裆线至中裆线间的下裆直线中点处凹势 1cm。

(9) 绘制后上裆线　落裆线与后上裆斜线的交点至后臀围线的间距三等分，落裆线三等分，两线的第一等分点相连成一条辅助直线，在该线上作一条与交角相连

的垂线，二等分垂线；后腰翘势点、后臀围线和后上裆直线的交点、靠上的第一等分点、垂线的二等分点、靠右的第一等分点、落裆量点，将这六点用服装专业曲线板圆顺连接所获得的弧线即是后上裆线。

（10）作省道　省道数值的确定，三等分后腰口线，等分点即为省道的中心，分配省量为 2cm、2cm。

① 靠中心处省道：过靠中心处的等分点，作后腰缝线的垂线为省中线，省量 2cm，省长 10cm。

② 靠侧缝处省道：过靠侧缝处的等分点，作后腰缝线的垂线为省中线，省量 2cm，省长 9cm。

（四）零部件结构设计

（1）侧缝口袋　在前侧缝弧线上，上平线低下 3cm 为袋口上限点，袋口大 15cm，绘制侧缝直袋位，绘制袋布，如图 4-9 所示。

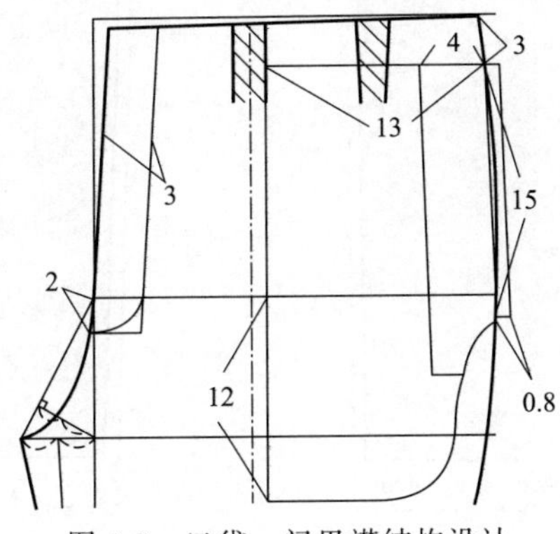

图 4-9　口袋、门里襟结构设计

（2）绘制门里襟　如图 4-9 所示。

（3）绘制腰头、裤襻　如图 4-10 所示。

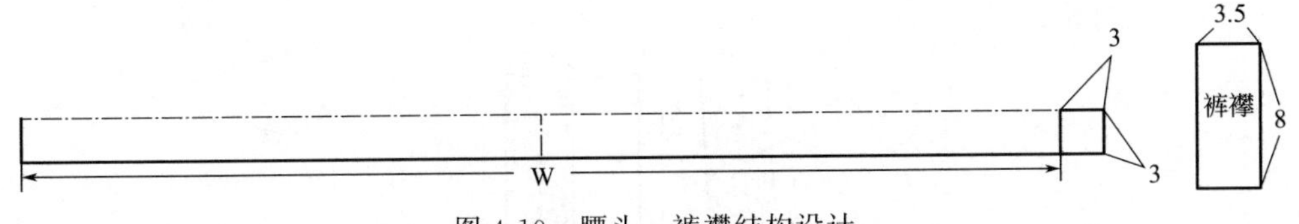

图 4-10　腰头、裤襻结构设计

四、纸样制作

（一）前、后裤片纸样

如图 4-11 所示，前裤片门襟加放缝份 1.5cm，前、后裤片底摆加放缝份 4cm，其余部位加放缝份 1cm。标注对位记号和省位、褶位点。

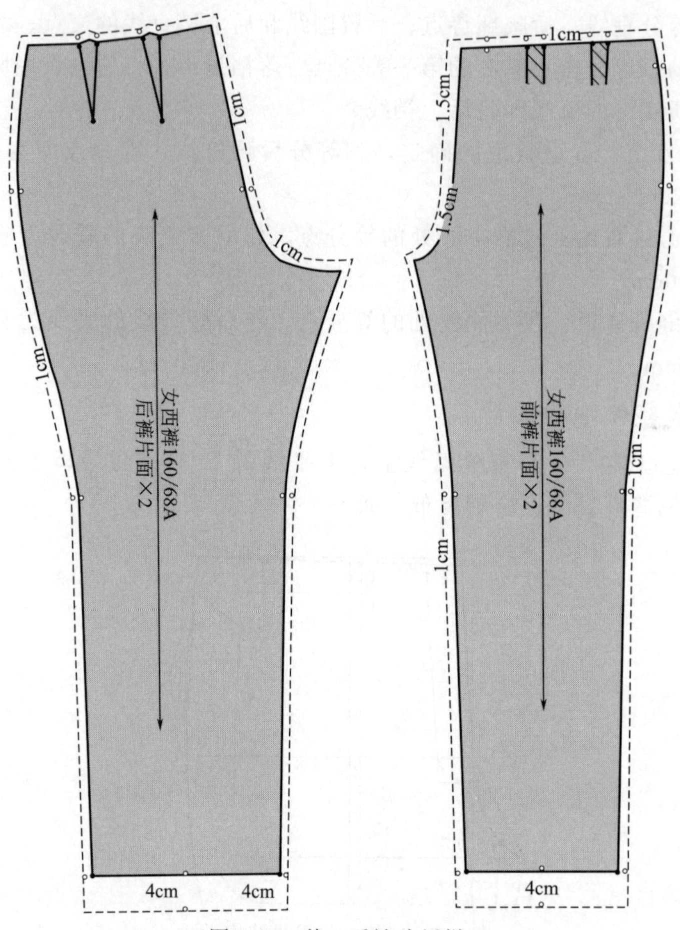

图 4-11 前、后裤片纸样

(二) 零部件纸样

如图 4-12～图 4-14 所示，除袋垫布、裤襻没有加放缝份，各部位均加放缝份 1cm。标注对位记号。

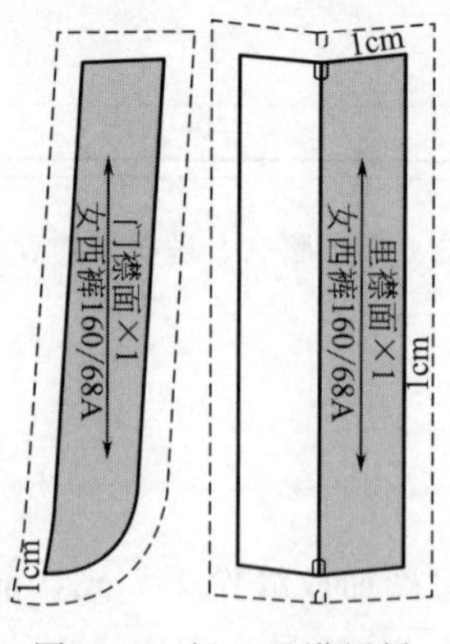

图 4-12 门、里襟纸样

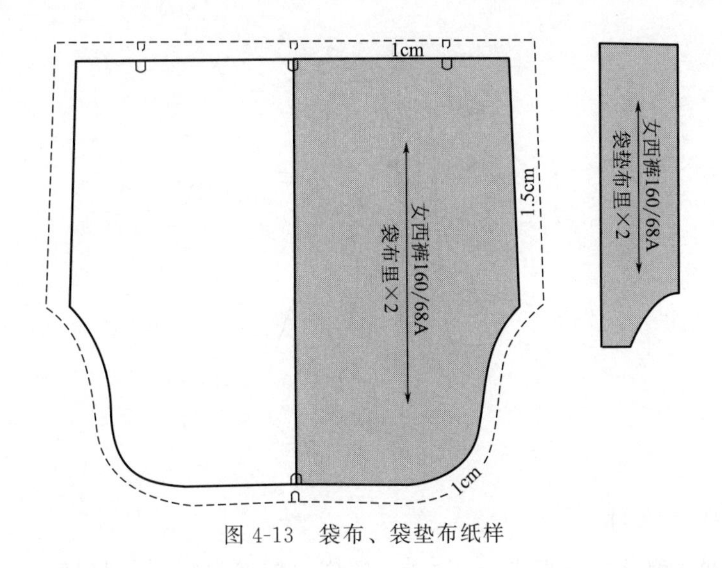

图 4-13 袋布、袋垫布纸样

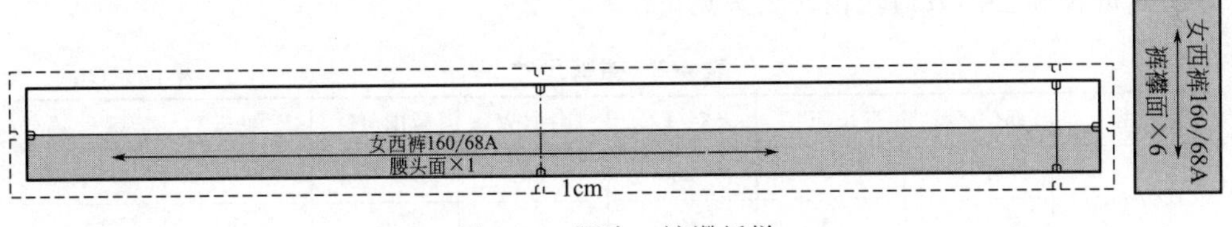

图 4-14 腰头、裤襻纸样

第四节 时尚女裤结构设计与纸样

预习思考

- 收集变化款时尚裤子的款式及对应的结构制图。
- 裤子变化设计的部位如何实现结构设计？

一、裙裤结构设计与纸样

（一）款式特点

裙裤是裤管展宽、外观似裙的裤子，像裤子一样具有下裆，裤下口放宽，外观形似裙子，是裤子与裙子的一种结合体。本节示范的裙裤款式如图 4-15 所示，无腰省，前开口装拉链，臀部适当松量，裤口成裙式摆。

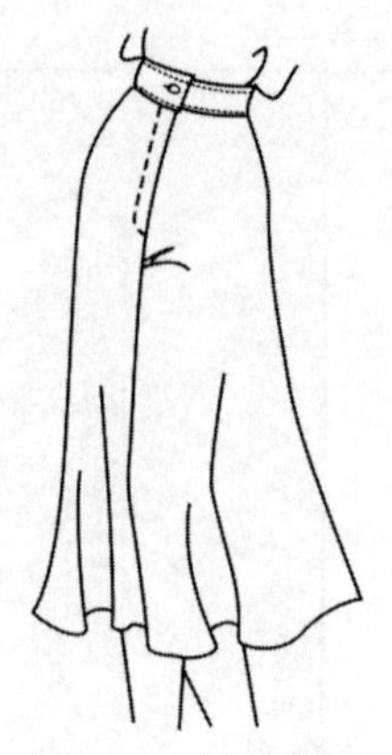

图 4-15　裙裤款式

（二）规格设计

该款裙裤的规格设计如表 4-2 所示，腰围放松量为 0，臀围加放 8cm，较宽松版型。裤长和上裆数值均包含腰头宽。

表 4-2　裙裤尺寸　　单位：cm

号型	部位名称	裤长(TL)	上裆(CL)	腰围(W)	臀围(H)	臀长	腰头宽
160/66A	净体尺寸		25	66	88		
	成品尺寸	64	31	66	96	18	4

（三）结构设计

裙裤采用比例法的方式，结构制图中用到的 W、H 等为成品尺寸。制图方法与女西裤相同，具体步骤如下。

1. 基础结构线结构设计制图

裙裤基础结构线如图 4-16 所示。

（1）绘制前侧缝直线　以裤长减去腰头宽 4cm 的尺寸（60cm）画直线。

（2）绘制上平线（腰围线）　在竖直线的上端作一条水平线，长度为 H/2＋50cm，50cm 为大约数值，数值估算多些为宜，少了影响后裤片的绘制。

（3）绘制下平线（裤口线）　在竖直线的下端作一条水平线。

（4）作后侧缝直线　在上平线与下平线间，平行距前侧缝直线的尺寸，且相等于前侧缝直线长度的尺寸，在纸样的左侧画一竖直线。

（5）绘制横裆线（上裆线）　平行于上平线，间距为上裆尺寸＝上裆－腰头宽＝27cm，作水平线。

（6）绘制臀围线　与上平线的间距为臀长 18cm，作一条水平线。

（7）绘制前上裆直线　在臀围线上，平行距前侧缝直线 H/4－1cm，在上平线与横裆线间作一条竖直线。

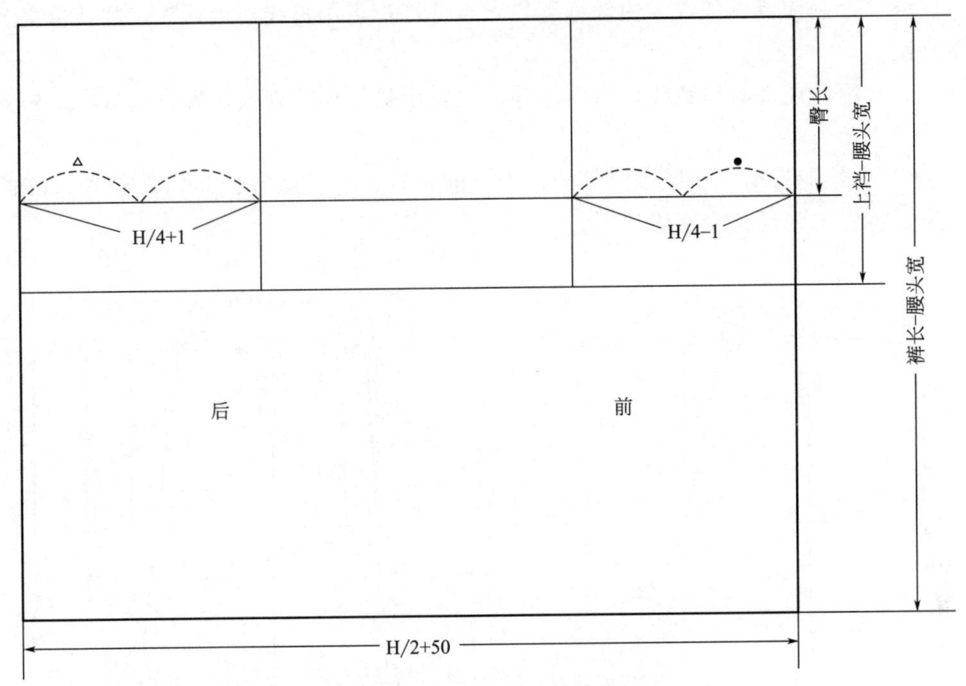

图 4-16 裙裤基础结构线

(8) 绘制后上裆直线　在臀围线上，平行距后侧缝直线 H/4＋1cm，在上平线与横裆线间作一条竖直线。

2. 前裤片结构设计

前裤片结构设计如图 4-17 所示。

(1) 绘制前裆宽直线　将前臀围二等分，每等份记为●；在横裆线上，以横裆线上的前上裆直线为起点，沿横裆线向左取●－2.5cm。

(2) 绘制前横裆大　横裆线与前侧缝直线的交点沿横裆线向右平移 1cm 的位置；在横裆线上，该位置至前裆宽的间距，即为前横裆大。

(3) 绘制门襟劈势　在前腰口线，以前上裆直线为起点，沿腰口线向右平移 1cm 门襟劈势，低落 0.7cm 的点。

(4) 绘制侧缝劈势　在前腰口线上，以前上裆直线为起点，沿腰口线取值 W/4＋1＋省 (1 个 2cm 宽的省)，确定侧缝劈势量。

(5) 绘制腰口线　将两点连成圆顺曲线。

(6) 绘制前上裆线　将前裆宽二等分，每等份记为☆；在角平分线上取☆－0.5cm；门襟劈势点、前臀围线点和前上裆直线的交点、角平分线上点、前裆宽线与横裆线的交点，将这四点圆顺连接所获得的弧线即是前上裆线。

(7) 绘制前下裆弧线　由前裆宽线与横裆线的交点至内裤口点用弧线连接划顺。

（8）绘制前侧缝弧线　由侧缝劈势点至外裤口点用弧线连接划顺，并延长交至下平线。

（9）绘制前裤脚口弧线　将内、外裤口点用弧线连接划顺，脚口线与内、外侧缝线成直角。

（10）绘制省道　将腰围二等分，中点即是省中点，做省长 9cm、省宽 2cm 的省道。将省中线延长交至脚口线。

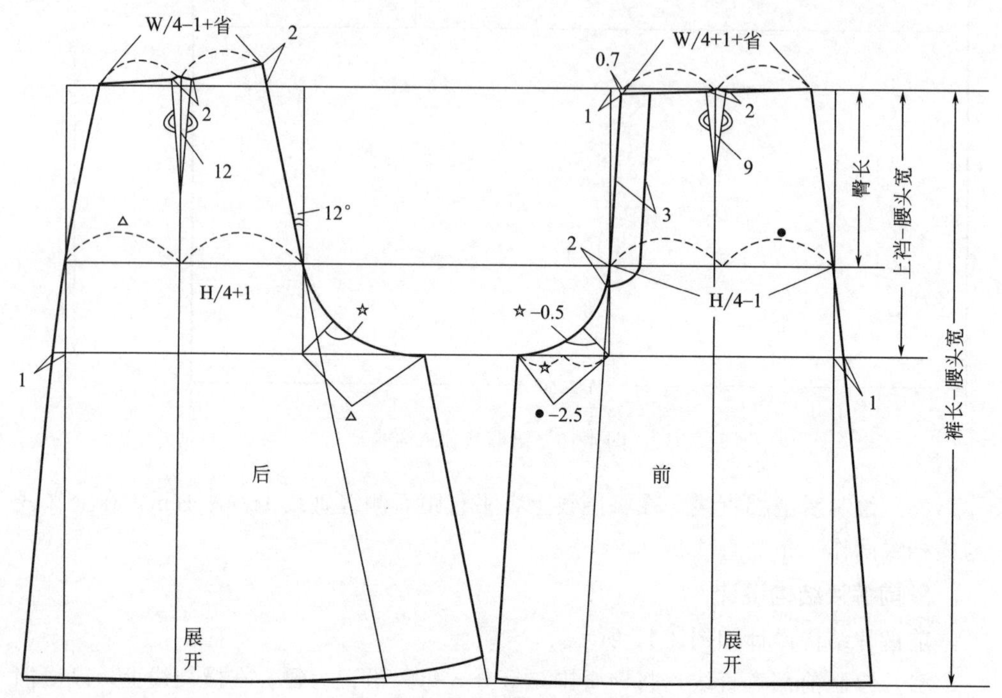

图 4-17　前、后裤片结构设计

3. 后裤片结构设计

后裤片结构设计如图 4-17 所示。

（1）绘制后上裆斜线　在后裆直线上，以臀围线为起点，取角度 12°或比值为 15∶3.5，作后上裆斜线，斜线向上延长 2cm 为后腰翘势。

（2）绘制后裆宽直线　将后臀围二等分，每等份记为△；在横裆线上，以横裆线上的前上裆直线为起点，沿横裆线向右取△。

（3）绘制后横裆大　横裆线与后侧缝直线的交点沿横裆线向左平移 1cm 的位置；在横裆线上，该位置至后裆宽的间距，即为后横裆大。

（4）绘制侧缝劈势　在后腰口线上，以前上裆直线为起点，沿腰口线取值 W/4−1cm＋省（1 个 2cm 宽的省），确定侧缝劈势量。

（5）绘制腰口线　将两点连成圆顺曲线。

（6）绘制后上裆线　在角平分线上取☆的量；后中劈势点、后臀围线点和后上

裆直线的交点、角平分线上点、后裆宽线与横裆线的交点，将这四点圆顺连接所获得的弧线即是后上裆线。

(7) 绘制后下裆弧线　由后裆宽线与横裆线的交点至内裤口点用弧线连接划顺。

(8) 绘制后侧缝弧线　由侧缝劈势点至外裤口点用弧线连接划顺，并延长交至下平线。

(9) 绘制后裤脚口弧线　将内、外裤口点用弧线连接划顺，脚口线与内、外侧缝线成直角。

(10) 绘制省道　将腰围二等分，中点即是省中点，做省长 12cm、省宽 2cm 的省道。将省中线延长交至脚口线。

(11) 绘制腰头　如图 4-18 所示。

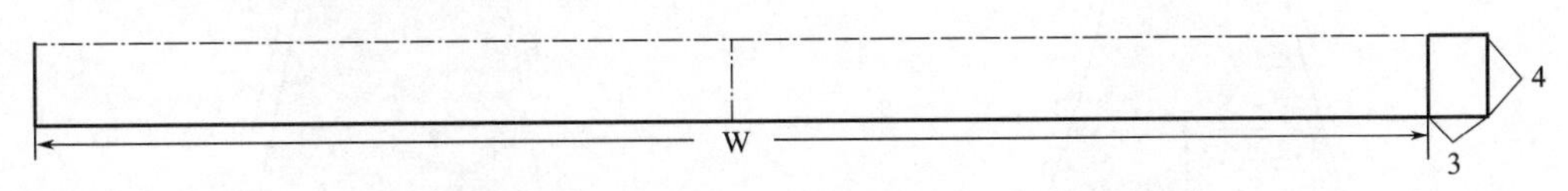

图 4-18　腰头结构设计

(四) 纸样制作

1. 前、后裤片纸样

① 该裙裤款式没有腰省，因此沿着省中线剪开，完成省道合并，如图 4-19、图 4-20 所示。

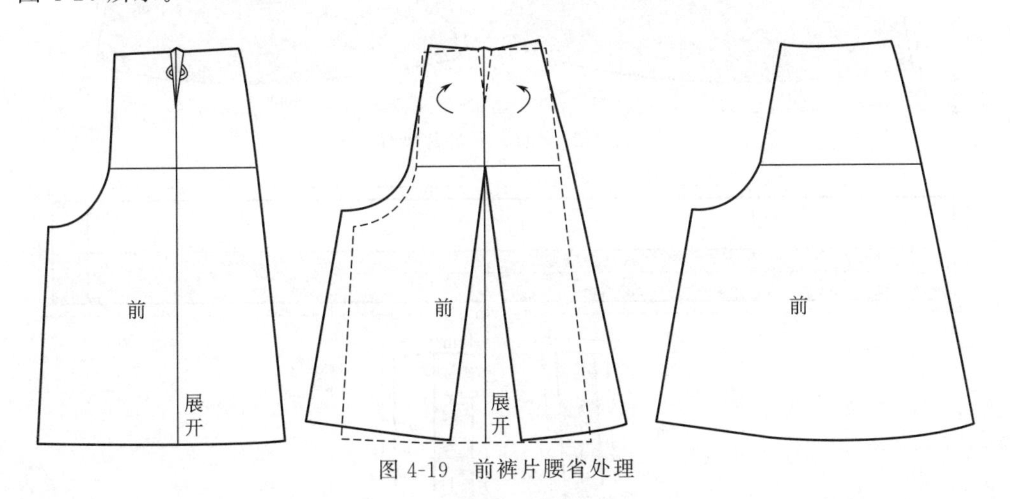

图 4-19　前裤片腰省处理

② 前裤片门襟加放缝份 1.5cm，前、后裤片底摆加放缝份 4cm，其余部位加放缝份 1cm。标注对位记号，如图 4-21 所示。

2. 零部件纸样

如图 4-22 所示，各部位均加放缝份 1cm，标注对位记号。

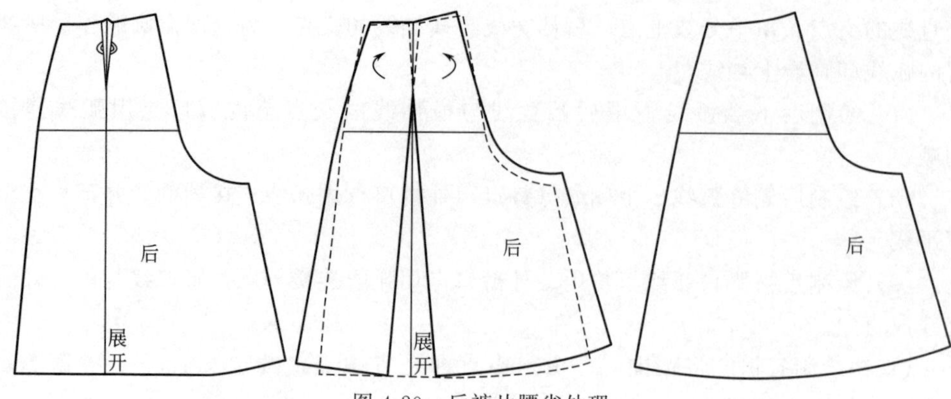

图 4-20　后裤片腰省处理

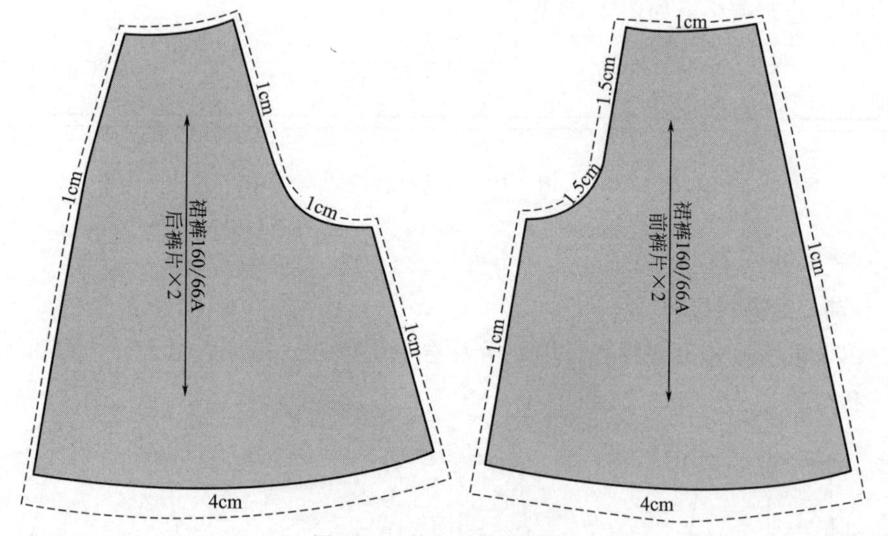

图 4-21　前、后裤片纸样

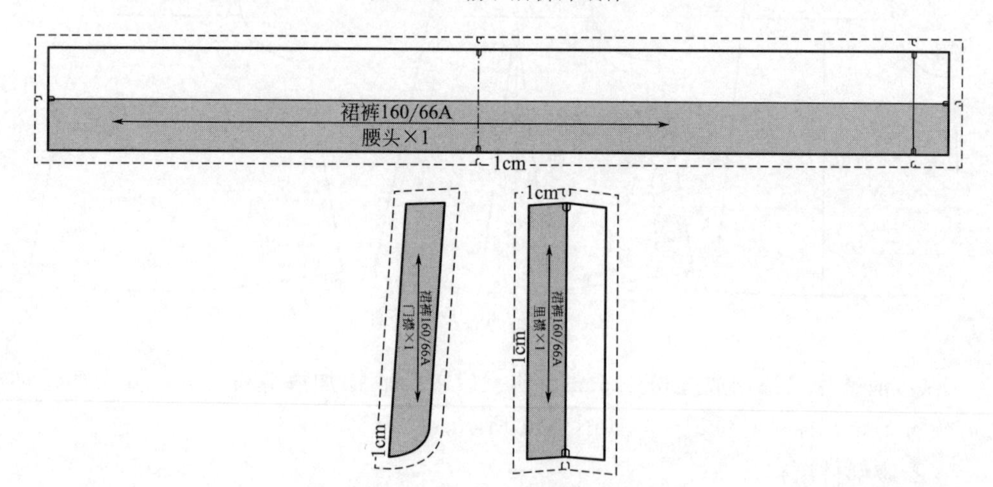

图 4-22　腰头、门里襟纸样

二、垂褶锥形裤结构设计与纸样

（一）款式特点

锥形裤，就是裤管在往下走的过程中渐趋收紧的裤型，从腰部到裤脚尺寸逐渐缩小。垂褶锥形裤的款式如图 4-23 所示。该裤子在侧身有垂褶，前后腰 3 个褶裥，臀部宽松肥大，后中有隐形拉链。

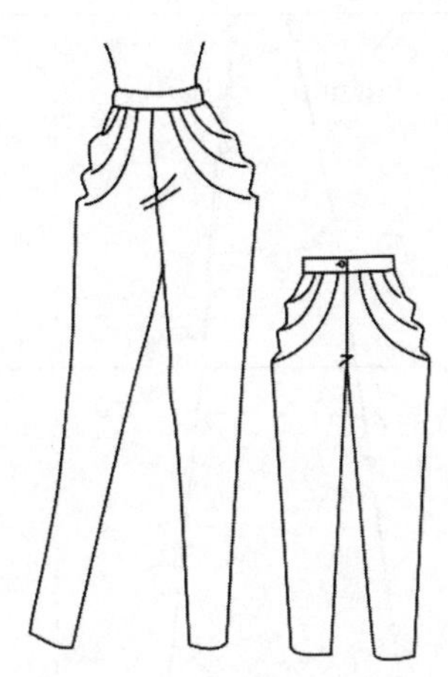

图 4-23 垂褶锥形裤款式

（二）规格设计

该款锥形裤的规格设计如表 4-3 所示，腰围放松量为 0，臀围加放 12cm，较宽松版型。裤长和上裆数值均包含腰头宽。

表 4-3 垂褶锥形裤尺寸 单位：cm

号型	部位名称	裤长(TL)	上裆(CL)	腰围(W)	臀围(H)	臀长	腰头宽	脚口(SB)
160/66A	净体尺寸		25	66	88			
	成品尺寸	98	30	66	100	18	4	16

（三）结构设计

锥形裤结构设计如图 4-24 所示。

锥形裤采用比例法的方式，结构制图中用到的 W、H 等为成品尺寸。基本制图方法与女西裤相同，参考本章第三节内容，结构制图要点如下。

1. 腰围分配

前腰围＝W/4＋1cm＋省，后腰围＝W/4－1cm＋省，±1cm 是腰围前后差。

省道大小是在腰围线上去掉腰围量、侧缝劈势量和前、后中心线劈势量后而多余的量，将其平分为三个省，纸样制作时转成褶，剪开线相互平行。

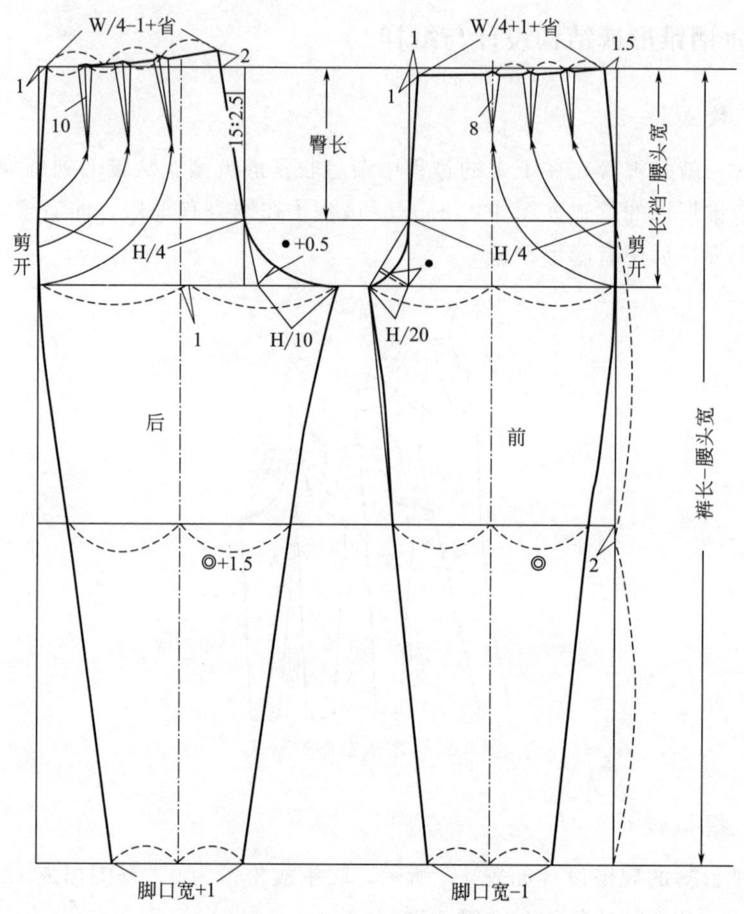

图 4-24　锥形裤结构设计

2. 臀围

前臀围＝H/4，后臀围＝H/4。该款式为宽松型，臀围分配不需要前后差。

3. 脚口

前脚口＝脚口宽－1cm，后脚口＝脚口宽＋1cm。

4. 膝围

后膝围＝前膝围＋1.5cm，沿挺缝线对称。

5. 横裆宽

前横裆宽＝前臀围＋H/20，后横裆宽＝后臀围＋H/10。该款式为宽松型，前后横裆可以没有落裆差。

6. 上裆弧线

前上裆弧线凹势：连接前横裆底点与前臀围和上裆线的交点，作垂线，再将其三等分，取其中两等份，记为●。

后上裆弧线凹势：在上裆斜线与横裆线的角平分线上取●＋0.5cm。

（四）纸样制作

1. 先将前、后裤片的三个省道位置转成三个褶裥

如图 4-25 所示，图 4-25(b) 中的阴影部分是前裤片［图 4-25(a)］经转褶的加量，褶宽 4cm，褶长为结构图中的省长。该展开量与原有省道合在一起形成图 4-25(c) 中的褶裥。后裤片褶裥处理参照前裤片，如图 4-26 所示。

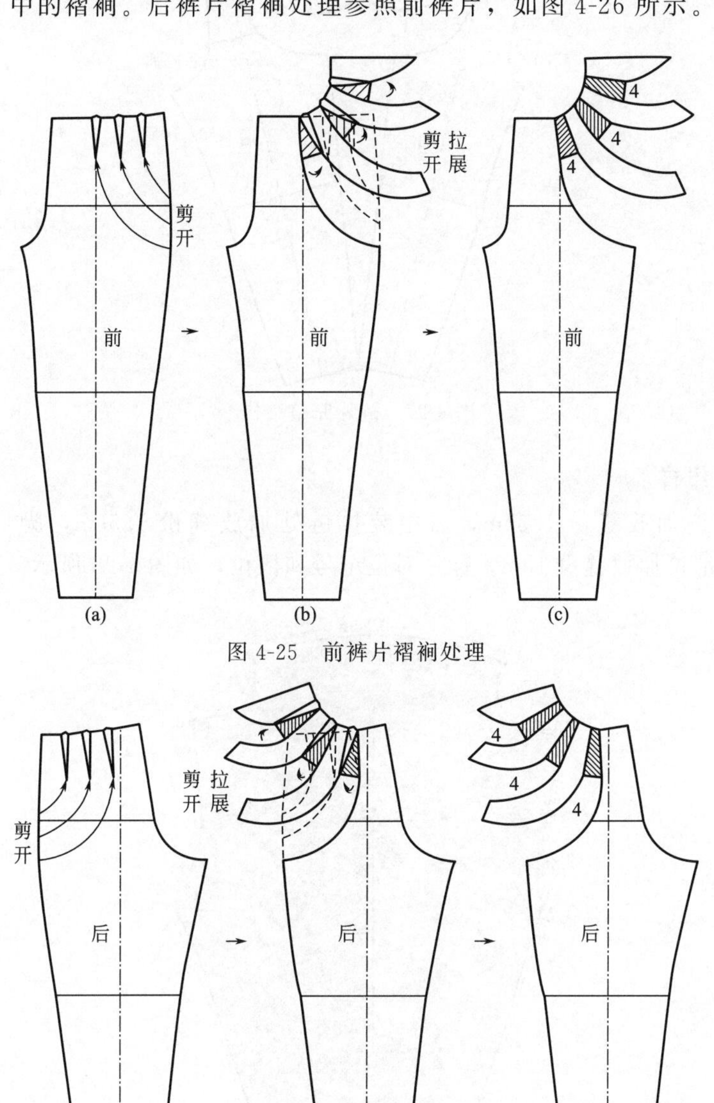

图 4-25　前裤片褶裥处理

图 4-26　后裤片褶裥处理

2. 将处理完褶裥的前、后裤片拼接成一片

如图 4-27 所示，前、后裤片的内侧缝裤脚口点拼合对齐，形成新的裤片。

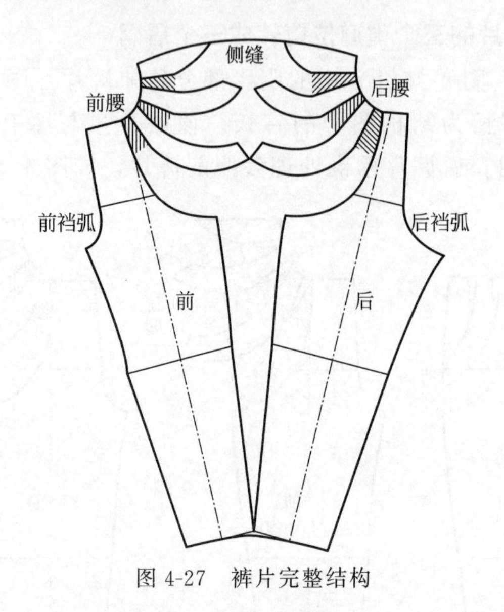

图 4-27　裤片完整结构

3. 裤片纸样

裤片侧缝加放缝份 1.5cm，后中装拉链处加放缝份 1.5cm，脚口加放缝份 4cm，其余部位加放缝份 1cm。标注对位记号和褶位，如图 4-28 所示。

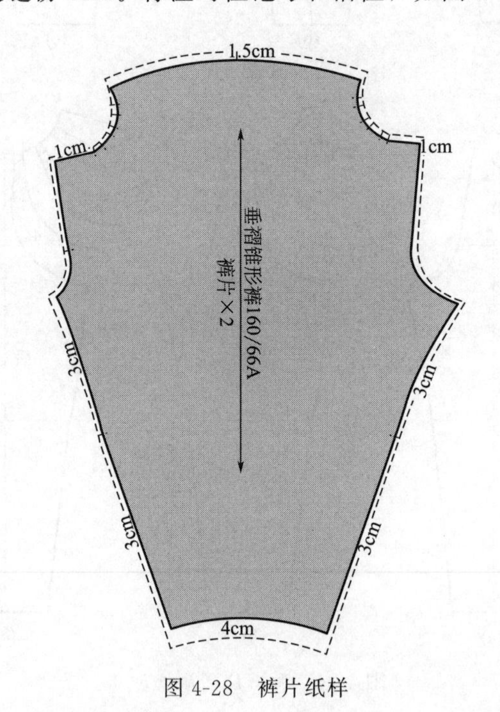

图 4-28　裤片纸样

4. 腰头纸样

腰头加放缝份 1cm，如图 4-29 所示。

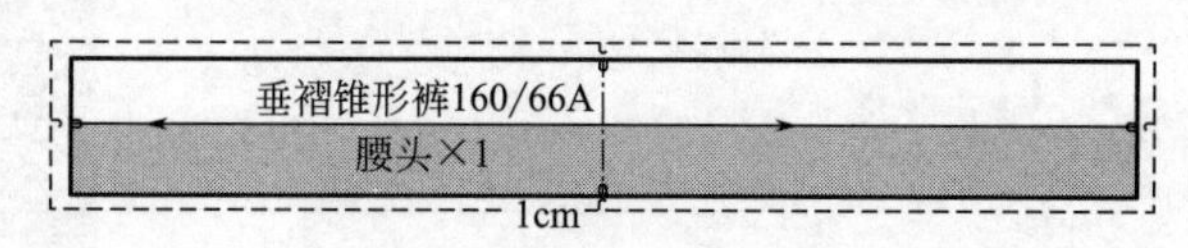

图 4-29　腰头纸样

思考与练习

一、思考题

1. 裤子结构变化中，省移、分割、褶裥等设计可以变化哪些部位？如何达到结构平衡？

2. 裤子的上裆尺寸与裤型有没有关联？如何计算？

3. 裤子后上裆角度与翘势如何确定？

二、项目练习

1. 绘制女西裤结构制图，并进行 1∶1 纸样制作。

2. 收集或设计 3～5 款有结构设计变化形式的裤子，进行 1∶5 结构设计和 1∶1 纸样制作，须附正面、背面款式图，要求清晰显示款式结构，可辅以局部结构放大图，并附规格尺寸表、建议面料等信息。

▶▶

第五章

衣领结构设计

第一节　衣领概述

视频 23　衣领概述

预习思考

- 领子有哪些分类？
- 你最喜欢哪类领型？为什么？

衣领作为服装的重要部件之一，也是整件服装离脸庞最近、最引人注目的部位。因此，衣领最能突出表现人的脸部，在款式设计中也是设计师非常注重的部位。衣领除了具有防寒保暖的功能之外，还有很强的装饰功能。即使同样形态的领子，改变其大小或装领位置也会产生不一样的效果。所以，一件衣服的设计合适与否，一方面是体现设计者艺术与技术相结合的素养，另一方面也是整件衣服成败的关键之一。

一、按穿着状态分类

(1) 开门领　第一扣位较低，穿着时前领部分敞开，显露脖颈，最典型的是翻驳领。

(2) 关门领　第一扣位靠近领窝，穿着时呈关闭状，典型的是立领、翻领、坦领等。

二、按外观形态分类

(1) 领口领　也称无领，只有衣身领窝线型，没有领座和领片结构的简单领型。按穿脱方式分为开襟式和套头式。

(2) 立领　有领窝和领座，围绕脖颈竖立状的领型。按装接方式分为单立领和连身立领。

(3) 平领　也叫扁领、坦领、摊领、趴领等。领片自然服贴在肩、胸、背部，造型舒展、柔和。

（4）翻领　领窝、领座和翻领片三部分齐全，分为连体翻折领和分体翻折领两种领型。连体翻折领以翻折线为界，由领座与领面连裁的一片式领型；分体翻折领是领座与翻领片分裁缝接的领型，最典型的是衬衣领。

（5）翻驳领　由领窝、领座、翻领及驳头四部分组成，领座与翻领片连裁一片有翻折线的领型。最典型的是西服领。而根据驳头形状又分为平驳领、戗驳领、青果领等。

三、各种花式领

（1）垂褶领　衣领与衣身相连，领口自然下垂。

（2）波浪领　是将衣领抽缩或弯曲形成波浪褶的领型。

（3）飘带领　在立领、平领基础上，追加飘带设计即可。飘带形状可按造型而定。

（4）帽领　一种特定的领子，也称连身帽。指帽子与衣片领窝组成的领型，既可作为装饰作用，又可挡风保暖。

各式衣领如图 5-1 所示。

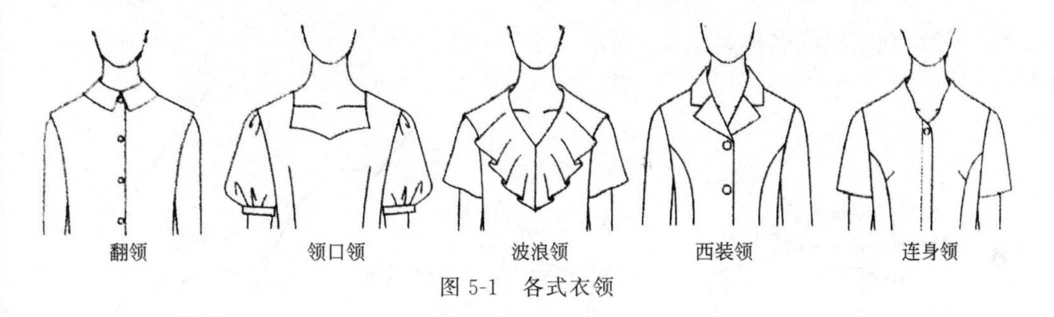

图 5-1　各式衣领

第二节　领口领结构设计

预习思考

- 请同学们收集领口领图片。
- 领口领结构设计要点有哪些？

一、领口领种类

领口领的领型设计相对比较简单，主要是在衣身领口上对领窝线的形态进行各种造型变化设计，衣身的前颈点（FNP）、侧颈点（SNP）及后颈点（BNP）亦可以有各种不同位置上的变化，从而形成丰富的领口领形状。领口领的造型与人的脸型关系密切。浅圆领、船形领、一字领、浅方领等会产生横向扩张的视觉感，比较适合圆脸、瓜子脸型；而V形领、U形领和大而开放的方领等会产生纵向拉长的视觉感，一般不适合长脸型。各式领口领如图5-2所示。

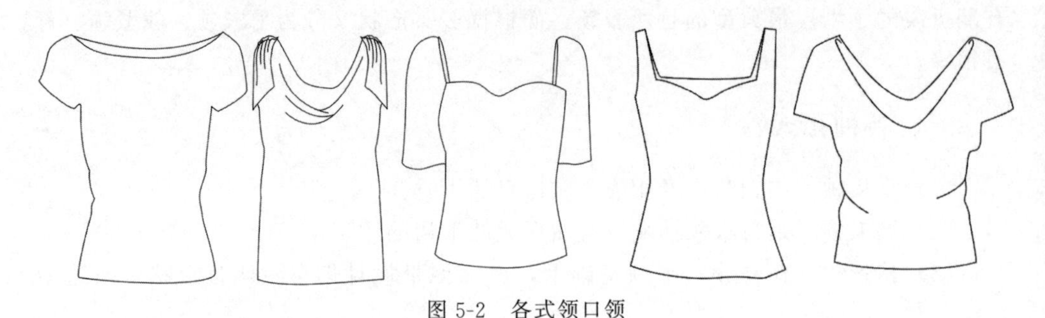

图5-2 各式领口领

二、领口领结构原理

（一）领口领的结构线名称

领口领结构线名称如图5-3所示。

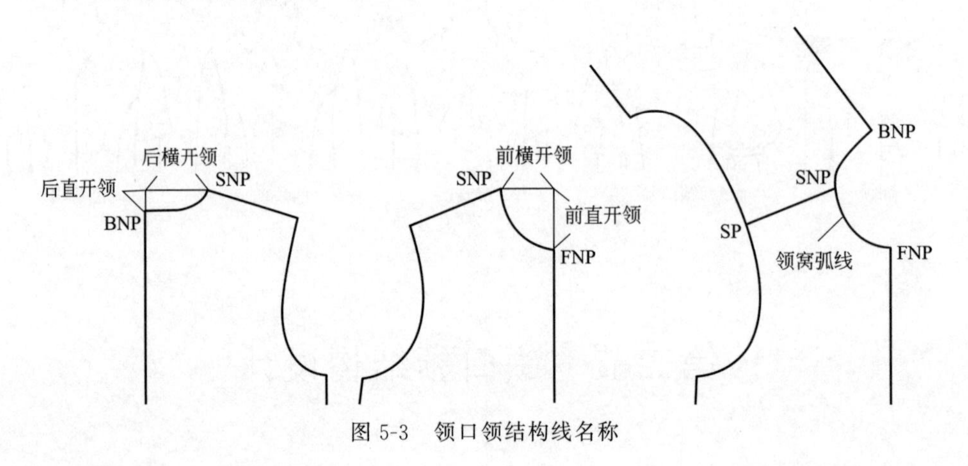

图5-3 领口领结构线名称

（二）领口领结构要点

领口领结构要点如图5-4所示。

1. 横开领和直开领

对于日常领口领服装，一般直开领与横开领不宜同时开大，即当横开领开宽时，直开领宜浅不宜深；当直开领开深时，横开领宜窄不宜宽。也不适宜前、后直开领同时开深，即前直开领开深时，后直开领宜浅不宜深，反之亦然。如果横开领、直开领均开大或前、后直开领均开深，则领围线易滑移，使得领口线与人体不服帖或者出现走光现象。

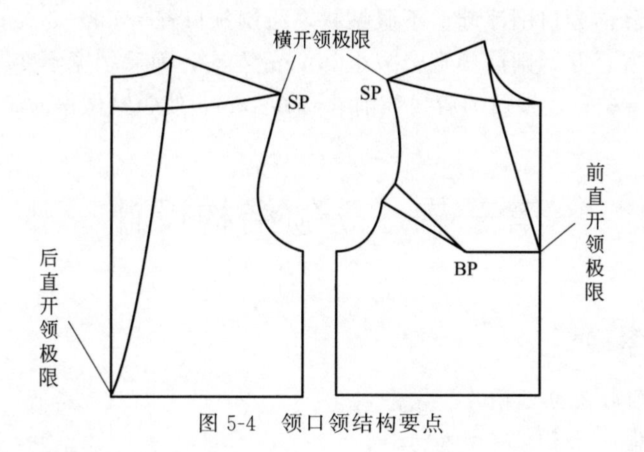

图 5-4　领口领结构要点

2. 前后领口的顺接

将前后衣身的肩线对齐进行领窝弧设计，可以使前后领窝线绘制圆顺；也可以先在前后衣身片上分别绘制前后领窝弧线，再将前后衣片的肩线对齐后修圆顺领窝线。

三、领口领结构设计案例

以 U 形领结构设计为例，如图 5-5。

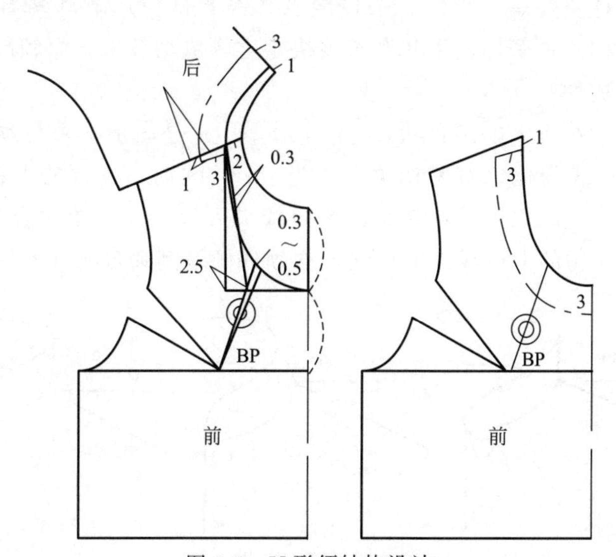

图 5-5　U 形领结构设计

（1）款式特点　领宽较小，前领深较大，U 字形领围线。

（2）结构要点

① 将侧颈点开大 2cm，后颈点下落 1cm，前颈点开深的量根据款式来定。

② 为了去除前领口围浮起、不服帖状，绘制领口省＝0.3～0.5cm。

③ 将领口省合并，则前领宽会减小 0.7cm 左右，而后领宽不变。

④ 领贴宽＝3cm，领贴的肩线往前衣身移 1cm，使领贴做得薄、外形美观。

第三节　立领结构设计

预习思考

- 请同学们收集立领图片。
- 立领结构设计要点有哪些?

服装的衣领款式种类繁多，从结构上分，大致可分为无领、立领、翻领和变化领四大类。立领是围绕脖颈竖立状的领型，给人以简洁、精干之感，常见于旗袍、中山装、夹克衫等服装。根据领片竖立状态可分为直立型、内倾型、外倾型；根据领片与衣身的装接方式可分为单立领和连身立领等。

一、立领结构原理

立领结构设计主要是下口线、上口线及领高等部位。下口线与衣身领窝弧缝合，其与领窝结构关系密切，形状和长度决定立领成型效果，而领高和上口线会直接影响颈部的舒适性。

人体颈部呈上小下大的圆台状，$\angle\alpha\approx90°$。$\angle\alpha$ 是衡量立领与颈部吻合程度的关键，$\angle\alpha$ 与上口线变化也有密切关系。当$\angle\alpha=90°$时，立领的上口线＝下口线，立领呈圆柱状；当$\angle\alpha>90°$时，立领的上口线＜下口线，立领贴合颈部呈圆台状；当$\angle\alpha<90°$时，立领的上口线＞下口线，立领外倾呈倒圆台状（图 5-6）。

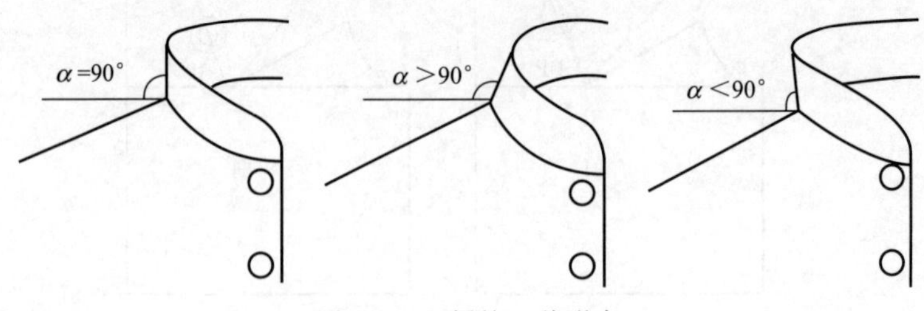

图 5-6　立领的三种形态

立领的三种结构

◆立领的直角结构：如果把人的颈部近似看成圆柱体，则立领结构可近似为长方形，如图 5-7。

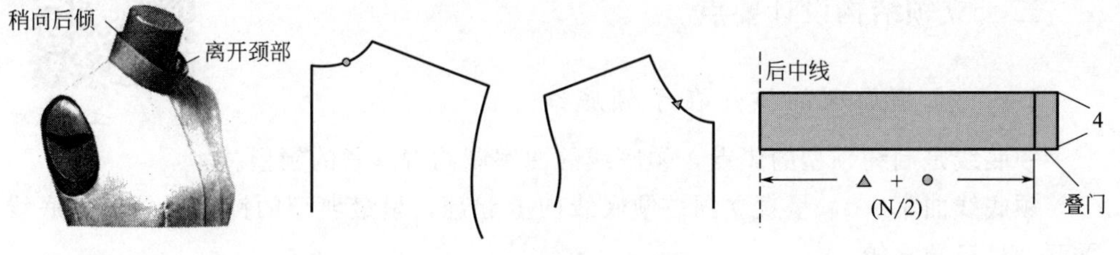

图 5-7　立领的直角结构

◆立领的钝角结构：向颈部倾斜的结构，如图 5-8。

制图要点如下。

① 领底线在 FNP 处是向上起翘的。

② 领底起翘应保证上口线围度＞颈围。

③ 领上口线长≥N/2。

④ 领下口线长＝前领口弧长＋后领口弧长＋0.3cm。

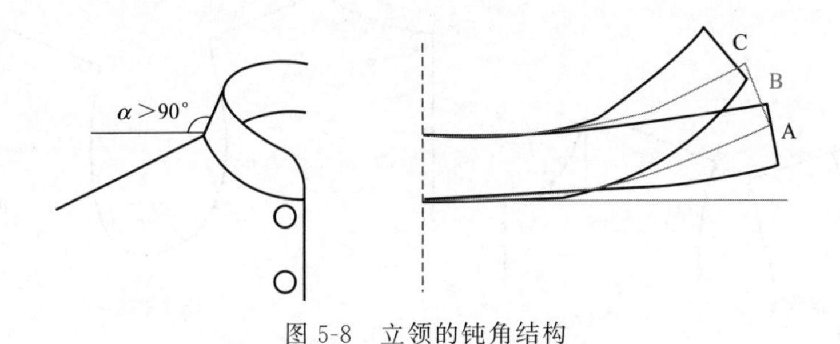

图 5-8　立领的钝角结构

◆立领的锐角结构：向颈部外侧倾斜的结构，如图 5-9。

制图要点如下。

① 领底线下弯。

② 领上口线＞领底线。

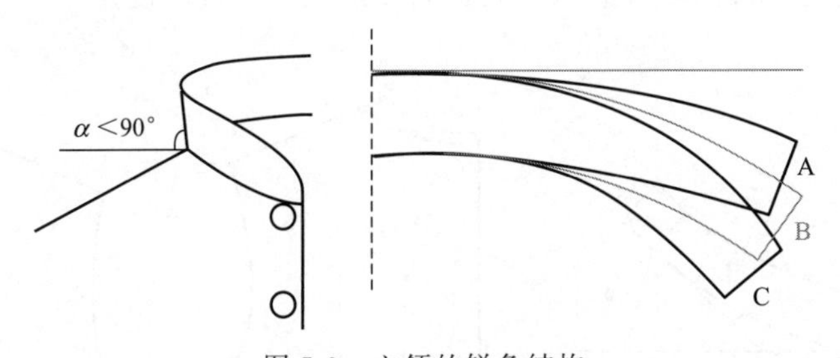

图 5-9　立领的锐角结构

思考：领底线下弯量有下限吗?

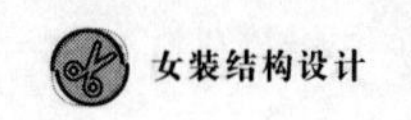

二、立领结构设计要点

视频 24　立领原理

（一）立领原理的核心在于领底线

领底线是制约领型的焦点，领底线的曲率制约着立领的领型。

领底线曲率=0，呈直立领；领底线向上起翘，呈最典型的钝角立领；领底线下弯，呈锐角立领。

（二）立领的领窝弧线

立领的领窝弧线如图 5-10 所示。

① 立领，尤其是合体型单立领，领高≤4cm 时，可采用原型领窝弧。

② 当领高≥4cm 时，对颈部易造成不适，应基于原型领窝弧线，适当开大横开领、直开领，重画新的领窝线。

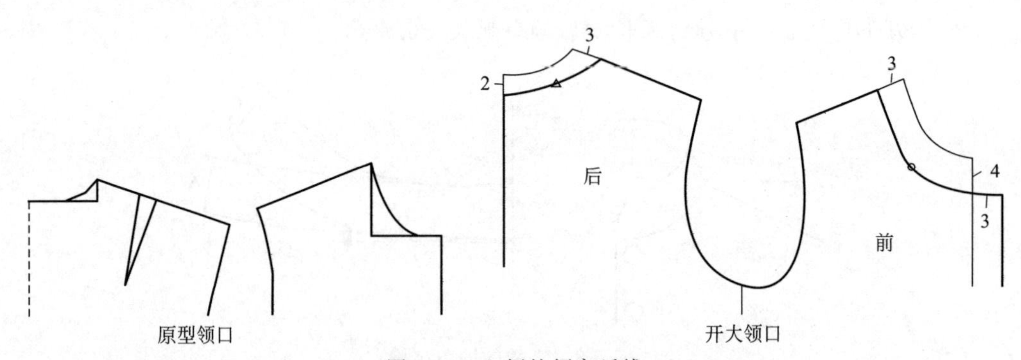

图 5-10　立领的领窝弧线

（三）大翘度立领的设计

大翘度立领结构设计如图 5-11 所示。

① 选择领宽较窄的设计：领宽较窄时，上口线围度相对加大。

② 适当加大领口：领口适当加大，间接加大上口线围度。

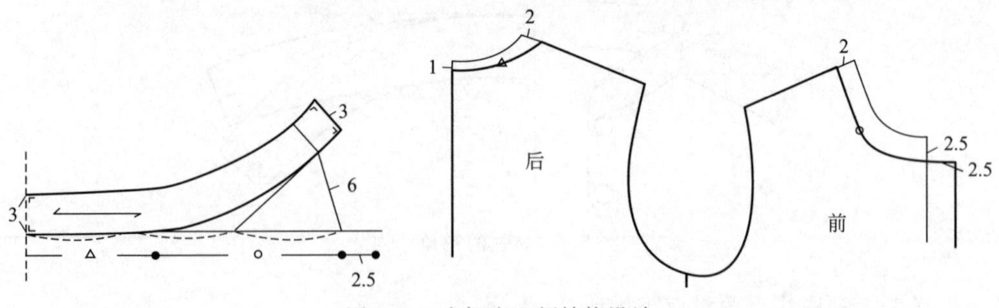

图 5-11　大翘度立领结构设计

（四）高立领的设计

高立领结构设计如图 5-12 所示。

① 领底线起翘度不宜过大。

② 领宽超过颈高时，开大领口，使领上口线有头部活动的容量。

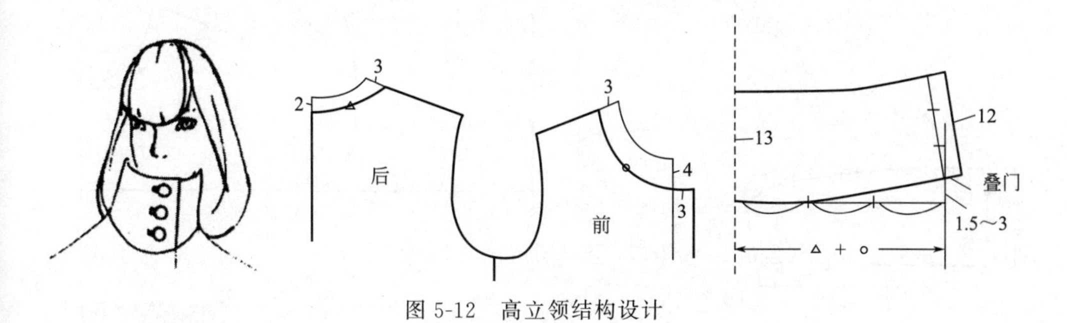

图 5-12 高立领结构设计

三、立领结构设计案例

1. 合体型立领（经典立领）

经典立领结构设计如图 5-13 所示。

（1）款式特点 最基本型，领子与人体颈部吻合呈圆台型。

（2）结构要点

① 横开领、直开领开大 0.5～1cm。

② 领下口线＝后领口弧长（⊗）＋前领口弧长（◎），领宽（高）＝4cm，起翘量＝2cm。

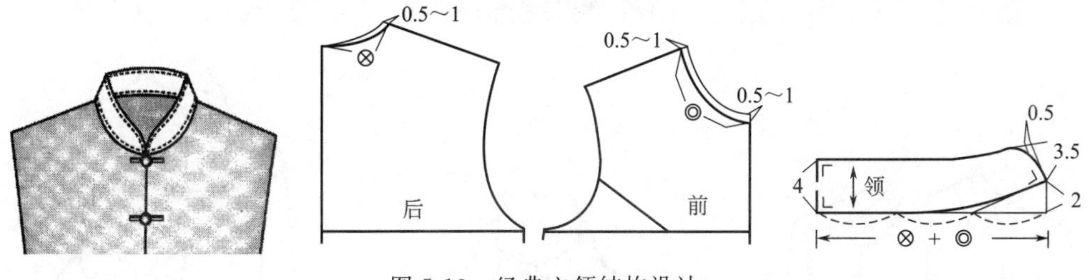

图 5-13 经典立领结构设计

2. 外倾立领

外倾立领结构设计如图 5-14 所示。

（1）款式特点 领子呈倒圆台状，领宽（高）较大。

（2）结构要点

① 横开领开大 1～2cm，直开领开大 2～3cm。

② 领下口线＝后领口弧长（⊗）＋前领口弧长（◎），领宽（高）＝7～9cm，下弯量＝1.5～2.5cm。

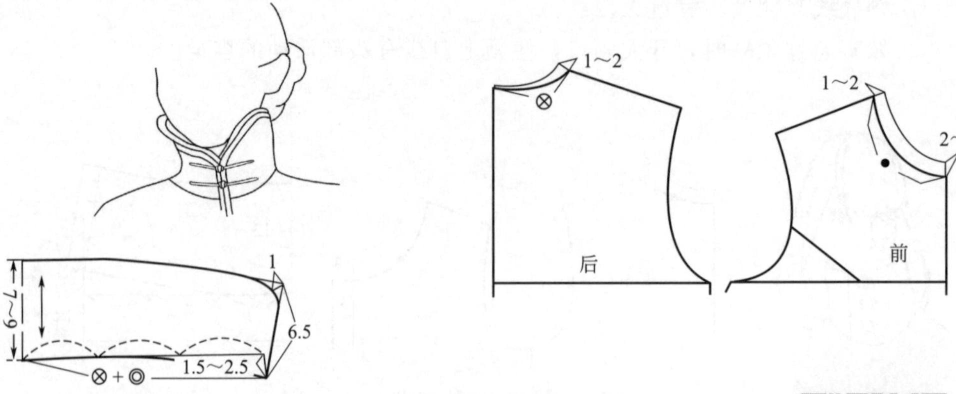

图 5-14　外倾立领结构设计

视频 25　外倾立领

3. 连身立领

连身立领是立领领身与衣身整体相连或部分相连而成的领型，既有立领的造型特征，又有与衣身相连后形成的独特风格，如图 5-15 所示。

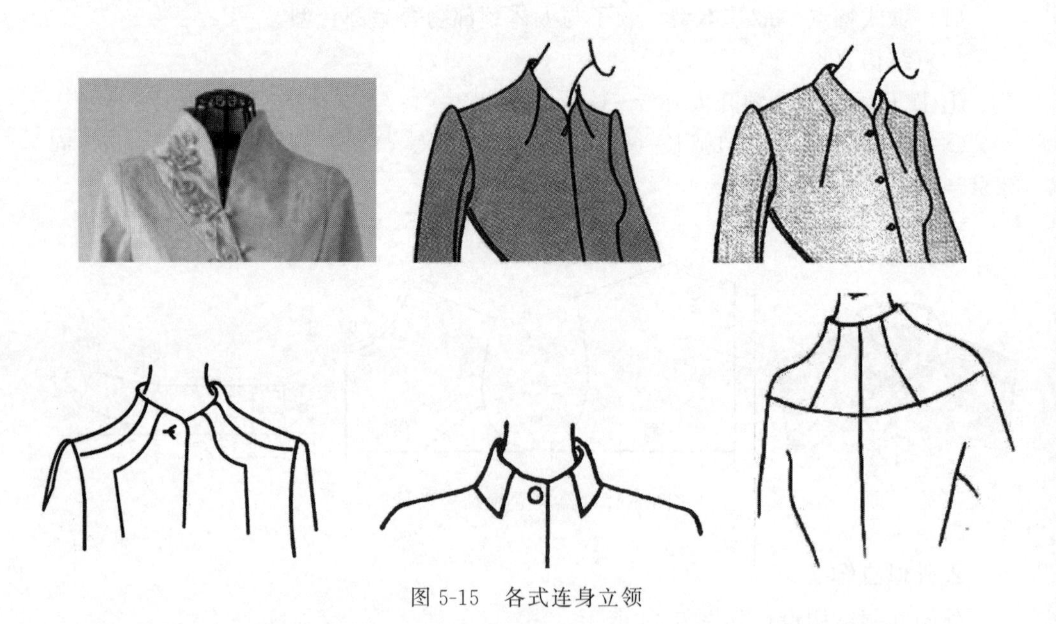

图 5-15　各式连身立领

◆领身与衣身整体相连

领身与衣身相连的连身立领结构设计如图 5-16 所示。

(1) 款式特点　衣身领窝延伸，与竖立的领部相连，前、后设领省。

（2）结构要点

① 侧颈点垂直向上 2cm，前后颈点垂直向上 3cm、向下 1cm，重新画领弧线，并在前后领口设领省位置线。

② 合并后肩省、前袖窿省，转移至领省，领省的领窝至领口，后斜偏出 0.2cm，前斜偏出 0.5cm。

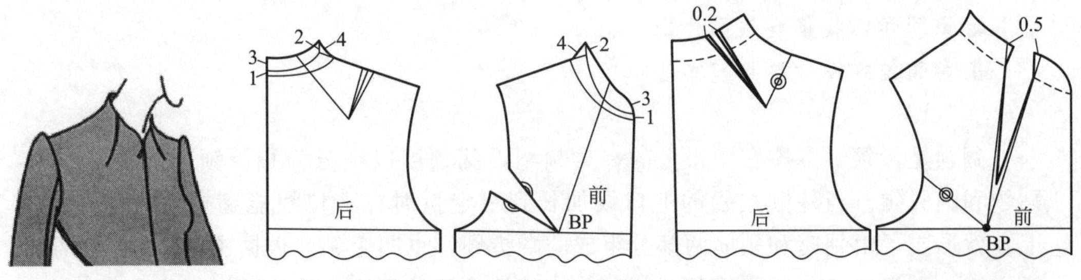

图 5-16　领身与衣身相连的连身立领结构设计

视频 26　连身有省立领

◆半连身立领

半连身立领结构设计如图 5-17 所示。

（1）款式特点　立领与后身分离，与前身部分相连，与前身分离处设领省。

（2）结构要点

① 后侧颈点开大 0.5cm，前中加叠门量 1.5cm 画垂线，前领窝的中点与 BP 点连线为领省位置线。

② 过前领窝的中点作领窝弧的切线，并取长＝前领窝弧/2＋后领窝弧＝●＋○，画切线的垂线为后领高＝3cm，继而画垂线，交门襟线处画圆弧。

③ 合并前袖窿省，转移至前领省。

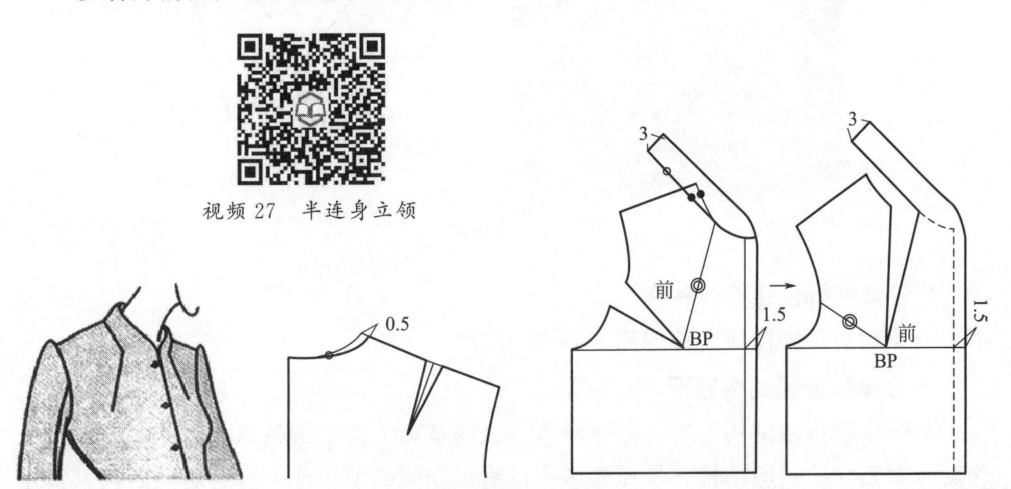

图 5-17　半连身立领结构设计

第四节　翻领结构设计

预习思考

- 请同学们收集翻领图片。
- 翻领结构设计要点有哪些？

翻领是指领子翻摊在领口上的一类领型，翻领可以细分为翻折领（企领）、平贴领和翻驳领。当外倾立领的上口线加长到一定量时，上口线能翻折下来落在肩上，就形成了由领座和领面两部分组成的翻折领，也叫企领。根据领座和领面的结合方式，翻折领又分为连体翻折领和分体翻折领两种领型。连体翻折领是以翻折线为界、由领座与领面连裁的一片式领型；分体翻折领是领座与翻领面分裁缝接的两片式领型。最典型的是衬衣领。常见于衬衣、便装、夹克衫、大衣等服装。

一、翻折领结构设计

（一）分体翻折领结构设计

分体翻折领是领座和领面分裁缝接的两片式领型，即领面和领座可以分成两部分进行结构制图。最典型的是衬衫领，如图 5-18 所示。

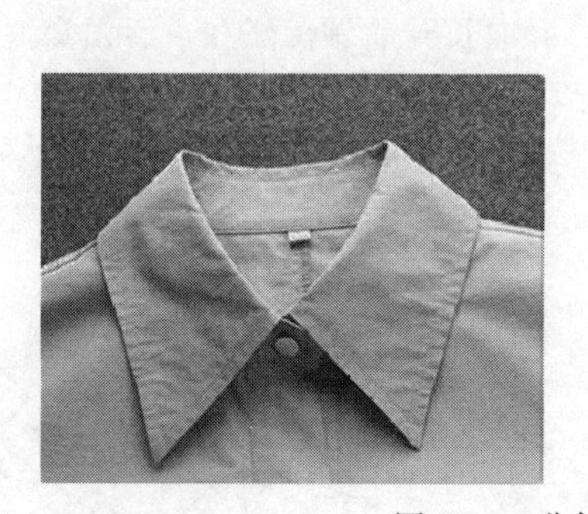

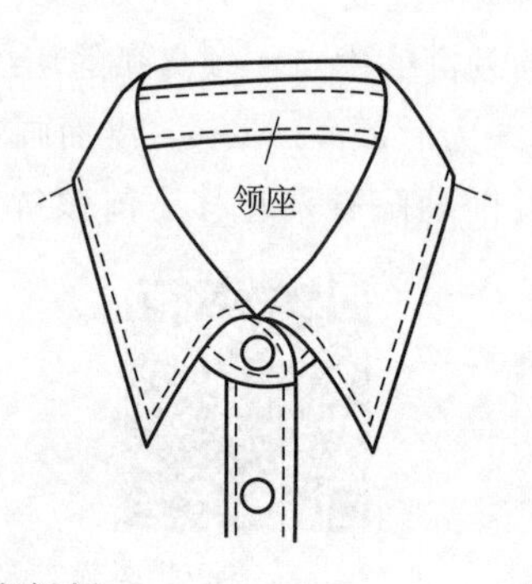

图 5-18　分体翻折领

1. 分体翻折领结构线名称

分体翻折领结构线名称如图 5-19 所示。

2. 分体翻折领结构原理

从分体翻折领结构上看，是在合体立领的基础上装上翻领面。因此，先根据衣领窝绘制竖立的领座结构，依照领座上口线做领面的下口线，再绘制领面宽、领外围线和领角线。通常，领面宽大于领座高，成型后翻领面盖住领座。

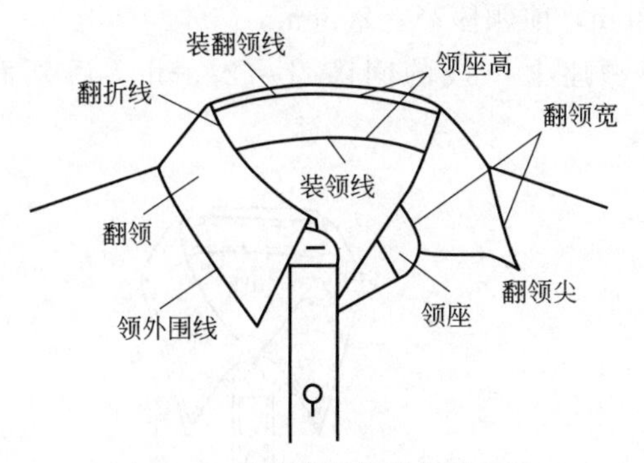

图 5-19　分体翻折领结构线名称

① 领座前中上翘量同合体立领 a≈2cm，翘势越大，下口线弧度越大，越贴合颈部。

② 领面下口线≤领座上口线，两线的间隙量＝2×起翘量≈2a。当间隙量＜2a时，领面下口线弧度＜领座上口线弧度，成型翻领面与领座贴合较紧；当间隙量＞2a时，领面下口线弧度＞领座上口线弧度，成型翻领面与领座间空隙较大（图 5-20）。

③ 领面宽－领座宽＝c－b≥0.8cm，成型后翻领面才能盖住领座，领面未能盖住领座如图 5-21 所示。

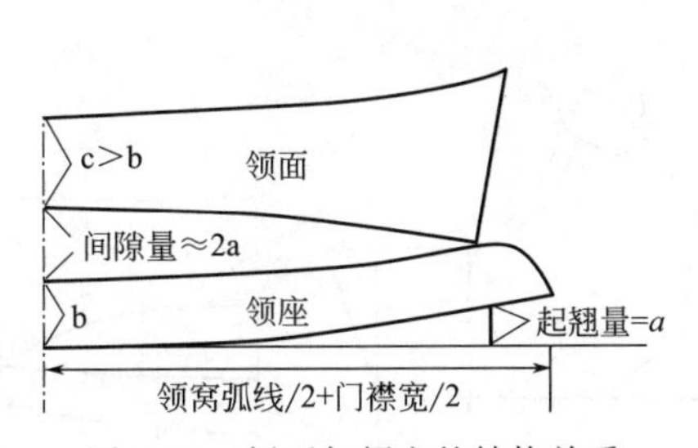

图 5-20　领面与领座的结构关系

图 5-21　领面未能盖住领座

3. 分体翻折领结构设计

（1）衬衫领结构设计　衬衫领结构设计如图 5-22 所示。

① 款式特点：衬衣领是最典型的分体翻折领，与人体的颈部吻合，领面与领座紧贴。

② 结构要点

a. 基于衣领窝，侧颈点开大 0.5～1cm，前直开领下落 0.5～1cm，画新领窝弧＝○＋◎＋●。

b. 领座的领下口线＝前领弧＋后领弧＋叠门宽/2＝○＋◎＋●，起翘量＝

1.5cm，后领座高＝3cm，前领座高＝2.5cm。

c.领面下口线与领座上口线的间隙量＝2.5cm，后领面宽＝5cm，前领面宽＝7cm。

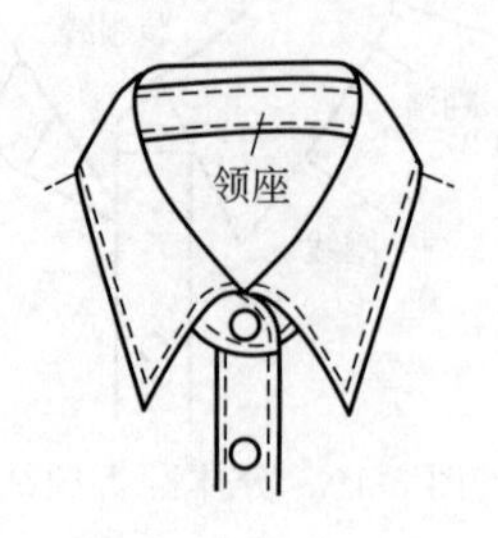

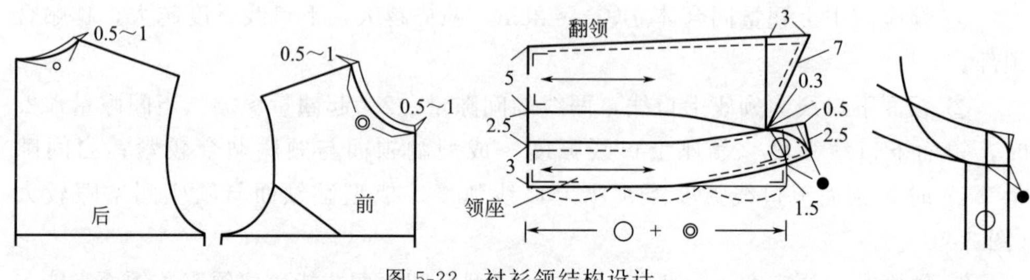

图 5-22　衬衫领结构设计

（2）风衣领结构设计

风衣领结构设计如图 5-23 所示。

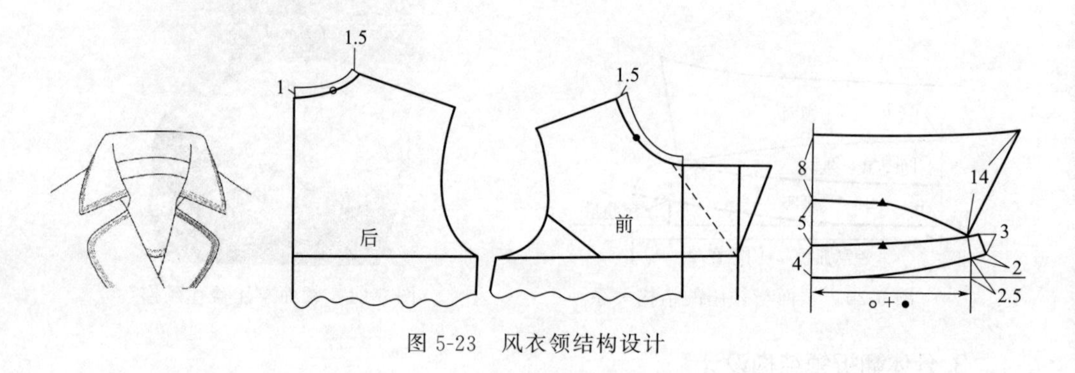

图 5-23　风衣领结构设计

① 款式特点：领向颈部倾斜，领座相当于立领的钝角结构；领面容量较多，与领座有一定间隙。

② 结构要点

a.衣身领口：基于原型领窝开大横开领、直开领如下图，双排扣加叠门量＝7～8cm，新领窝弧长＝○＋●。

b.领座下口线＝○＋●＋2cm，起翘量＝2.5cm，后领座高＝4cm，前领座高＝3cm。

c. 领面下口线与领座上口线间隙量＝5cm，后领面宽＝8cm，前领面宽、领角造型可自由设计。

（二）连体翻折领结构设计

以翻折线为界，由领座和领面连裁的一片式领型，即可以连成一整片进行结构制图。最典型的是两用衫的翻领。连体翻折领多见于夹克衫、针织 T 恤衫、童装等服装，如图 5-24。从成衣外部造型看，连体翻折领与分体翻折领区分度不大。

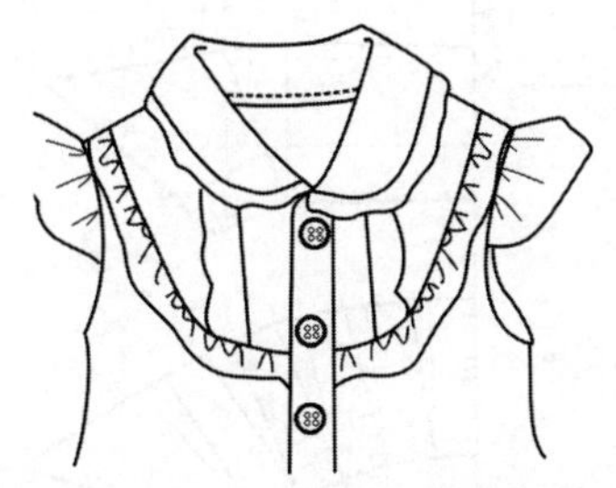

图 5-24　各式连体翻折领

1. 连体翻折领结构原理

① 领底线是下弯的，下弯量不同，造型效果不同。下弯量小，领型围绕颈部呈竖立状；下弯量大，领型平坦于颈肩部（图 5-25）。

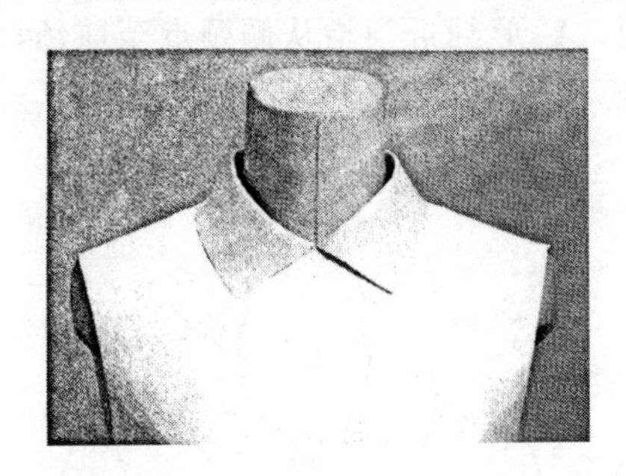
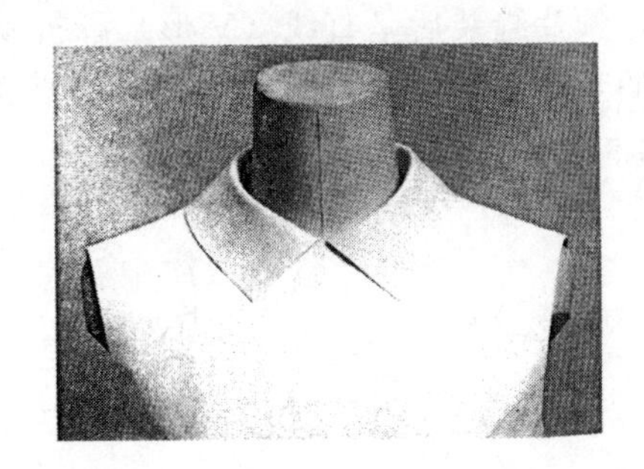

款式	下落量	底领的尺寸		领尖至前中的距离
		后中心	肩(右)	
A	1.5	3.2	2.7	5.7
B	3.0	2.9	2.5	5.6
C	4.5	2.8	2.4	5.5
D	6.0	2.6	2.1	5.5
E	7.5	2.4	1.8	5.3

单位：cm

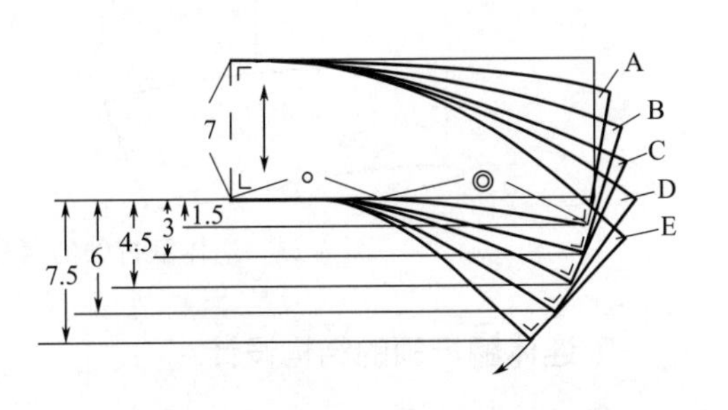

图 5-25　领底线下弯量与翻领造型的关系

② 领底线下弯的位置不同，局部造型效果不同：在领底线 1/2 处下弯，肩部领面容量明显；在领底线 1/3 处下弯，领面容量靠近前胸；领底线均匀下弯，领面容量均匀分配（图 5-26）。

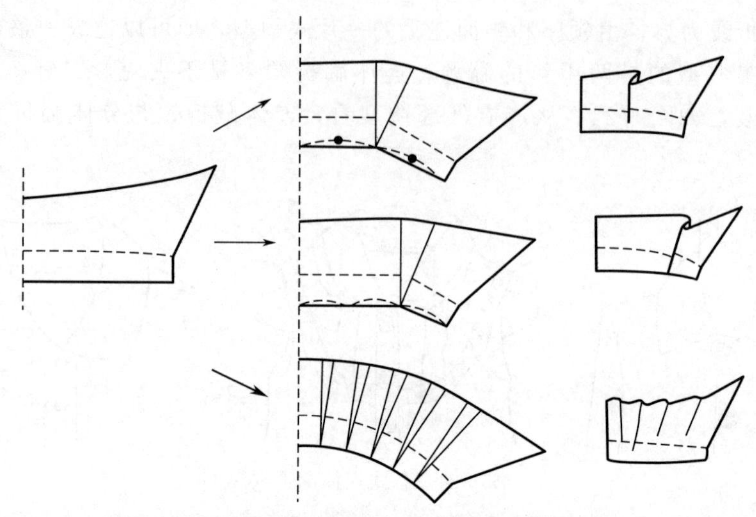

图 5-26　领底线下弯位置与翻领造型的关系

③ 连体翻折领的成衣效果常见有 V 形和 U 形两种造型，对应领下口线有两种不同弧形。V 形翻折领指从侧颈点至前领口为直线翻折状，下口线前部呈凸弧状，领片缝装后呈直线（V 形）翻折领；U 形翻折领指从侧颈点至前领口为绕颈型的弯弧翻折线状，下口线前部呈凹弧状，领片缝装后呈曲线（U 形）翻折领(图 5-27)。

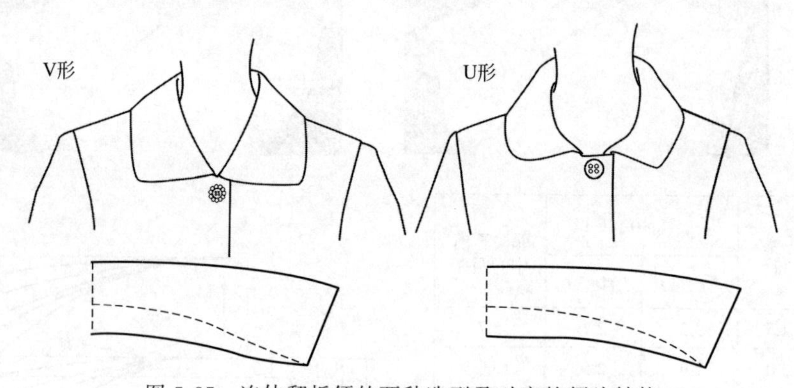

图 5-27　连体翻折领的两种造型及对应的领片结构

2. 连体翻折领的结构设计

◆直接制领法

V 形领和 U 形领直接制领法如图 5-28、图 5-29 所示。

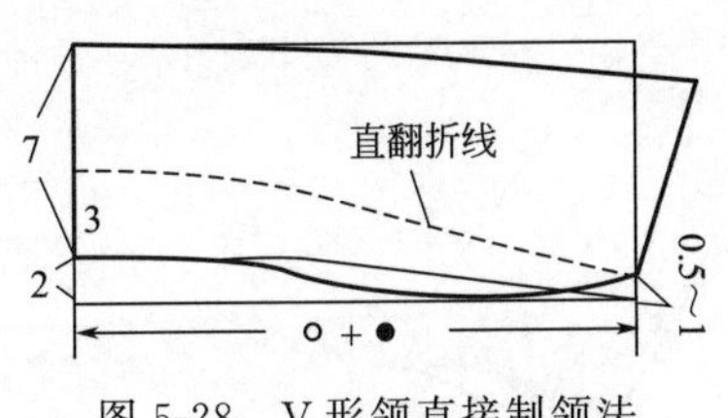

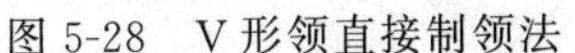

图 5-28　V 形领直接制领法

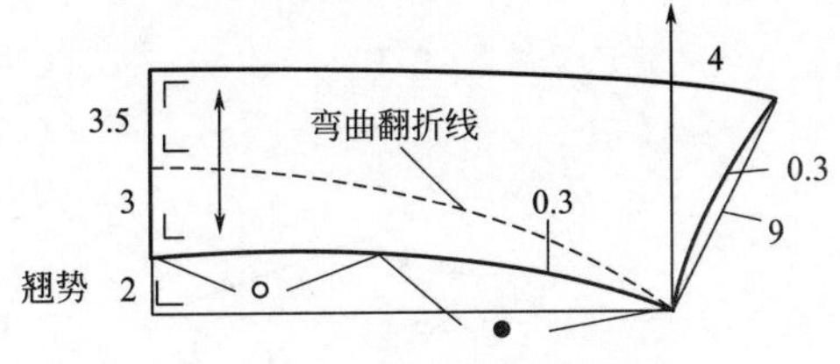

图 5-29　U 形领直接制领法

◆基于前衣身的结构设计

为了提高翻折领的领下口线与前领窝弧的吻合程度，翻折领结构设计可基于前衣身的领弧设计，其关键结构是翻折线和翻领的倾倒角 β 的确定，倾倒角 β 代替了翻领的水平弯弧度（即领后翘势）。倾倒的目的是使翻领后部分符合人的颈部斜度，倾倒量越大，领子最外沿的线就越长，同时底领与面领之间分离的角度也越大。由此可见，倾倒量与翻领领座和领面宽度、翻领的倾斜角度相关联。

（1）V 形翻折领结构设计　V 形领衣身制领法如图 5-30 所示。

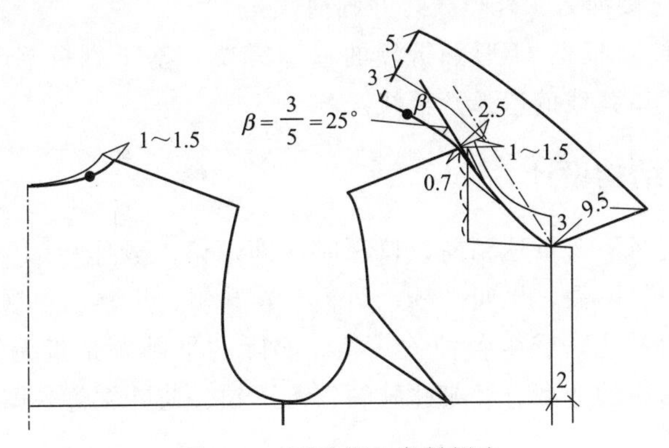

图 5-30　V 形领衣身制领法

① 衣身的侧颈点开大 1～1.5cm，前直开领下落 3cm，修画前后衣领窝弧线。

② 翻折线：沿肩线侧颈点偏进 0.7cm，然后延长 2.5cm，定翻折基点，前领深为翻驳点，连接翻折基点画翻折基线。

③ 翻领：侧颈点偏进 0.7cm 点画翻折线的平行线＝后领口弧线长＝●，倾倒角 β＝领座宽÷翻领宽＝3/5，经折算角度为 25°，画等腰三角形，即获后翻领底线＝●，顺势画 S 形领下口弧线。画翻领底线的垂线＝领座宽＋翻领宽，继而画垂线，前领宽＝9.5cm，连接前后领外口线，并画前领角。

（2）U 形翻折领结构设计　U 形领衣身制领法如图 5-31 所示。

① 衣身的侧颈点开大 1～1.5cm，前直开领下落 5cm，修画前后衣领窝弧线。

② 翻折线：沿肩线侧颈点偏进 0.7cm，然后延长 2.5cm，定翻折基点，前领深为翻驳点，连接翻折基点画翻折基线。

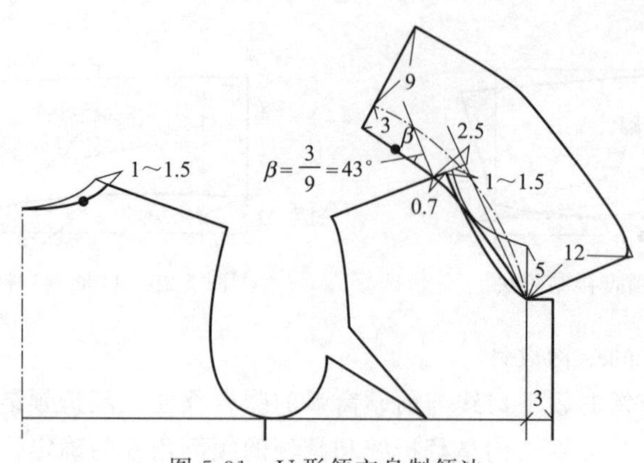

图 5-31　U 形领衣身制领法

③ 翻领：侧颈点偏进 0.7cm 点画翻折线的平行线＝后领口弧线长＝●，倾倒角 β＝领座宽÷翻领宽＝3/9，经折算角度为 43°，画等腰三角形，即获后翻领底线＝●，顺势画弯弧领下口线，领下口线的垂线＝领座宽＋翻领宽，继而画垂线，前领宽＝12cm，连接前后领外口线，并画前领角。

④ 修画翻折线：根据 U 形翻折领的造型需要，基于翻折基线修画相似于领下口弧线的弯弧翻折线。

视频 28　翻折领

二、平贴领结构设计

当翻领的领底线下弯量达到前领口深时，即理论上领座＝0，翻领完全平贴于肩部，领型就变为平贴领，也叫平领、趴领、娃娃领、坦领、扁领、平摊领等。随平贴领外口线型的变化，产生各种款式领。实际的平贴领是指无领座或领座低于 2cm 的衣领。平贴领的造型有经典娃娃领、海军领、荷叶领等（图 5-32）。

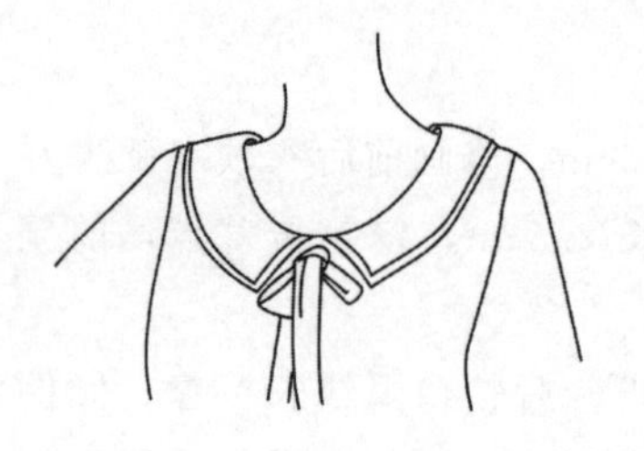

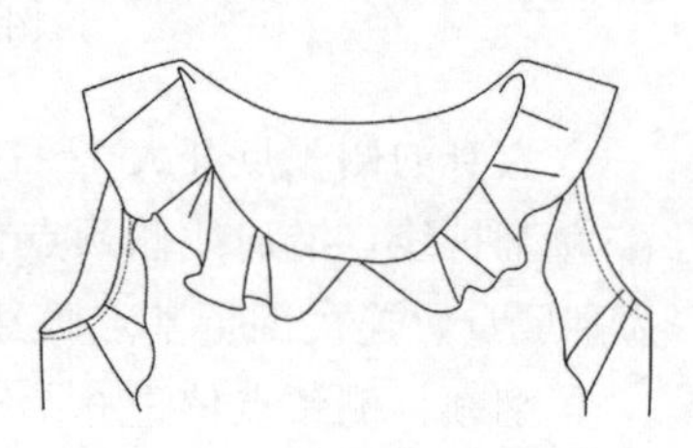

图 5-32　平贴领

（一）平贴领结构原理

由于平贴领是平摊在肩部，最高效准确的结构设计是将前后衣身肩线叠合绘制平贴领结构。以侧颈点为重叠基点，为了使外领口能够平贴于肩上、下口线与衣领窝接缝线不外露，实际结构设计时，前后肩线要有一定的重叠量（领座量）（图 5-33）。

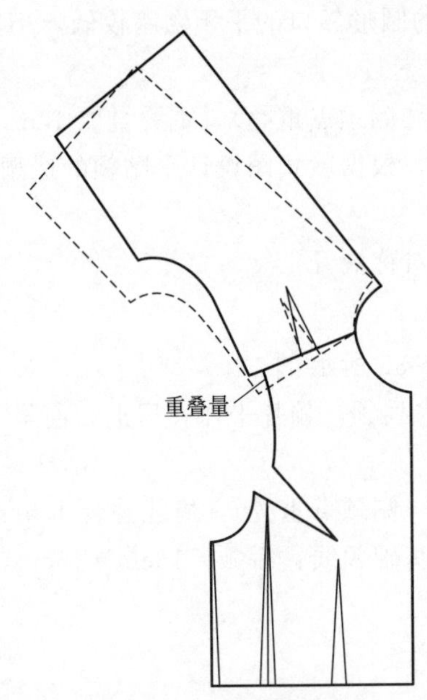

图 5-33　前后衣身肩线叠合

肩线重叠量越大，领座变高，趋向翻折领状；重叠量越小，领座变低，趋向披肩领。平领肩线重叠量最大值＝5cm（极限值），而重叠量最佳范围＝1.5～3.5cm，或前肩宽/8～前肩宽/4，10°～15°，产生的领座高＝0.8～1.5cm。重叠量超过定值就成为连体翻折领，因此，平贴领与连体翻折领不存在严格的界限。

（二）平贴领结构设计案例

1. 小坦领结构设计

小坦领结构设计如图 5-34 所示。

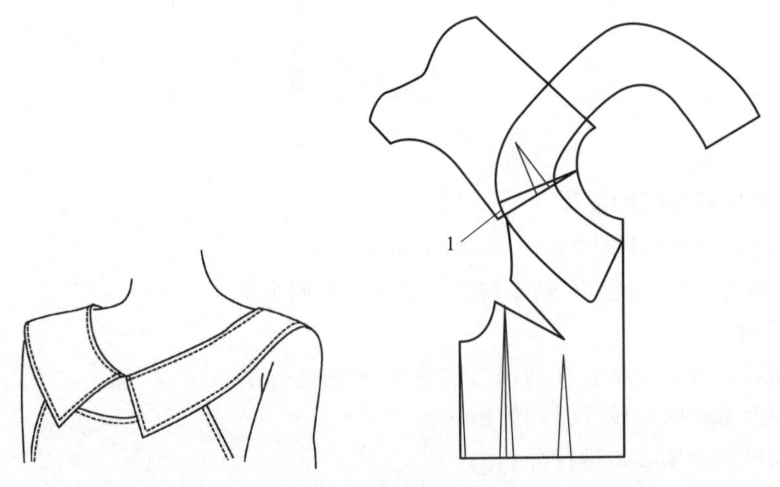

图 5-34　小坦领结构设计

（1）款式特点　常见的圆形领口的平领领座较低，小领片几乎平摊在肩上。

（2）结构要点

① 前后衣身肩线拼合（侧颈点重叠），重叠量取 1cm。

② 在前后衣身领口处，根据款式图设计平贴领的造型线。

③ 取出平贴领轮廓线。

④ 沿后中线（虚线）对称展开。

2. 海军领结构设计

海军领结构设计如图 5-35 所示。

（1）款式特点　也叫水兵领，领片平摊在肩上，前呈 V 领形，后为方领形。

（2）结构要点

① 前后衣身肩线拼合（侧颈点重叠），肩线叠合 1.5cm。

② 根据款式图，设计基础领线：后领＝13cm×15cm，画后方形领外口线，延伸至前领深点画 V 字圆弧线。

③ 取出领片，对称展开。

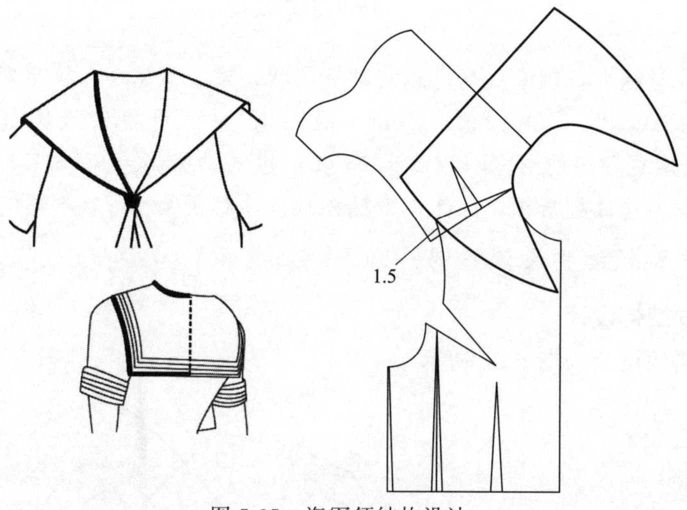

图 5-35　海军领结构设计

3. 变化娃娃领结构设计

变化娃娃领结构设计如图 5-36 所示。

（1）款式特点　领片平贴于肩上，前领口有两个褶。

（2）结构要点

① 前后衣身肩线拼合（侧颈点重叠），肩线叠合 1.5cm。

② 根据款式图，设计基础领线。

③ 取出基础领线，进行分割。

④ 对称展开，画顺领外围轮廓线。

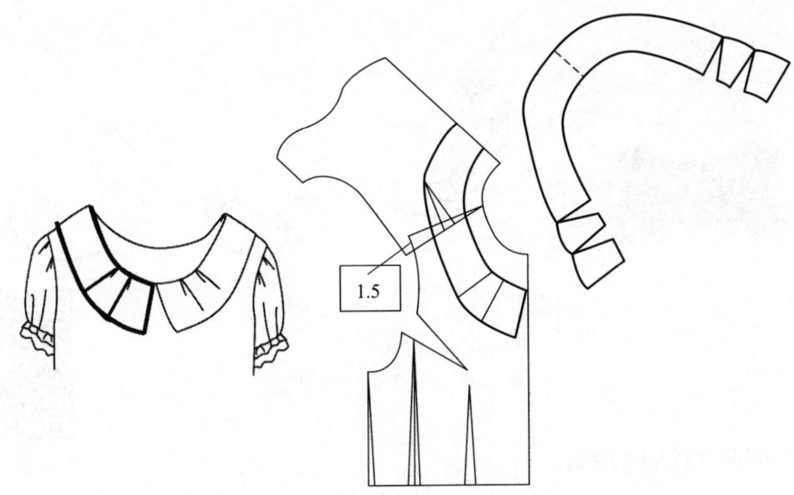

图 5-36 变化娃娃领结构设计

4. 荷叶领结构设计

（1）荷叶领结构原理 如图 5-37 所示。平贴领的领底线下弯曲度超过衣片领窝曲度时，领外口线会挤出波浪褶，成为荷叶领。褶量的多少、大小根据设计要求而定。

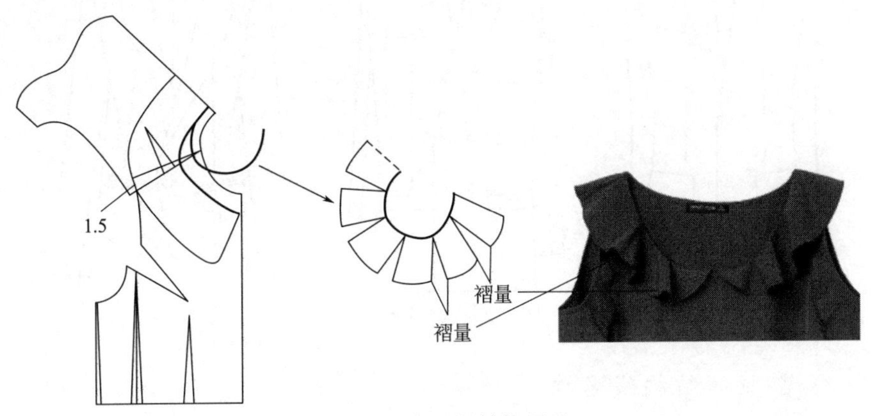

图 5-37 荷叶领结构原理

（2）荷叶领结构设计 如图 5-38 所示。

① 款式特点：领片平贴于肩上，前领口有两个褶。

② 结构要点

a. 前后衣身肩线拼合（侧颈点重叠），肩线叠合 1.5cm。

b. 根据款式图，设计基础领线。

c. 取出基础领线，进行分割。

d. 对称展开，画顺领外围轮廓线。

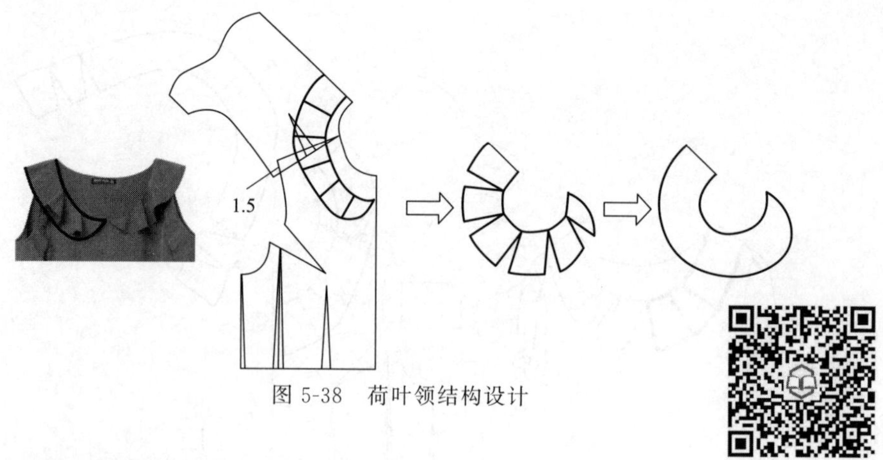

图 5-38　荷叶领结构设计

视频 29　平贴领

三、翻驳领结构设计

翻驳领是较复杂的一种领型，它的衣领形态为敞开式的，又称西装领。翻驳领由领窝、领座、翻领及驳头四部分组成。驳头是前衣身的一部分，随翻领一起翻折。翻驳领变化丰富，常见的有平驳领、戗驳领、青果领等（图 5-39）。

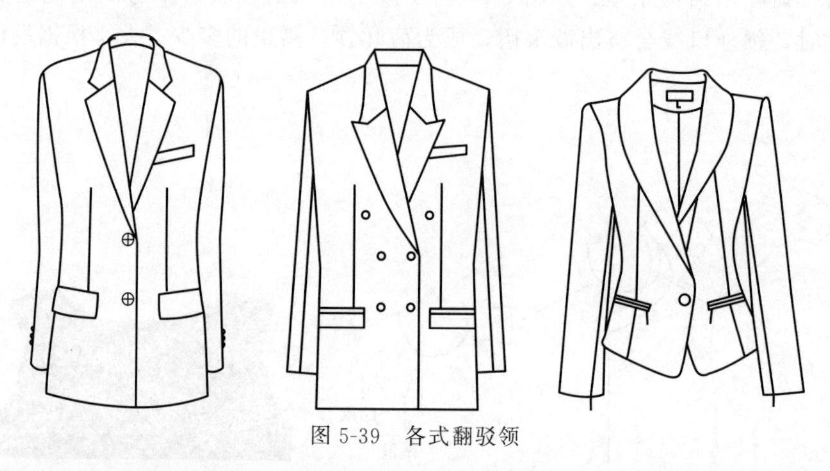

图 5-39　各式翻驳领

（一）翻驳领结构线名称

翻驳领结构线名称如图 5-40 所示。

（二）一般翻驳领的结构特点

在所有领子中，翻驳领结构最复杂，是几种领型结构的综合体，设计的关键点、难点较多。翻驳领同翻折领一样，也有连体式与分体式的结构。一般翻驳领（即平驳领）有以下结构特点（图 5-41）。

① 驳头开深至腰部。

② 翻折领靠近肩部与驳头构成“八”字形（即领嘴），驳头宽度适中。

③ 翻折领部分的领座和领面宽差 1cm，倒伏量 2.5cm 左右。

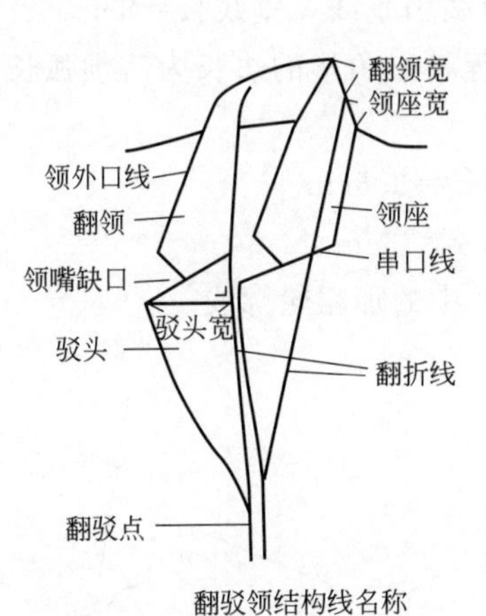

图 5-40　翻驳领结构线名称

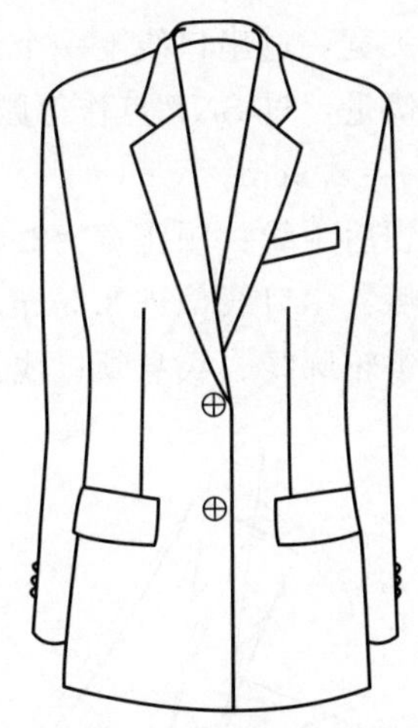

图 5-41　一般翻驳领特点

（三）一般翻驳领的结构制图

在八代原型前身衣片基础上进行一般翻驳领的结构制图，步骤如下（图 5-42）。

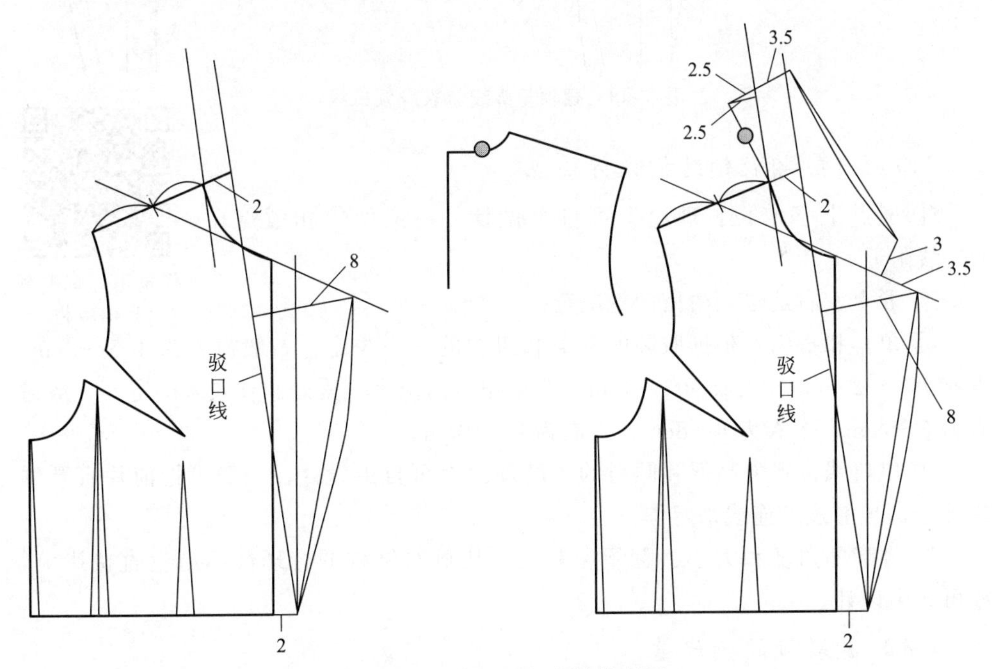

图 5-42　一般翻驳领的结构制图

① 设叠门宽，一般取 2cm。

② 驳口线：从侧颈点（SNP）沿肩线延长 2cm，与腰线门襟点相连。

③ 翻领辅助线：过 SNP 点作驳口线的平行线。

④ 串口线：过小肩的中点和前颈点（FNP）画线。

⑤ 驳头宽：过串口线上一个点，向驳口线引垂线，垂线长＝8cm。

⑥ 倒伏量：过 SNP 点作等腰三角形，等腰三角形的边长为后领弧长，底边长(即倒伏量)＝2.5cm。

⑦ 翻领后中线：领座宽＝2.5cm，翻领宽＝3.5cm。

⑧ 领嘴：串口线偏进 3.5cm，翻领领角宽＝3cm。

⑨ 翻领轮廓线、衣身领口线：见图 5-43 中的加粗轮廓线。

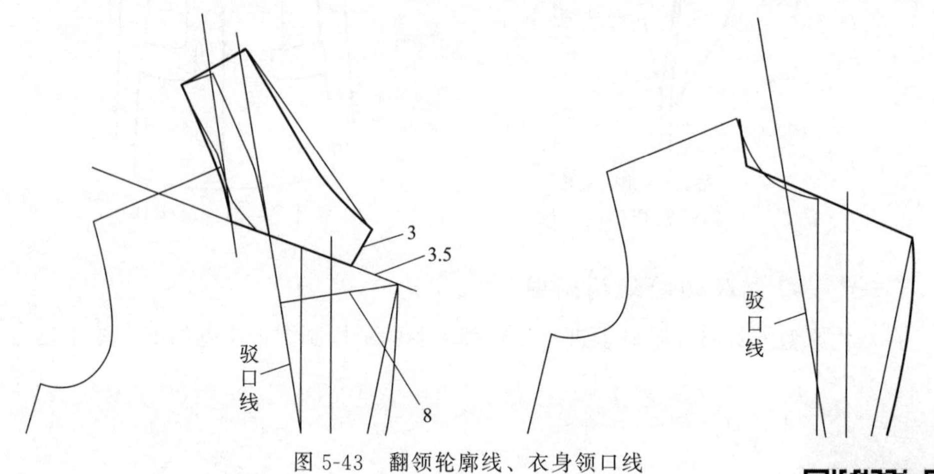

图 5-43　翻领轮廓线、衣身领口线

视频 30　翻驳领基础结构

（四）一般翻驳领结构设计要点

① 驳点上下定位：理论上可自由设计，一般两粒扣驳点在 WL 线附近。

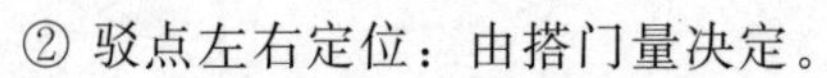
② 驳点左右定位：由搭门量决定。

③ 单排扣搭门宽根据服装的种类和纽扣的大小决定，一般衬衣为 1.5～2cm、上衣为 2～2.5cm、大衣为 3～4cm。双排扣搭门由个人爱好和款式来决定，一般衬衣为 5～7cm、上衣为 6～8cm、大衣为 8～10cm。

④ 串口线位置的高低和倾斜的角度理论上可自由设计，一般可把前片直开领二等分，与前颈点连线来定位。

⑤ 领嘴的角度和大小、翻领和驳头的比例对结构的合理性不产生直接影响，故可自由设计。

（五）翻驳领的倒伏量

设计倒伏量（翻领松度）是为弥补领外口长度的不足。翻驳领领底线的倒伏量对整个领型结构有很关键的影响。

如果倒伏量过大，领面的外围容量增大，翻折后领面与肩胸就有多余的量，不服帖。如果倒伏量过小，则领面的外围容量不足，翻折后使肩胸部产生皱褶，同时，领嘴会被拉大而不平整（图 5-44）。

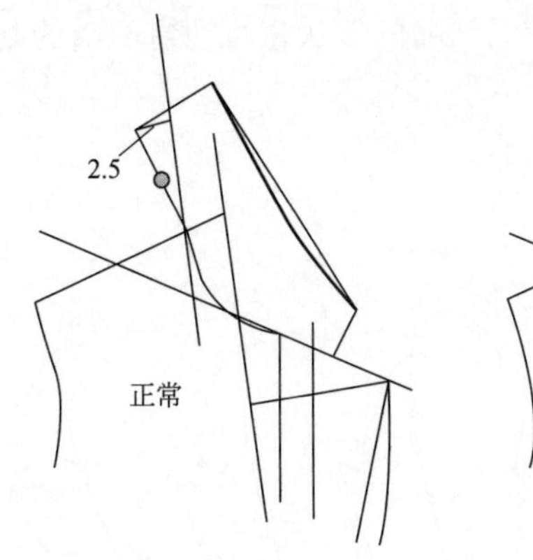

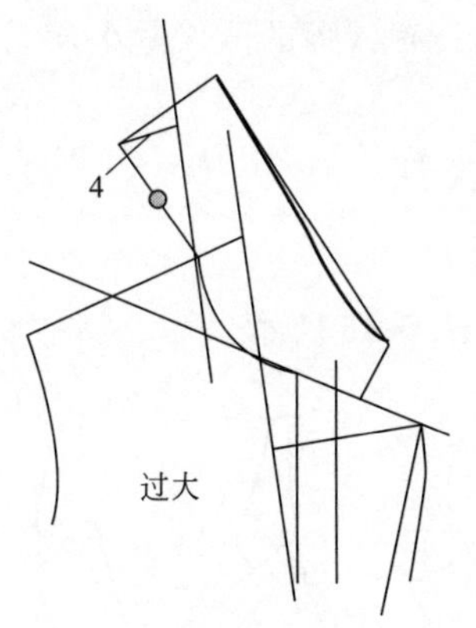

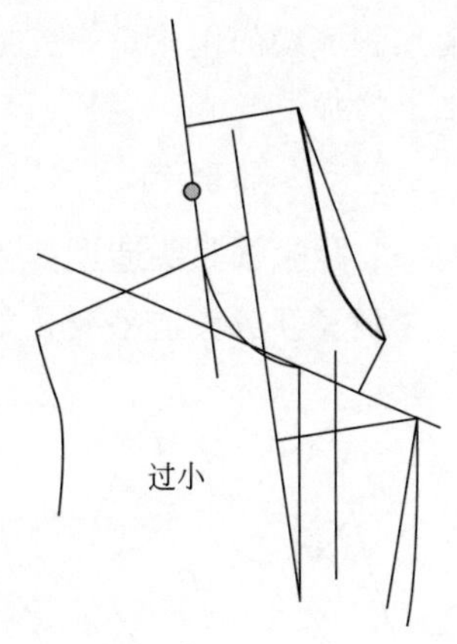

图 5-44　翻驳领的倒伏量大小比较

影响倒伏量的因素主要有以下几个方面。

1. 底领（领座）宽和翻领宽的差值

人的颈高相对固定，因此领座宽相对固定，领面宽则可根据造型设计的需要而加宽。领面宽与领座宽相差悬殊时，翻领底线的倒伏量应增加。

例：翻领宽＝6cm，底领宽＝3cm，基本倒伏量＝2.5cm，此款驳领倒伏量＝2.5＋2＝4.5cm（图 5-45）。

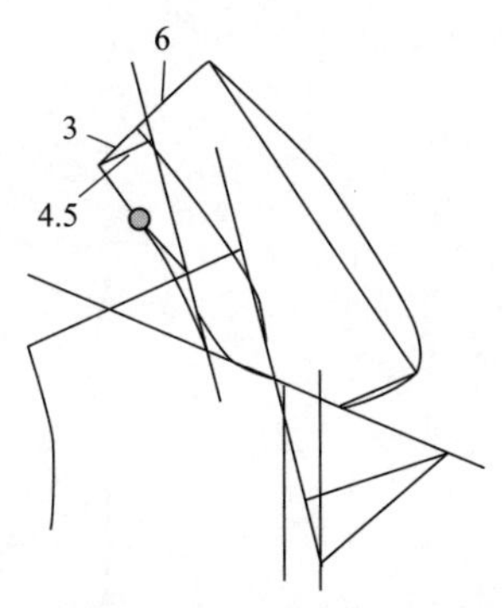

图 5-45　底领（领座）宽和翻领宽的差值对倒伏量的影响

2. 面料材质

不同材料的组织结构不同，其伸缩性能不同，因而对倒伏量的要求不同。通常，天然织物或粗纺织物的伸缩性较大，倒伏量相对可以小一点；人造或精纺织物的伸缩性相对小些，倒伏量要适当增加。

一般地讲，适用于翻驳领结构的材料是没有限制的，只是材料不同，造型效果不同。最适合于表现翻驳领造型的是中厚毛织物。

3. 无领嘴的翻驳领结构

领嘴的张角具有翻领和衣身容量的调节作用。没有领嘴时，调节作用就要通过增加领底线的倒伏量来完成。有领嘴的倒伏量小，无领嘴的倒伏量可在有领嘴的基础上增加 0.5cm。

（六）翻驳领的结构设计

1. 翻驳领驳头造型变化

翻驳领驳头造型变化如图 5-46 所示。

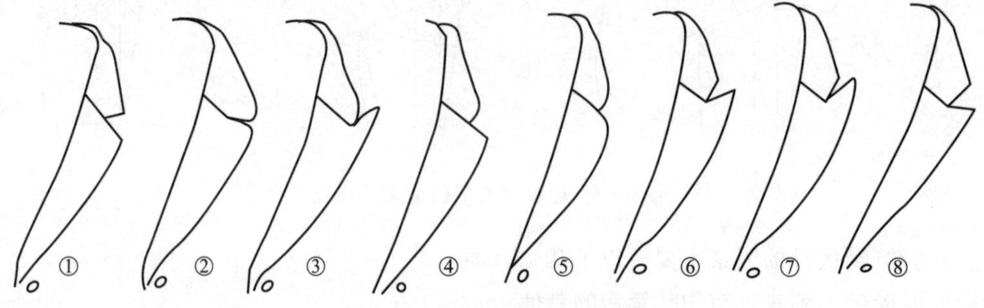

图 5-46　翻驳领驳头造型变化

2. 翻领加长的翻驳领结构设计

结构设计要点：根据翻领降低的幅度而改变领口深度，其他尺寸仍可按一般翻驳领的配比进行（图 5-47）。

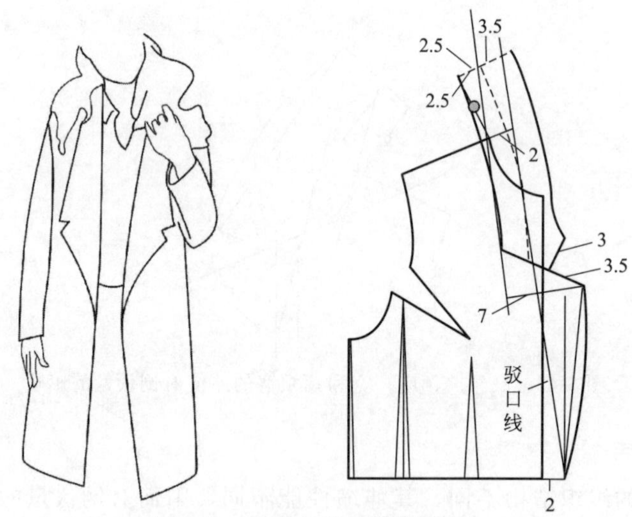

图 5-47　翻领加长的翻驳领结构

3. 戗驳领结构设计

这种领型的翻领和驳领在衔接处呈箭形，也叫箭领。用于男装时常与双排扣门襟相搭配，用于女装上则比较灵活。

结构设计要点如图 5-48 所示。

① 翻领领角的尺寸配比基本上与一般翻驳领相似，倒伏量和一般翻驳领相同。

② 驳领尖角造型应保持与串口线和驳口线所形成的夹角相似，或大于该角度，这种配比造型美观且工艺性好。

③ 驳领的尖领角伸出部分不宜超出翻领领角宽的一倍，否则领尖容易翘起。

④ 适当调整尺寸配比，可以变化出不同的戗驳领造型。

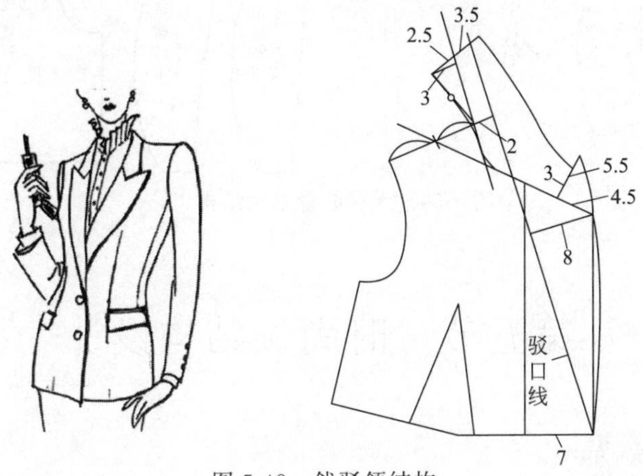

图 5-48 戗驳领结构

4. 青果领结构设计

青果领是一种翻领和驳领完全形成一个整体、没有领角，外形似青果的特殊翻驳领。青果领不用接缝时，表达浑然一体的整体造型效果。青果领可以用接缝，主要为了简化制作工艺，也有利于表达异色（异质）布料相拼的装饰效果。

结构设计要点：接缝青果领的结构与一般翻驳领相似，只是不设领角，且倒伏量要适当增大（图 5-49）。无接缝青果领的结构比较特殊，其处理方式一般与工艺相结合而进行（图 5-50）。

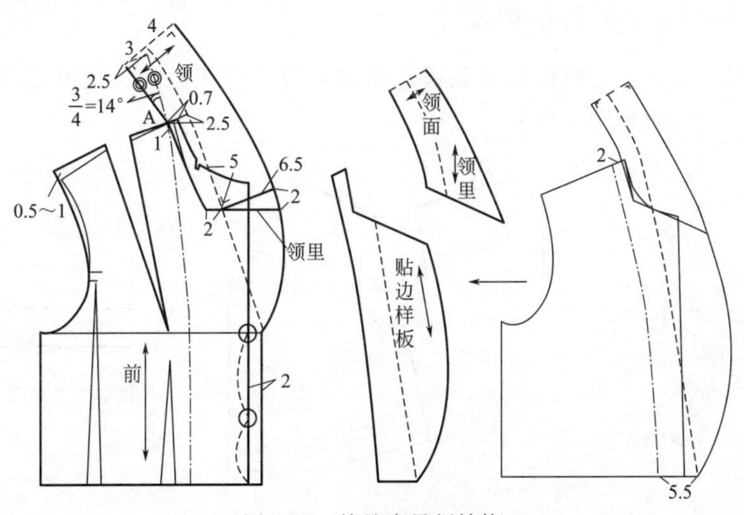

图 5-49 接缝青果领结构

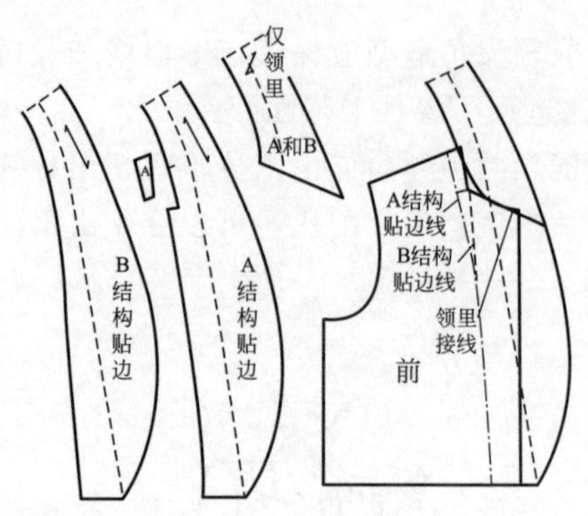

图 5-50　无接缝青果领结构工艺

视频 31　翻驳领结构变化

第五节　时尚领结构设计

预习思考

- 请同学们收集时尚领图片。
- 时尚领结构设计要点有哪些？

凡是不能归类于领口领、立领和翻领的领型都可归为变化领，如帽领、荡褶领等。变化领往往是组合型的，它是三大领型中最富有变化、应用范围最广的。它的结构有时简单，有时复杂，具有所有领型结构的综合特点。变化领型组合自由、变化多端。但是，基本的结构规律是不变的。

一、领口领＋立领结构设计

结构设计要点：按照款式图领口造型在衣身上修正领口，量准前后领口弧线长，绘制一般立领（图 5-51）。

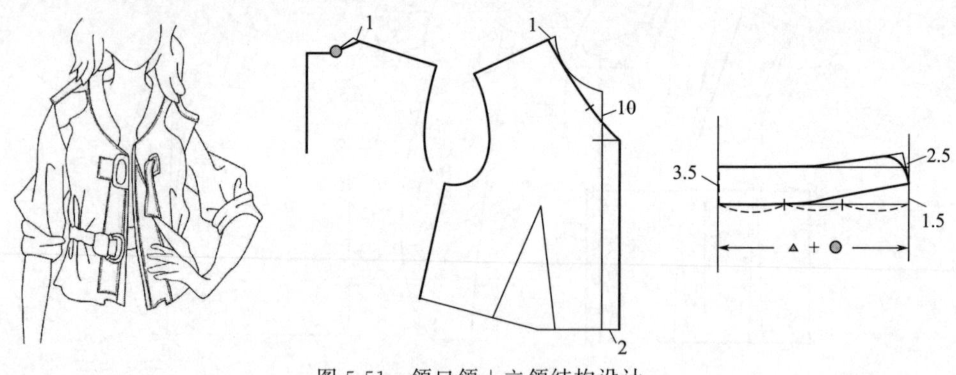

图 5-51　领口领＋立领结构设计

二、荡褶领结构设计

结构设计要点如图 5-52 所示。

① 衣片修正为无胸省结构。

② 修正领口线，设计辅助线。

③ 沿辅助线剪开，展开至适当造型，修顺外轮廓线。荡褶领的丝绺线为斜丝。

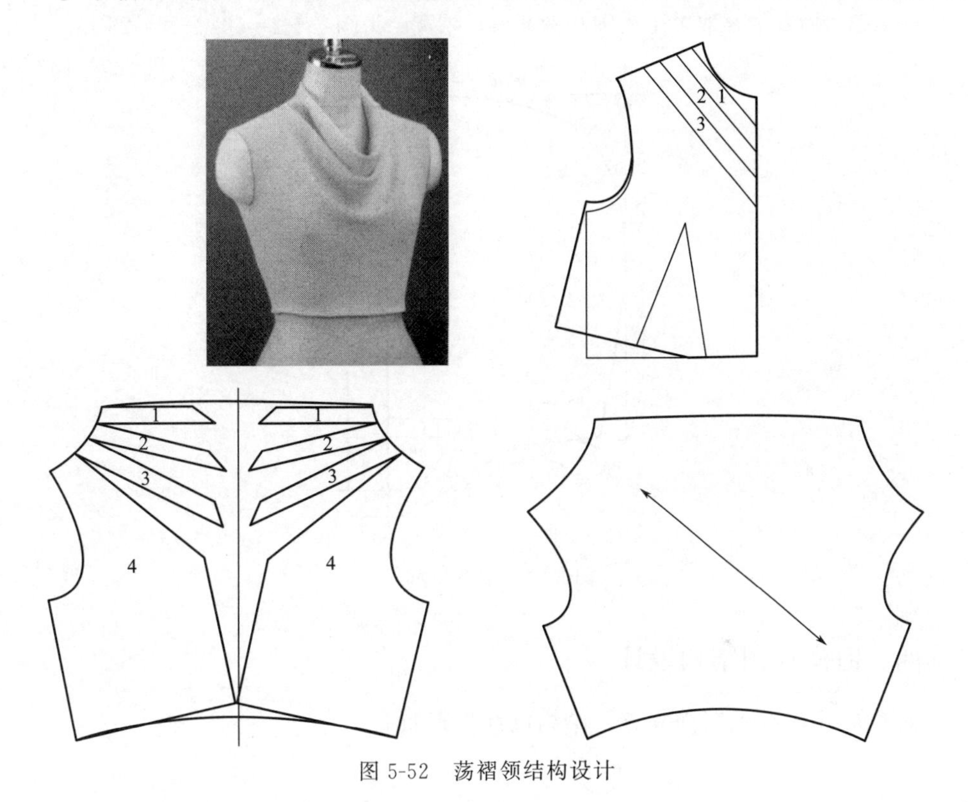

图 5-52 荡褶领结构设计

三、帽领结构设计

帽子与衣身连为一体称为帽领，有各种不同的款式和造型（图 5-53）。脱卸式连身帽也是比较常见的。组成帽身的片数以两片式和三片式居多。

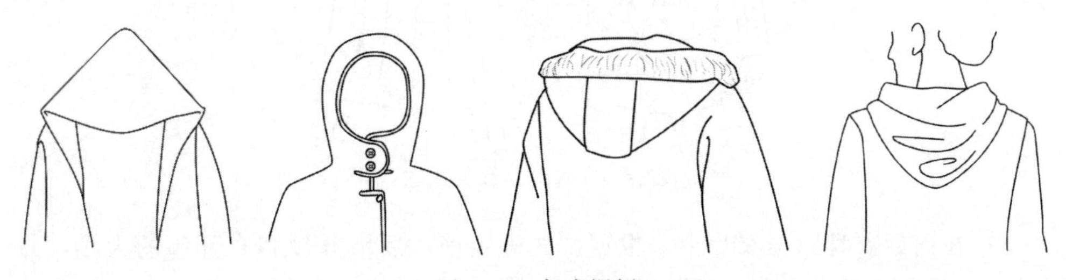

图 5-53 各式帽领

帽领结构设计要点如下。

① 连身帽与衣片领围线结合一般有两种方法，即直接缝合和脱卸式。脱卸式一般采用纽扣或拉链接合。

② 帽领结构设计有两个关键要素——帽高和帽宽。

帽的结构与人体头部紧密相关。帽高主要取决于头高和装帽的位置。如图 5-54 所示，装帽位置在颈肩部，帽高=(基本帽长+松量)/2+(3～5)=(60+6)/2+(3～5)=(36～38)cm。帽宽主要取决于头围和帽开口，帽宽=头围/2−2=56/2−2=26cm。

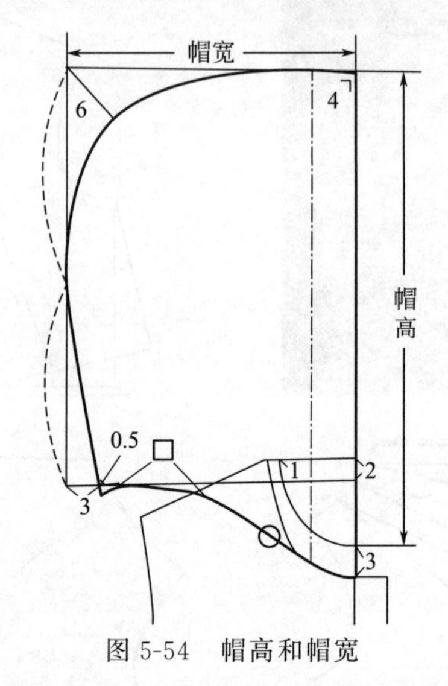

图 5-54　帽高和帽宽

四、时尚立领结构设计

款式如图 5-55 的时尚立领，结构设计步骤如下。

图 5-55　时尚立领款式图

① 在前后衣身原型衣片上，根据款式确定前、后横开领和直开领的大小，并画出前、后领围线的造型。量取后领围弧长○，如图 5-56 所示。

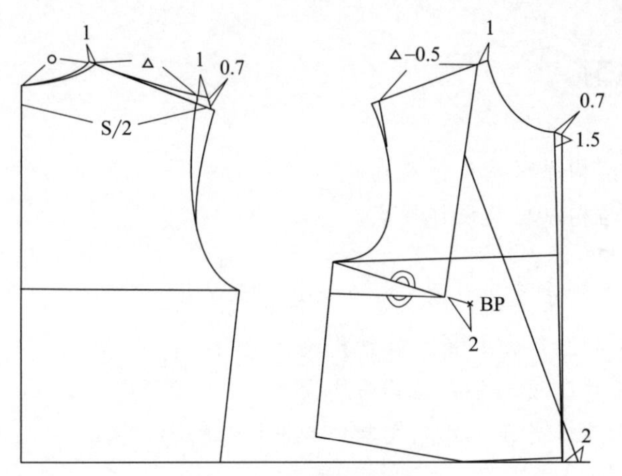

图 5-56　量取后领围弧长

② 按前领辅助线修正侧胸省尖，并将侧胸省转移到肩部至 BP 点的辅助线中。然后从肩颈部新省点开始向上延长绘制后领造型，长度为后领弧长。、宽为省量大小。如图 5-57 所示。

③ 根据效果图款式，添加前衣身在领口处褶裥的辅助线，如图 5-58 所示。

④ 沿辅助线剪切拉展所需的褶裥量，使拉展片与衣身在前中的重叠量不大于 0.6cm，尽可能小地减少误差，修正前中门襟弧线。

视频 32　变化领结构

⑤ 完成衣领的结构造型线，并作好必要的标注，如图 5-59 所示。

⑥ 检验与修正衣领下口弧长和衣身领围弧长。

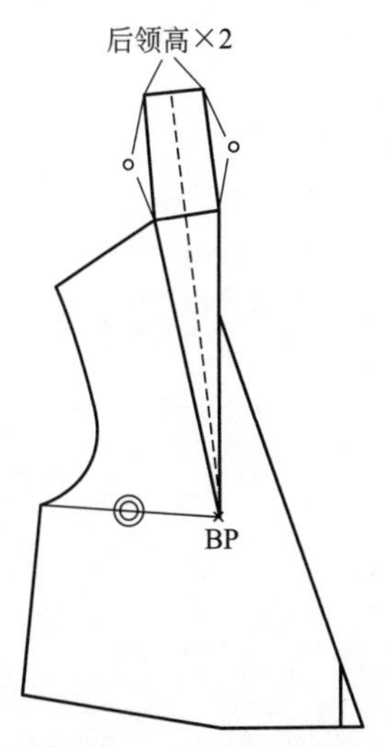

图 5-57　绘制后领

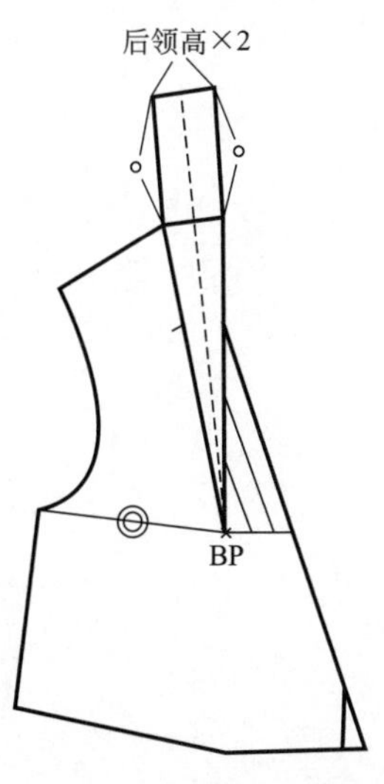

图 5-58　添加辅助线

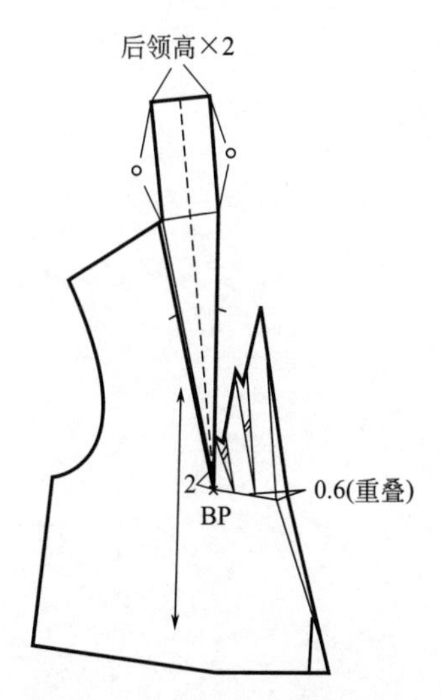

图 5-59　衣领的结构造型线

思考与练习

一、思考题

1. 简述立领结构原理及设计要点。

2. 简述翻领结构原理及设计要点。

二、项目练习

1. 查阅资料，收集各种典型衣领的结构设计方法。

2. 设计 3～5 款立领，并完成其结构设计。

3. 设计 3～5 款翻领，并完成其结构设计。

4. 设计 3～5 款时尚领，并完成其结构设计。

▶▶

第六章

衣袖结构设计

第一节　衣袖概述

视频 33　衣袖概述

预习思考

- 袖子有哪些分类?
- 你最喜欢哪类袖型? 为什么?

衣袖是包裹人体手臂的衣片，是服装结构变化的重要部件之一，也是结构变化的重要因素。衣袖的结构设计与衣身袖窿造型有着密切的关系，两者在结构上的吻合是提高配袖技术的重要因素。

衣袖的款型多式多样，从不同的角度可以有不同的分类。通常可按照袖长、袖片数、袖子的装接形式、袖子形态等对衣袖进行分类。袖子在结构上可长可短、可肥可瘦，袖口可宽可窄，还可对某些部位进行夸张造型，突出某种艺术效果。不过，各类袖型之间并不都是孤立的，有些袖型在结构上是可以互为利用和转化的。有的袖型特点不甚明确，但也是有一定规律可循的。

一、衣袖按照袖长分类

衣袖按照袖长可分为无袖、短袖和长袖三大类，介于无袖和长袖之间的，又可更具体地细分为超短袖（盖肩袖）、三分袖、四分袖、中袖、七分袖等。

二、衣袖按照袖片数量分类

衣袖按照袖片数量可分为一片袖、两片袖、多片袖等。一片袖常见于宽松服装，结构相对简单，造型多为直线型。两片袖一般多为合体袖，以西装袖造型为典型。宽松一片袖可通过肘省的结构处理形成合体的两片袖。

三、衣袖按照装接形式分类

衣袖按照装接形式可分为装袖、连身袖和插肩袖。袖片和衣身分别为独立裁片而缝接起来的为装袖，装袖是服装中最常用的、形式最丰富的袖型，又可细分为圆装袖和落肩袖等。衣身与袖身相连的主要有连身袖和插肩袖。连身袖又可细分为蝙蝠袖、和服袖及插片连袖等。插肩袖又可细分为肩章袖、育克袖等。

四、衣袖按照袖子形态分类

袖子的形态花样繁多，多以外部造型命名，常见的款型如图 6-1 所示，有泡泡袖、羊腿袖、喇叭袖、主教袖、荡褶袖、灯笼袖等。

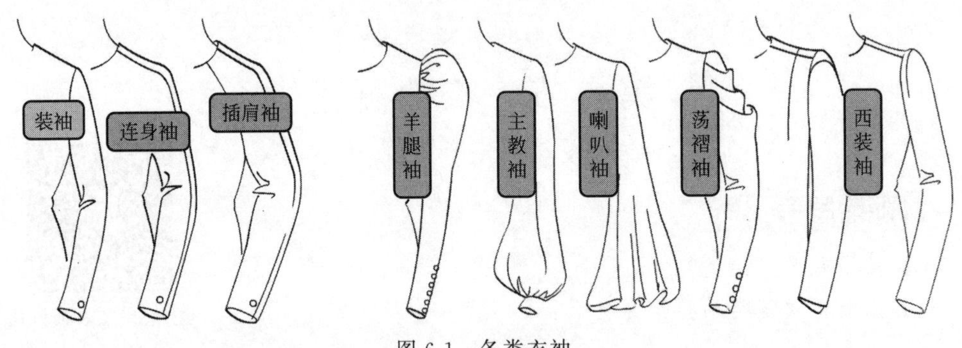

图 6-1　各类衣袖

第二节　装袖结构设计

预习思考

- 请同学们复习衣袖原型结构图。
- 装袖结构设计要点有哪些？

一、合体装袖结构设计

从人体侧面观察，手臂自然下垂时略向前倾，袖子是与人体手臂的形态相对应的。因此，合体袖结构设计时，一方面袖山结构要符合人体肩臂部形态，另一方面袖身结构需要符合人体手臂的自然形态。袖片上的袖肘线对应手臂肘部，是袖子设计袖弯的主要参考位置，袖弯的变化形式多样，也可在不同位置设省。合体装袖结构最常见的是合体一片袖结构和合体两片袖结构。

（一）一片式合体装袖结构设计（原型法）

一片式合体装袖是通过收肘省或后袖口省，将直筒袖身（袖原型）变为弯弧袖身，以符合手臂下垂时自然前倾弯曲的造型。结构设计要点如下。

（1）合体袖山　基于袖原型将袖山顶点抬高 1～2cm，重新画顺袖山弧线［图 6-2(a)］。

（2）袖中线偏斜　袖中线在袖口基准线处向前偏斜 2cm。

（3）袖口　设袖口大＝12cm，取前袖口大＝袖口大－1＝11cm，后袖口大＝袖口大＋1＝13cm，连接袖宽与袖口，画新的袖底缝辅助线。

（4）袖底缝　前袖底缝在肘线处凹进 1～1.5cm，后袖底缝在肘线处外凸 1～1.5cm，并在袖口顺势延长 1～1.5cm，修画新袖口弧线。

（5）肘省　肘省大（差量）＝后袖底缝长－前袖底缝长图 6-2(a)。

（6）袖口省　基于一片式肘省合体装袖结构，连接后肘线中点 A 与后袖口中点 B，即为后袖口省位线［图 6-2(b)］。用省道转移法将肘省转移到 AB 线，即为后袖口省，如图 6-2(c)。

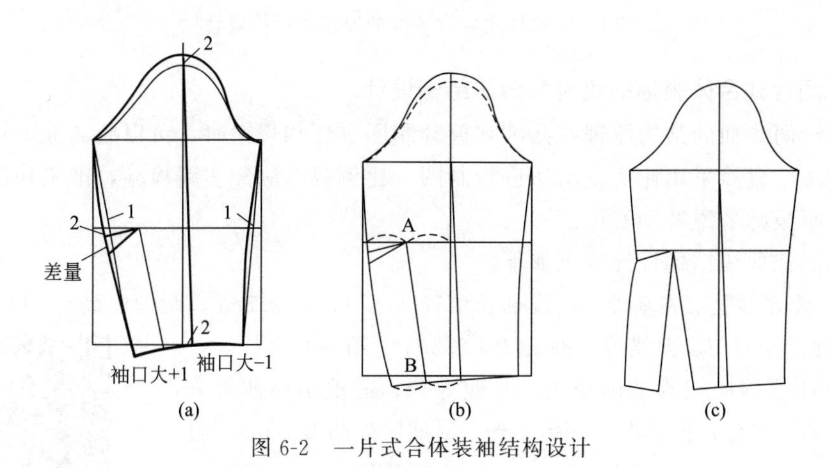

图 6-2　一片式合体装袖结构设计

（二）两片式合体装袖结构设计

通过肘省、后袖口省将直筒型袖身转化为弯弧型袖身，初步满足了合体袖型的要求。由于断缝比省缝更能达到合体的理想造型效果，为使合体袖造型更加完美，可采取纵向分割袖片的方式将一片袖式变为两片袖式。两片式合体装袖常见于西装、大衣等外套。

1. 两片式合体装袖的原型法结构设计

两片式合体装袖的结构原理是通过肘省转移、断缝和大小袖互补的结构处理而获得两片式合体装袖。结构设计要点如下。

① 基于一片式合体装袖的袖口省结构，分别在前袖宽、前袖肘、前袖口处纵向截取 4cm 宽的前小袖部分；后袖口省的省端点连接后袖宽等分点并向上顺延至后袖山弧线，截取后小袖部分，如图 6-3(a)。

② 前小袖部分与后小袖部分拼合，如图 6-3(b)。在右边除去拼合中间空缺的相似部分，得到如图 6-3(c) 所示的两片式合体装袖的小袖片和大袖片。

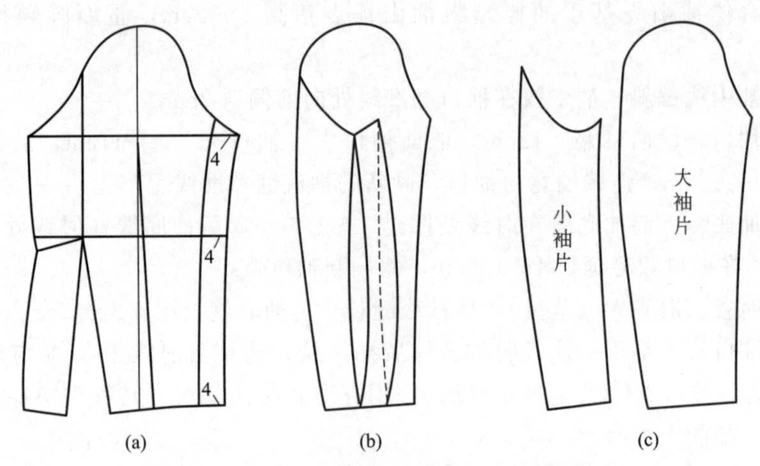

图 6-3　两片式合体装袖的原型法结构设计

2. 两片式合体装袖的比例裁剪法结构设计

明确两片袖的结构原理并熟练掌握其制图方法和规律时，可以脱离原型袖结构设计方法，直接采用比例裁剪法进行制图。比例裁剪法经实践检验，准确快捷，尤其对于制板师来说特别实用。

比例裁剪法结构设计要点如下。

① 长方形框架和基础线：设袖长＝57cm、AH＝42.5cm，则袖山高＝AH/3、袖山斜线长＝AH/2、肘线位＝袖长/2＋2.5cm［图 6-4(a)］。

视频 34　合体袖结构

② 上平线中点为袖山顶点，并四等分；前袖山高四等分，后袖山高三等分；前袖肘处凹弧 1cm，后袖肘处凸弧 1cm；前袖偏量○＝3cm；前袖口上抬 0.8cm，后袖口下落 0.8cm，设袖口

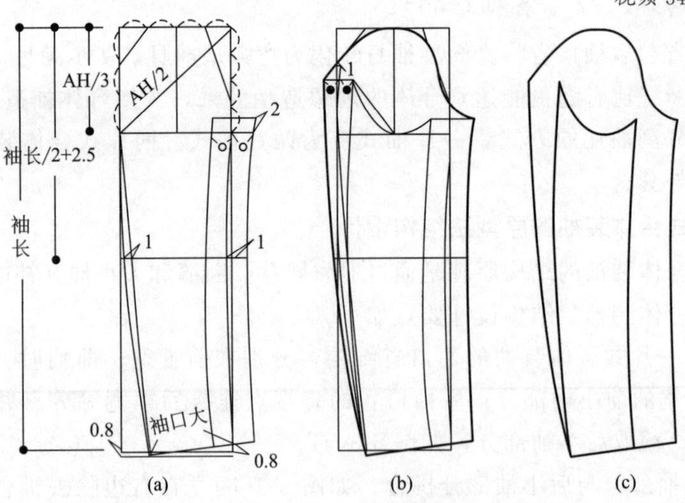

图 6-4　两片式合体装袖的比例裁剪法结构设计

大=12cm，画顺袖口线［图 6-4(a)］。

③ 后袖缝与后袖山线交点处撇进 1cm，后袖偏量•=2cm，由上往下至后袖口处，偏袖量顺势消失图 6-4(b)。

④ 最终的大、小袖片［图 6-4(c)］。

二、宽松袖结构设计

宽松袖最具装饰特征，结构简单，制作容易，变化丰富且灵活。分割和褶裥结合剪开法是宽松袖结构设计最常用且最出效果的方法。泡泡袖、羊腿袖、花瓣袖等都是经典的宽松袖型。

（一）泡泡袖结构设计

款式特点：如图 6-5(a) 所示，袖山头因为加入一定的褶量而达到较蓬松饱满的“泡泡”效果，凸显圆润的装袖外轮廓造型。

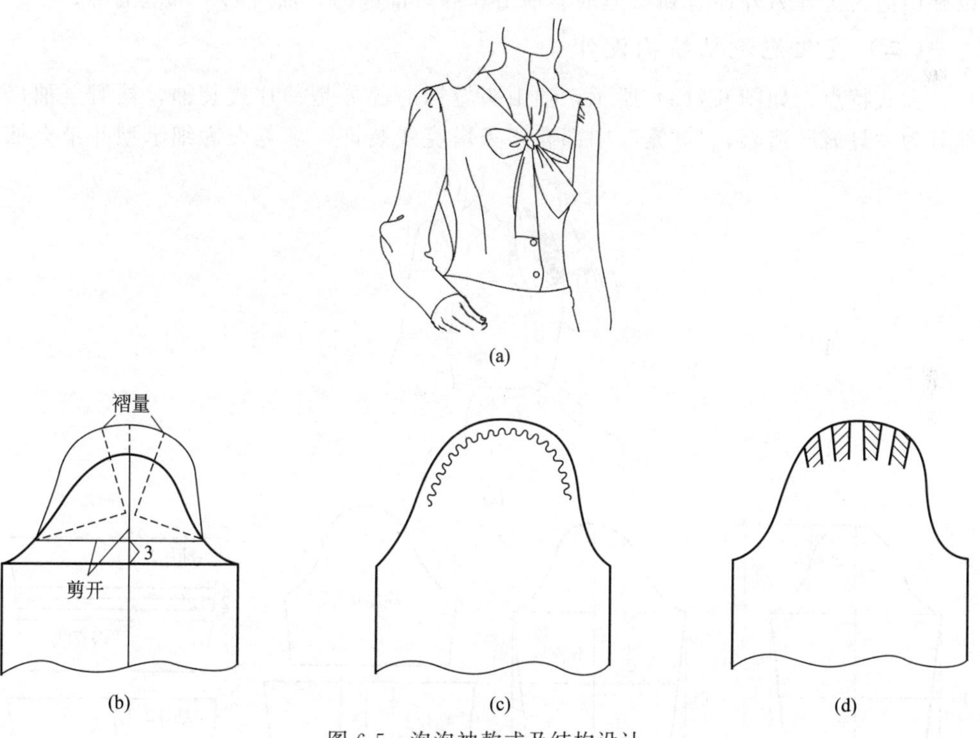

图 6-5　泡泡袖款式及结构设计

结构设计要点：

① 袖山头加入“泡”的褶量，但袖宽不增加。实践经验表明，距袖宽线 3cm 以上将袖山头打开放入褶量，袖山高相应增高，这样制成的泡泡袖工艺性好、穿着舒适美观，结构如图 6-5(b) 所示。实际制作时，袖山褶可采用不规则抽褶工艺，结构如图 6-5(c)，也可采用规则的褶裥工艺，结构如图 6-5(d)。

② 袖山泡还有另一种情况是袖山连带袖身一起放“泡量”。将整个袖身片进行均匀分割，根据造型所需设计总褶量（假设为10cm），在袖山弧线一边的每个分割处分别加入等份褶量（2cm），并适当抬高袖山高，结构如图6-6所示。

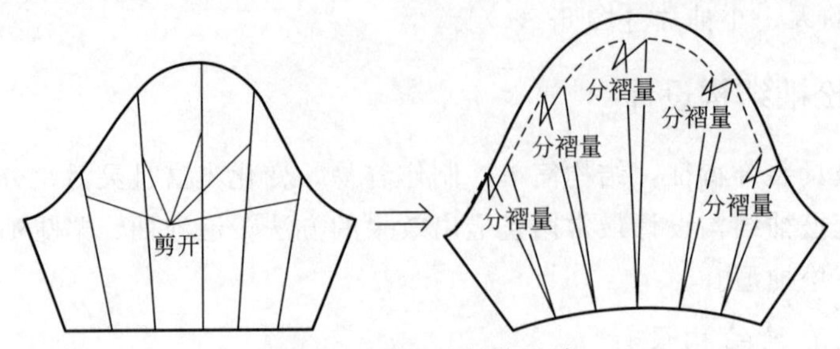

图6-6 泡泡袖结构设计

根据“泡”的位置不同，泡泡袖外观造型效果还会有细节上的不同。一般主要以袖山泡为主，另外还有袖口泡的、袖山和袖口都泡的、袖身的中部泡的等。

（二）变化泡泡袖结构设计

款式特点：如图6-7(a)所示，袖山头至袖肘部分是一片式装袖，袖肘至袖口部分为“灯笼”造型，“灯笼”中部有4条塔克线装饰，袖克夫为细窄型并带有抽

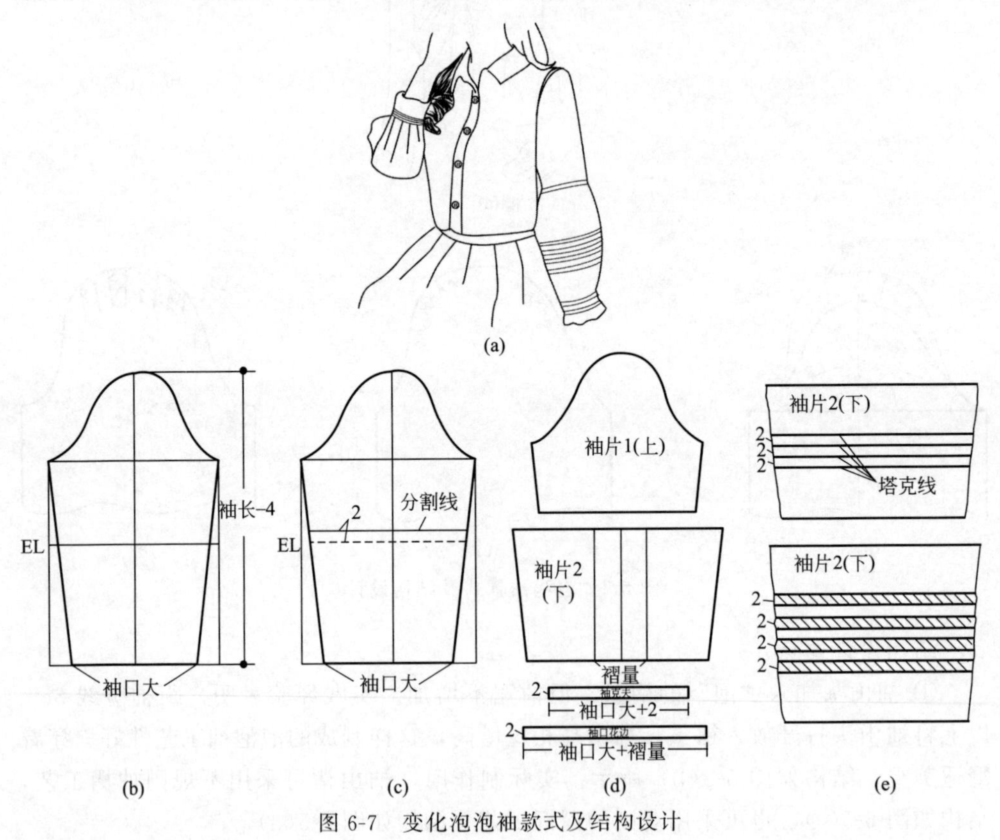

图6-7 变化泡泡袖款式及结构设计

褶式花边，整袖外形柔美可爱。

结构设计要点如下。

① 设袖长＝57cm，袖口大＝12cm。

② 取女装一片袖原型，设总袖长＝57cm，袖片长＝57－2(袖克夫宽)－2(袖口花边宽)＝53cm，袖口大＝12cm，则前袖口大＝12－0.5＝11.5cm，后袖口大＝12＋0.5＝12.5cm，如图 6-7(b)。

③ 根据款式图设计袖中部的水平分割线位置为肘线上移 2cm 处，如图 6-7(c)。

④ 袖片纵向共分为四部分：袖片 1（上）、袖片 2（下）、袖克夫、袖口花边，袖片 2（下）水平展开褶量 10cm，如图 6-7(d)。

⑤ 在袖片 2（下）水平展开褶量的基础上设计 4 条横向塔克线，塔克线间隔 2cm；每一条塔克线各放入褶量 2cm，如图 6-7(e)。

（三）羊腿袖结构设计

款式特点：如图 6-8(a)，长袖，袖头大量皱褶，袖上臂部分呈丰满大泡状，袖下臂部分收小贴臂，整袖形似羊腿。

(a)

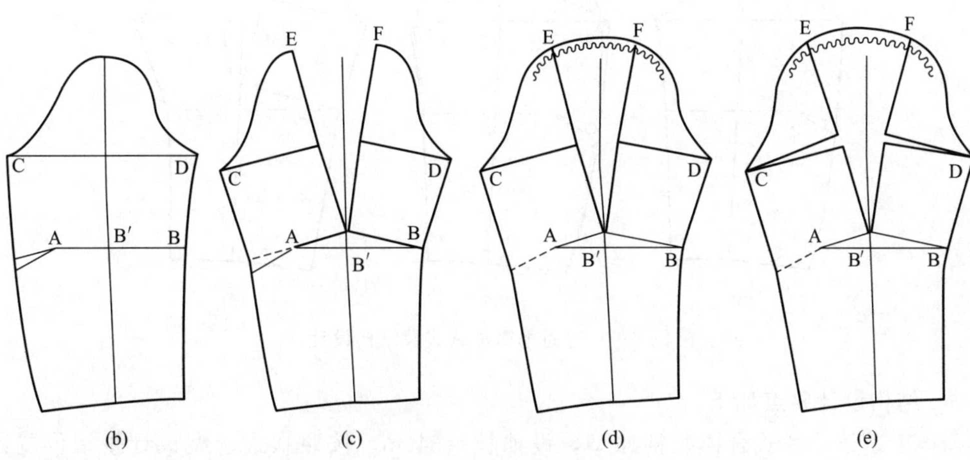

图 6-8　羊腿袖款式及结构设计

结构设计要点如下。

① 基于一片式合体装袖袖片［图 6-8(b)］，袖后部转移肘省至肘线分割线 AB′，袖前部肘线 B′B 对应展开，结构如图 6-8(c) 所示。

② 画顺袖山弧线和前后袖底缝线，EF 为袖山褶量，如图 6-8(d) 所示。

③ 如果需要继续增加袖山褶量，则可以再剪展袖宽线 CD，结构变化如图 6-8(e) 所示，最后画顺新的袖山弧线和前后袖底缝线。

（四）时尚垂褶袖结构设计

款式特点：如图 6-9(a)，单裁一片合体袖片，袖山头圆顺饱满，袖山部两个垂褶相叠，凸显时尚性。

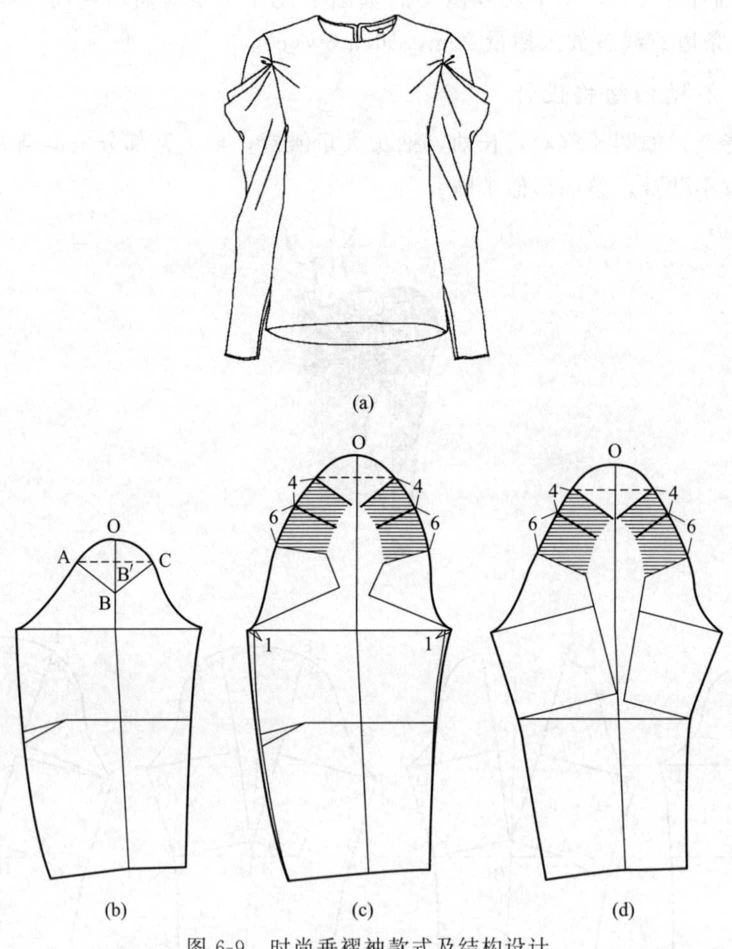

图 6-9　时尚垂褶袖款式及结构设计

结构设计要点如下。

① 基于一片式合体装袖原型，设袖长＝54cm，按照款式造型设计垂褶位置：OB＝9cm，弧长 OA＝8.5cm，OB′＝4cm，如图 6-9(b)。

② 根据设计的垂褶位置线 AB、BC 在袖宽线以上剪切展开，以袖中线为对称轴左右对称，袖宽两边各加宽 1cm，加入两个垂褶量分别为 4cm 和 6cm，修顺新的袖山弧线和前、后袖底缝线，如图 6-9(c)。

③ 此款也可在袖肘线以上剪切展开，以袖中线为对称轴左右对称，加入两个垂褶量分别为 4cm 和 6cm，修顺新的袖山弧线和前、后袖底缝线，如图 6-9(d)。

(五) 断缝袖结构设计

款式特点：如图 6-10(a)，以两片式合体装袖为基础，在袖山头设置平行于袖山弧线的分割线，肩宽被强调的同时，袖山部分增强了线条的挺括感，时尚而有型。

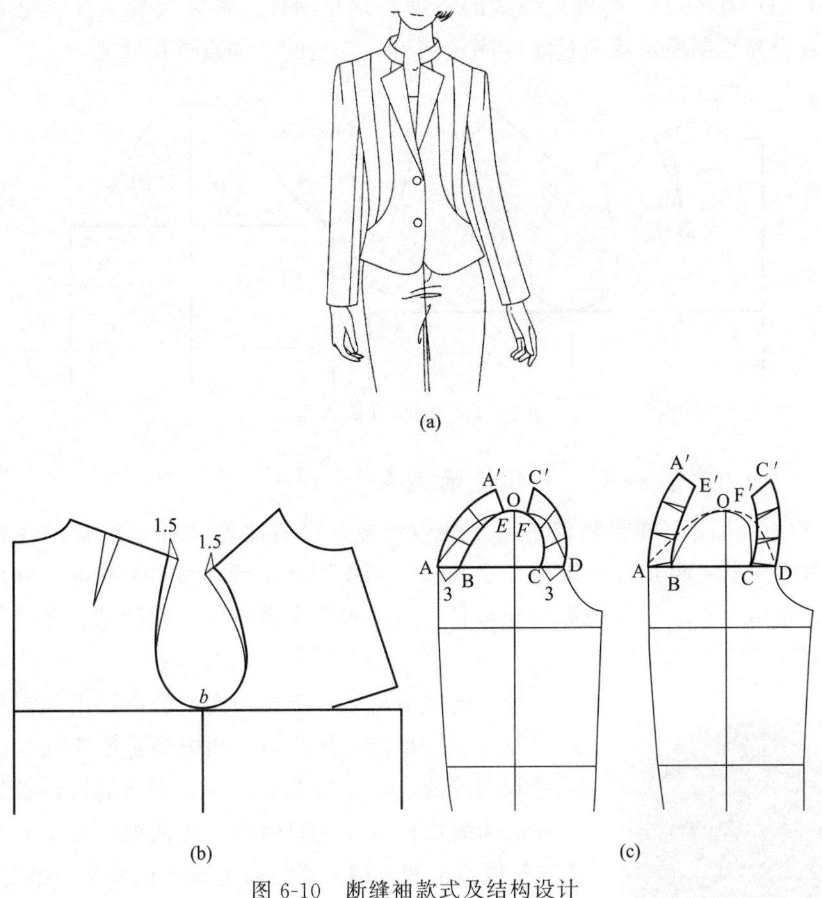

图 6-10 断缝袖款式及结构设计

结构设计要点：

① 由于袖片的袖山部分有加宽的量，前后衣身片在肩部就需要设计相应的缩减量，这样可以保持整体造型的平衡与美观。如图 6-10(b) 所示，基于前后衣身片原型，在前后肩点（SP）处沿肩线各自缩减 1.5cm；基于两片式合体装袖的袖

片原型，根据款式造型设计分割线的造型和位置，即弧线 BOC，袖山增量设为 3cm，即 A′E＝C′F＝3cm，EO＝OF＝1.5cm，AA′＝AO，DC′＝DO。

② 在袖山造型上沿分割线剪切并展开，使 $\overset{\frown}{BE'}=\overset{\frown}{BO}$，$\overset{\frown}{CF'}=\overset{\frown}{CO}$，最后画顺外轮廓弧线，如图 6-10(c)。

视频 35　装袖结构设计

三、装袖结构原理

（一）袖山线与袖窿线的关系

袖片的袖山线是与衣片的袖窿线连接缝合的，不论袖子如何变化，袖片的袖山弧线与衣片的袖窿弧线在长度上应该达到平衡，如图 6-11 所示，袖窿弧线的长度 AH（前 AH＋后 AH）与袖山弧线的长度必须相吻合。袖窿弧长 AH 的数值可在前、后衣身片绘制完成后通过实际测量获得，它是配袖的重要尺寸之一。

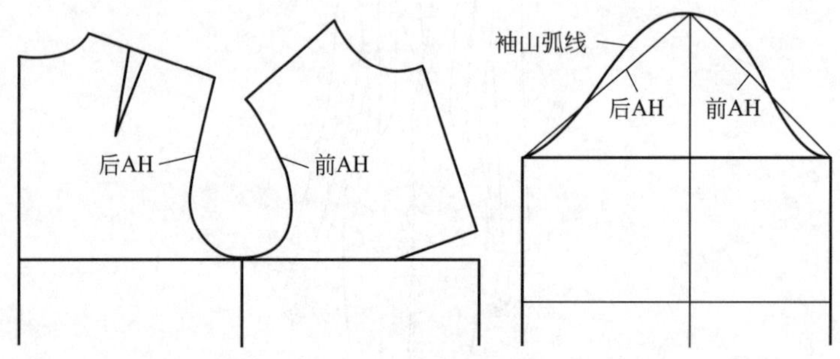

图 6-11　袖窿弧长 AH

（二）袖山高、袖宽、合体度的关系

手臂由臂山高、臂围和臂长三个部位组成，过肩端点（SP）经腋围线构成臂根围，基本臂长＝臂山高＋腋根至手腕长。当手臂向上活动呈水平状时，臂山高缩为最短；手臂下垂时，臂山高增至最长。合体袖与手臂围的基本活动空隙量为 2cm 左右。

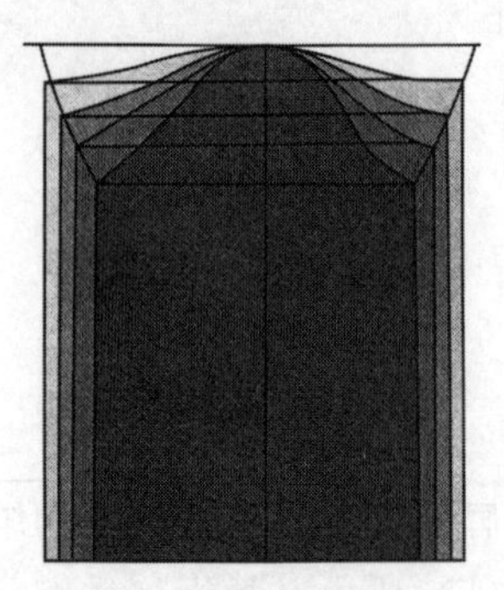

图 6-12　袖山高与袖宽的反比关系

袖片的袖山高对应于臂山高，是指袖山顶点到袖宽线（对应于臂根围）的距离，袖山高是影响袖型变化的关键制约因素，袖宽与衣身也有着密切的协调关系。衣身片的袖窿弧长 AH 是配袖的重要依据。假定袖窿弧长 AH 长度值不变，袖山高与袖宽成反比关系：袖宽窄时，袖山则高；反之，袖宽宽时，袖山则低（图 6-12）。

假定 AH 的长度值不变，当袖山较高、袖宽较窄时，袖窿的造型呈近似椭圆状，如图 6-13 所示，这时袖身呈现的是较合体状态；反之，当袖山较低、袖宽较宽时，袖窿造型狭长，如图 6-14 所示，袖身宽松便于运动。

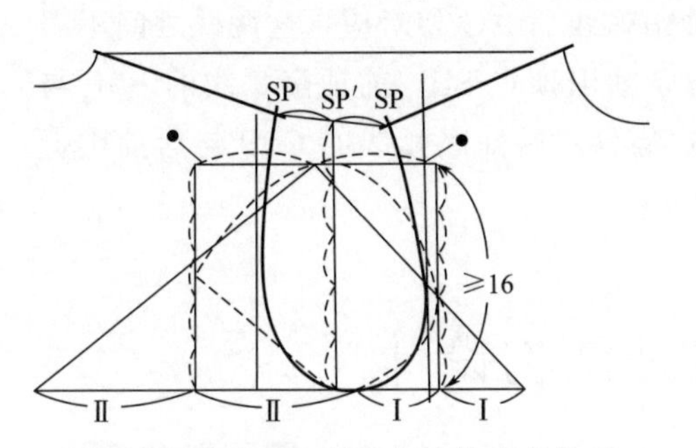

图 6-13　袖山高、袖宽与合体度的关系

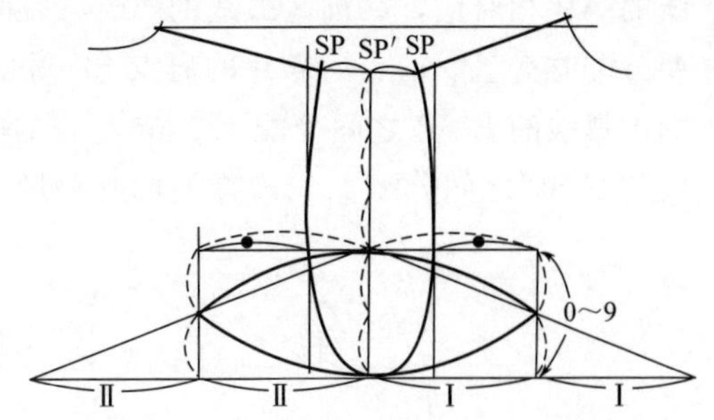

图 6-14　袖山高、袖宽与合体度的关系

（三）袖山弧长与袖窿弧长的关系

1. 袖山吃势量

装袖的袖山弧长与袖窿弧长是以一定的等量关系相吻合的。袖山部分加放一定的吃势量，即袖山弧长＝AH(袖窿弧长)＋吃势量，能使袖山头饱满而圆顺。配袖时，袖山斜线取值 AH/2，绘制出的袖山弧长比袖窿弧长多 1～3cm，即为绱袖时的吃势量。

袖山弧线的吃势量既不能过大也不能过小，吃势量过大，袖山起皱；吃势量过小，袖山发紧。袖山吃势量因面料、缝制的工艺方法等不同而不同，如精纺面料较粗纺面料吃势量小。绱袖时缝份的倒向不同，吃势量也不同，若缝份倒向袖子，袖山吃势量就大；缝份若倒向衣身时，可以不需要吃势量。一般地，袖山越高，吃势量越大，垫肩越厚，吃势量越大，反之则小。

在实际制作过程中，增加或减少袖山吃势量，主要是通过增减袖山高和袖宽这两个变量来实现。袖山的吃势量需要反复试验（样衣），直至达到最佳效果。

2. 吃势量分配

袖山吃势量是根据手臂结构和运动规律来进行分配的。以合体女西装圆袖总吃势量 3cm 为例，吃势量的分配如图 6-15 所示：前衣身袖窿弧线的 AB 与前袖山弧

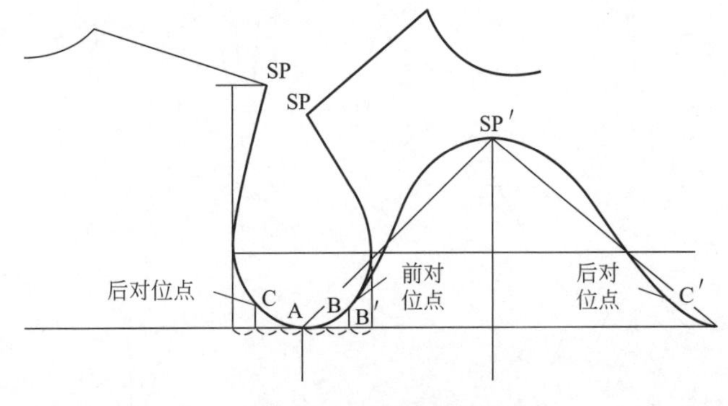

图 6-15　吃势量的分配

线的 AB′相对应，后袖窿弧线的 AC 与后袖山弧线的 AC′相对应，这两段之间不需要分配吃势量。前、后衣片的肩点 SP 对位于袖山顶点 SP，前袖窿弧线的 BSP 与袖山弧线的 B′SP′之间分配 1.3cm 左右的吃势量，后袖窿弧线的 CSP 与后袖山弧线的 C′SP′之间分配 1.7cm 左右的吃势量。

第三节　连身袖结构设计

视频 36　袖结构原理

预习思考

- 请同学们收集连身袖图片。
- 连身袖结构设计要点有哪些？

连身袖，顾名思义，是指衣身部分或衣身的一部分与袖身连为一体的袖型。从历史上看，连身袖服装是人类最古老的服装，几千年来，我国传统服装一直保持着平面连身袖的造型方式，没有太大的变化，它代表了一种非常简单的、使面料适体的原始的裁剪方法。连身袖没有袖窿线，一般在袖子的肘部附近有拼接线，肩型平整圆顺。

连身袖造型有袖根宽松肥大、袖口收紧的设计，有筒形的合体设计，也有喇叭袖口的设计。宽松连身袖还可细分为中式的平连袖、西式的蝙蝠袖等，合体连身袖则可细分为和服袖、插片连袖等（图 6-16）。

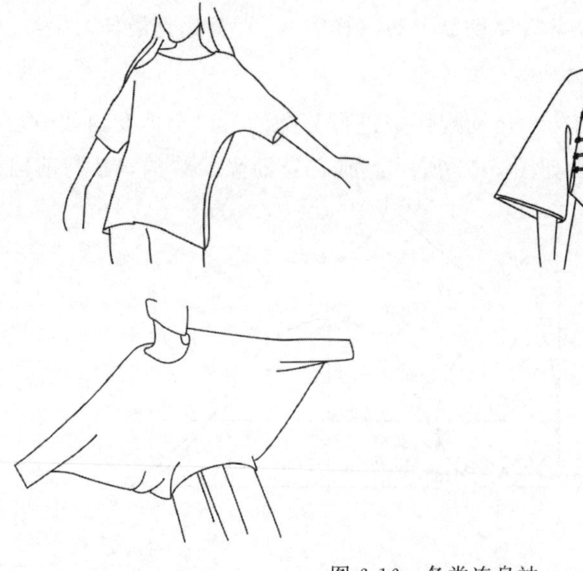

图 6-16　各类连身袖

一、连身袖结构原理

（一）袖中线的倾斜角

人体手臂抬起的程度受到衣袖腋下余量的制约，连身袖的袖中线倾斜角能最直观地体现衣袖的功能，即着装后手臂抬起的程度，对衣袖造型和手臂运动有着重要的影响。连身袖的衣身与袖片相连，结构上的造型处理较简单、直观，袖中线倾斜角成为连身袖结构设计的重要因素。

在连身袖的结构设计中，确定袖中线倾斜角最常用的方法有角度法和比例法。角度法是用量角器直接量取的方法［图 6-17(a)］。比例法是过肩端点（SP）画 15cm 水平线，再过水平线端点向下画 x 垂线，以 x 垂线长来调整袖中线倾斜度［图 6-17(b)］。

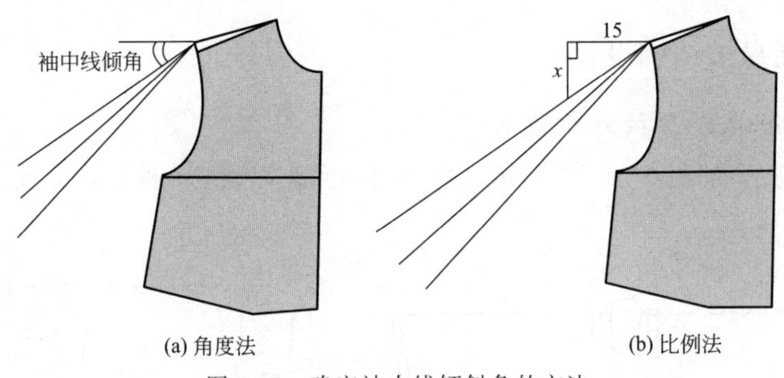

图 6-17 确定袖中线倾斜角的方法

虽然角度法和比例法是两种不同的方法，但是两者之间有着可换算的对应关系，一般地，x=0～5.5cm 时，对应袖中线倾角 0°～20°，此时的衣身与袖之间存在一定的间隙量，造型宽松、手臂活动自如，属于宽松型连身袖。

x=8.7～15cm 时，对应袖中线倾角 30°～45°，此时的衣身与袖之间的间隙量较少，袖型趋向合体。

袖中线倾斜角≥55°时，衣身与袖之间基本上没有间隙量，袖型合体紧身、美观但实用功能不足。

（二）袖山高、袖宽与袖中线倾斜角

除袖中线的倾斜角之外，袖山高是连身袖结构设计的又一重点要素。装袖的袖山高与袖宽之间的反比关系同样存在于连身袖结构［图 6-18(a)］。连身袖的袖山高、袖宽与袖中线倾斜角密切相关联［图 6-18(b)］。假设衣身袖窿弧线的长度不变，袖中线倾斜角越大，袖山高越高，袖宽越窄小；袖中线倾斜角越小，袖山高越低，袖宽越宽大。袖中线倾斜角与袖山高有着一定的对应关系，袖中线倾斜角=0°～20°时，袖山高≈(0～10)cm；袖中线倾斜角=21°～30°时，袖山高≈(10～14)cm；袖中线倾斜角=31°～45°时，袖山高≈(14～17)cm。

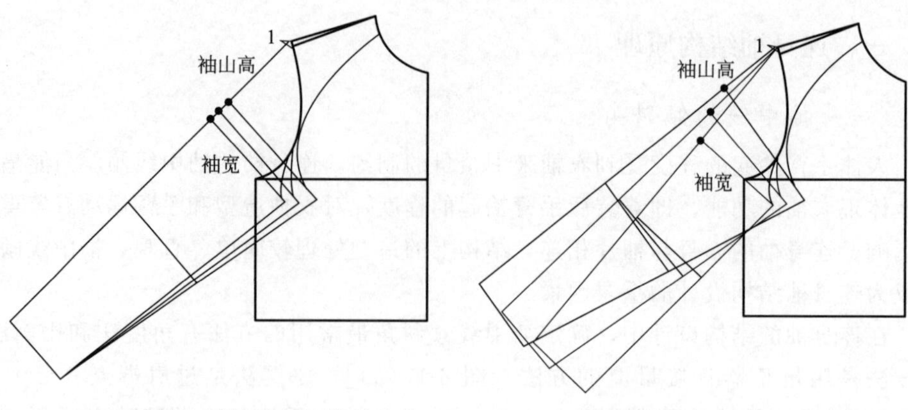

(a) 插肩袖袖山高与袖宽的反比关系　(b) 袖中线斜度与袖山高、袖宽的关系

图 6-18　袖山高、袖宽与袖中线倾斜角

二、连身袖结构设计

（一）经典连身袖结构设计

款式特点：如图 6-19(a) 所示，衣身与袖完全相连成直线状，立领、斜襟、圆摆、喇叭袖口。

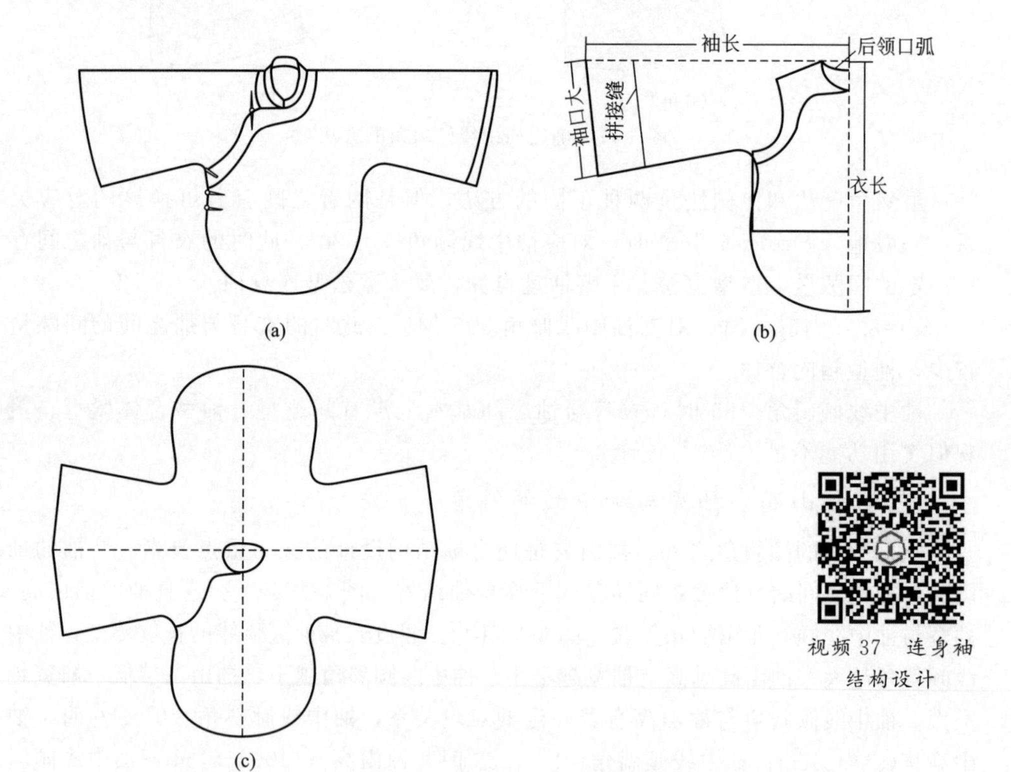

图 6-19　连身袖款式及结构设计

结构设计要点如下。

① 以衣身原型衣片为基础，按照实物照片的款式外形及衣长、领口、袖长、袖口大尺寸绘出结构图，如图 6-19(b) 所示。

② 衣片前后、左右各自对称展开，如图 6-19(c) 所示，可以一整片裁剪，但会遇到一个问题就是面料的门幅宽度不够，解决这个问题可以用断袖的方法，即在袖子中下部拼接［图 6-19(b)］。

（二）蝙蝠袖结构设计

款式特点：如图 6-20(a) 所示，袖窿深至下摆，袖肥宽大，袖口为合体尺寸，手臂平展时外形似蝙蝠展翅，故称蝙蝠袖。手臂下垂时腋底皱褶较多。

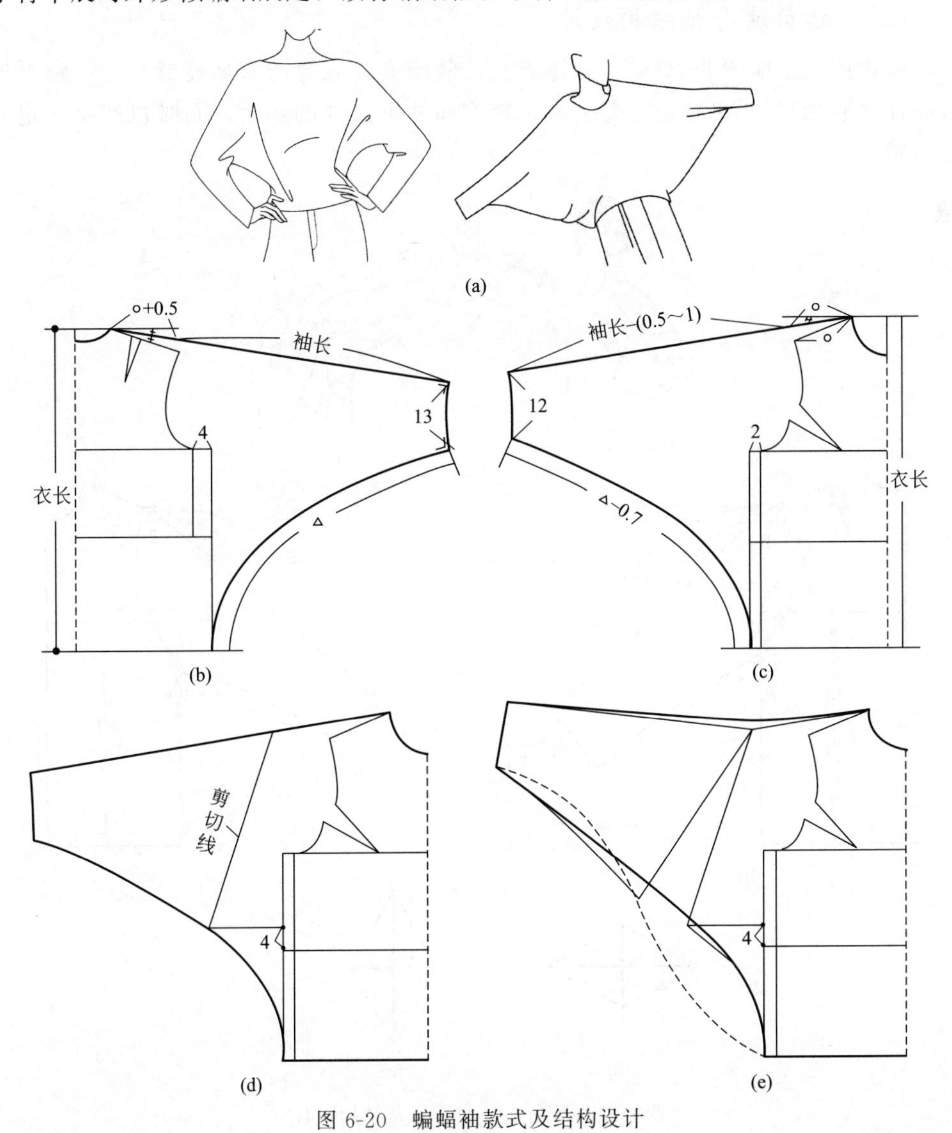

图 6-20　蝙蝠袖款式及结构设计

结构设计要点如下。

① 取前后衣片原型，因蝙蝠袖是很宽松的服装，省道已经不起任何作用，用平衡前后衣长、肩斜度和袖长来进行结构图的绘制即可，如图 6-20(b)、图 6-20(c) 所示。

② 衣袖与衣摆相连时，手臂上抬会受到衣摆的束缚。如果想让手臂上抬时有充分的上提量，可以采用剪切线的方法来实现。如图 6-20(d) 所示，在适当的肩宽处和腰线附近处设计剪切线，沿剪切线剪切并展开至水平线及以上，重新连顺肩袖线、袖底缝和侧缝线，如图 6-20(e) 所示，图中袖底缝线处的虚线表示蝙蝠袖可能的另一种造型线。后片的绘制方法同前片。

③ 前、后衣片的肩袖线、袖底缝线必须吻合。

（三）插角连身袖结构设计

款式特点：如图 6-21(a)，合体衣身，收腰省，衣身与衣袖连成一片，腋下加入插片（袖裆），既可补充手臂上抬时腋下和袖下尺寸的不足，同时也产生一定的立体感。

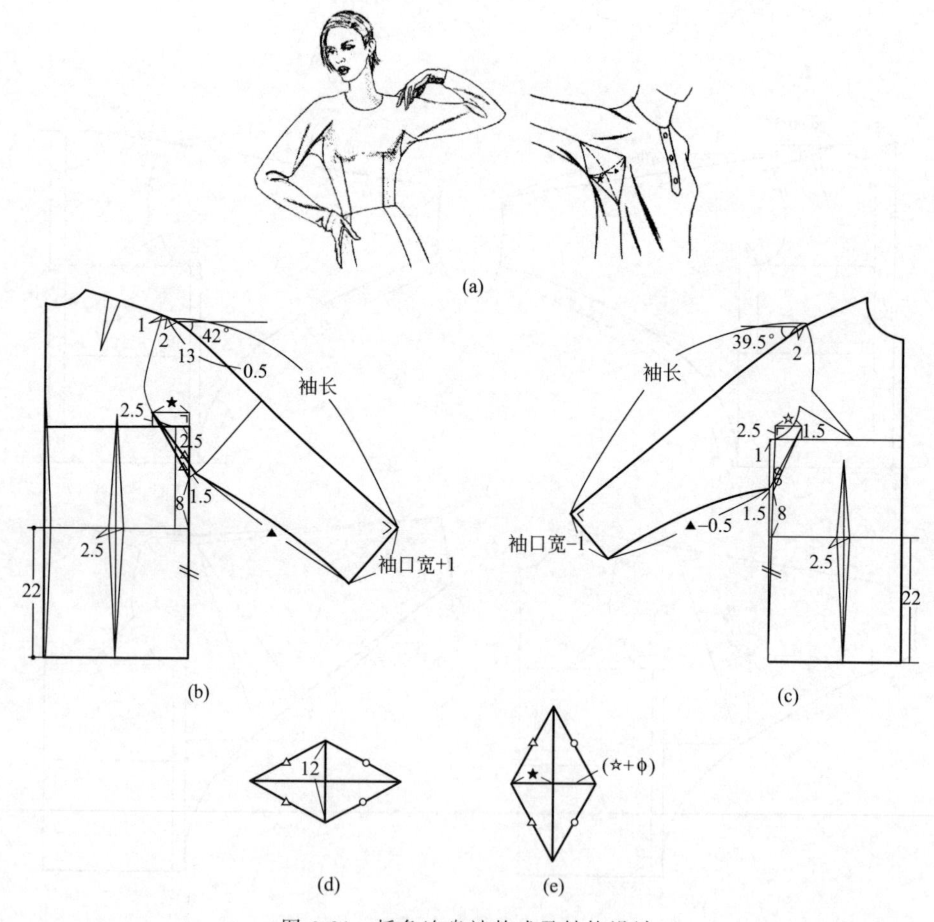

图 6-21 插角连身袖款式及结构设计

结构设计要点如下。

① 如图 6-21(b)、图 6-21(c) 所示，在衣身原型基础上画出合体连身袖，在腋下确定插角片的位置，测定后插角片长度△、前插角片长度○。

② 根据测定的前、后插角片长度单独画出菱形插角片。菱形插角片的边长满足要求时，菱形的造型可以有两种，如图 6-21(d) 和图 6-21(e)。在图 6-21(e) 的造型中，插角片的宽度与衣身在胸围围度方向基本吻合，所以立体感更强些。

③ 插角片的结构设计必须注意以下三点：一是袖中线与水平线夹角应在 0°～45°，以避免插角片或袖下余量过大而影响外观；二是腋下开缝的位置应具有隐蔽性，使插角片遮在臂下；三是巧用衣身分割线，将插角片结构包含在衣身或衣袖结构之中。

三、插肩袖结构设计

插肩袖的结构特点在于袖片的袖山部分与衣身的肩颈部分相连接，是介于连身袖和装袖之间的一种袖型，现有教材大多将插肩袖归类于连身袖。插肩袖在服装中应用广泛，多用于夹克、运动服、大衣、风衣等。插肩袖有一片式、两片式、三片式的，有宽松式、合体式等（图 6-22）。插肩袖的肩袖分割线走向变化也较多，形成插肩袖、肩章袖、育克袖、半插肩袖等。

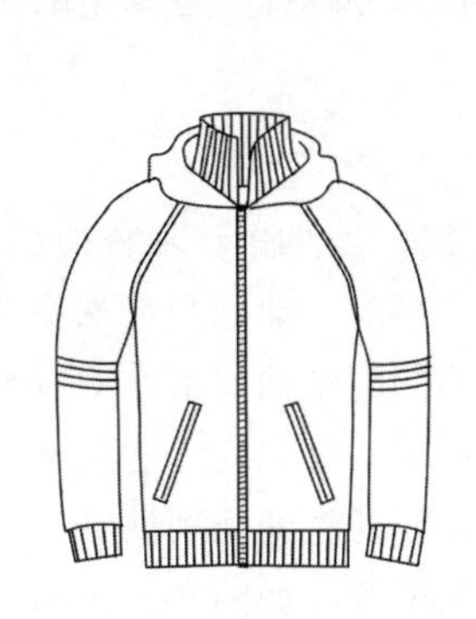
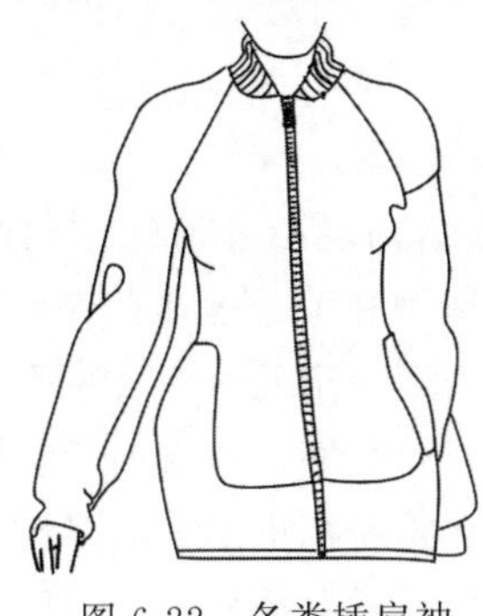

图 6-22 各类插肩袖

（一）插肩袖结构制图

一般插肩袖的结构制图是在前、后衣身片的原型基础上进行，便于初学者理解和掌握，如图 6-23。

① 作袖中辅助线：以文化式八代原型的前衣片原型为基础，过肩点（SP）作与水平线成 45°的袖中辅助线，长为袖长 54cm。

② 作袖宽线：从肩点沿袖中辅助线取八代原型袖的袖山高（约 AH/3），画袖中辅助线的垂线，即袖宽辅助线。

③ 确定袖宽：在领口弧线上 1/3 或 1/2 处取一点 A，向衣身袖窿弧线引切线，设切点为 B。从 B 点向袖宽辅助线做弧线 $\overset{\frown}{BC'}=\overset{\frown}{BC}$，确定 C′点，EC′即袖宽。

④ 作袖口线：袖口线垂直于袖中辅助线，袖口 DD′＝袖口宽－1cm，设袖口宽＝13cm，则 DD′＝12cm。

⑤ 作袖底缝线：连接 C′D′即为袖底缝线。

⑥ 过 ABC′点画顺插肩袖的袖山弧线，过 F(SP)ED 点修顺插肩袖的袖中线。

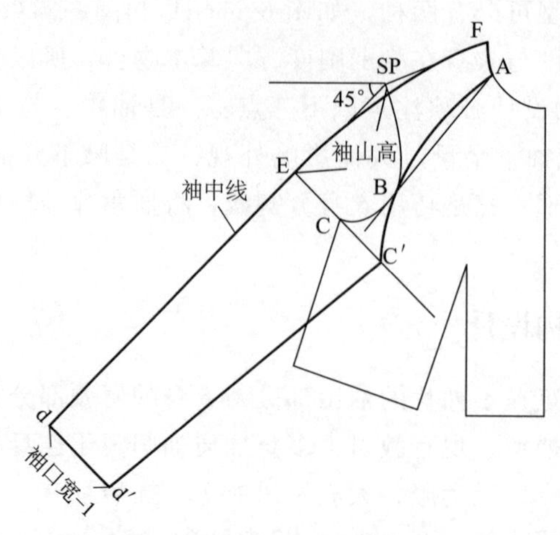

图 6-23　插肩袖前袖片结构制图

后袖片的制图步骤和方法与前袖片相同，不同之处在于基础衣片为原型的后衣片，后袖口 dd′＝袖口宽＋1。

（二）插肩袖结构设计

插肩袖结构可归类于连身袖结构，连身袖的结构原理完全适用于插肩袖结构，如插肩袖的袖中线倾斜度对衣袖造型和手臂运动有着重要的影响、袖山高与袖宽成反比关系、袖中线倾斜角与袖山高有着一定的对应关系等。不同的是插肩袖在衣身肩胸部有分割线，分割线与衣身的袖窿弧线底部对衣袖有制约作用，分割线还能起到装饰作用。因此，插肩袖的结构变化比连身袖更加灵活多变。比较常见的插肩袖结构变化款有肩章（又可称为育克）插肩袖、马鞍插肩袖、盖肩插肩袖等，如图 6-24 所示。

插肩袖的变化结构设计要点如下。

① 图 6-24 所示的几款变化插肩袖，其衣袖都与部分衣身连接在一起，衣袖轮廓和基本结构都是相同的，只是插肩袖分割线的造型各不相同。肩章插肩袖［图 6-24(a)］的肩部采用肩章造型，然后与插肩袖窿相连接，结构线如图 6-25 中的短虚线所示。

② 马鞍袖［图 6-24(b)］的插肩线分别从前、后衣身的前中心线、后中心线开始，与袖窿的插肩弧线相连接，形似马鞍，结构线如图 6-25 中的长虚线所示。

③ 盖肩袖［图 6-24(c)］是在插肩袖结构的基础上，又将盖肩部分分割出来，使得盖肩插肩袖由三部分组成：盖肩、衣身、袖片，结构分割线如图 6-25 中的点划线所示。

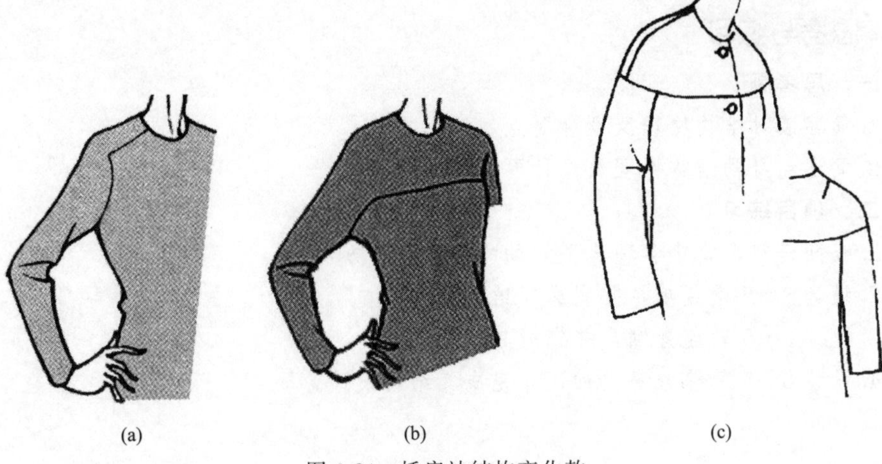

图 6-24　插肩袖结构变化款

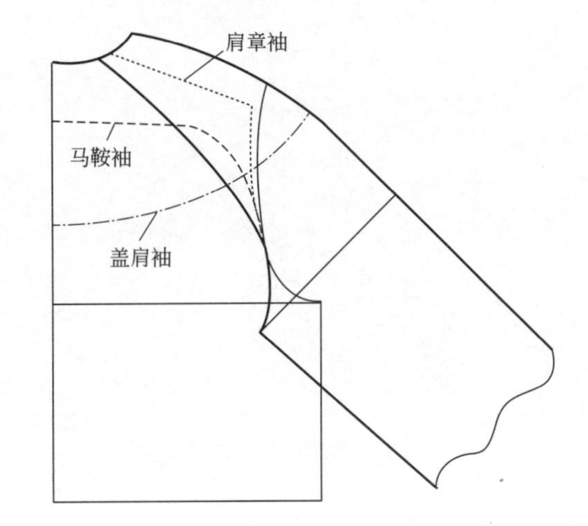

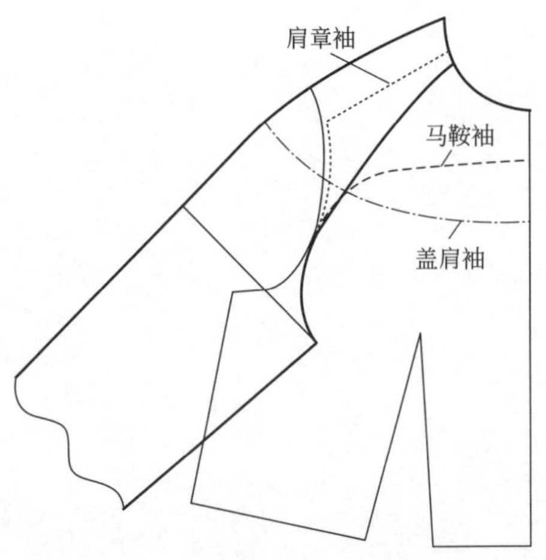

图 6-25　插肩袖造型变化

视频 38　插肩袖结构设计

思考与练习

一、思考题

1. 简述装袖结构原理及设计要点。

2. 简述连身袖结构原理及设计要点。

二、项目练习

1. 查阅资料，收集各种典型衣袖的结构设计方法。

2. 设计3～5款装袖，并完成其结构设计。

3. 设计3～5款连身袖，并完成其结构设计。

4. 设计3～5款综合变化袖，并完成其结构设计。

▶▶
第七章
连衣裙结构设计与纸样

第一节 连衣裙概述

视频 39 连衣裙概述

预习思考

- 连衣裙有哪些分类？
- 你最喜欢哪类连衣裙？为什么？

一、连衣裙的分类

1. 按照腰线位置分类

连衣裙按照腰线位置进行分类，主要可以分为三大类：高腰连衣裙、中腰连衣裙、低腰连衣裙。

（1）中腰连衣裙 中腰就是指标准腰，即女体腰部最细处的位置。中腰连衣裙的腰线设计在人体腰部的最细处。中腰的位置高低适中，最符合人们的审美标准。此类连衣裙形象美观、秀丽。

（2）高腰连衣裙 连衣裙的腰线设计在标准腰围线以上、胸围线以下的位置。此类连衣裙大多是宽摆造型。

（3）低腰连衣裙 连衣裙的腰线设计在臀围线以上、标准腰围线以下的位置，裙摆造型呈喇叭形或抽褶形、褶裥形等。下摆宽度设计要注重考虑便于行动的因素。低腰连衣裙的下摆设计抽绳或者搭配细皮带比较时尚。

2. 按照外部廓形分类

连衣裙按照外部廓形进行分类，可以分为 A 形、H 形、O 形、X 形、Y 形、V 形等。

（1）A 形连衣裙 窄肩宽摆，从胸、腰、臀至下摆自然加入展开量，整体呈梯形，是一款可掩盖人体体型一定不足（如小腹凸起）的经典廓型。整体轮廓给人一种自然、优雅的感觉。

（2）H 形连衣裙　从肩部自上而下呈直线状，故又称直身型或箱型连衣裙，外形简单，腰部较为宽松，不强调人体曲线，利于掩饰腰部赘肉，适用范围比较广，有“万能裙款”之称。常见于运动型、军装风格的连衣裙。

（3）O 形连衣裙　外形似蚕茧，故也称为茧形，肩部略向内收，胸、腰、臀部舒展，下摆内收，整体呈纵向椭圆造型，圆润可爱。

（4）X 形连衣裙　上身贴合人体，肩部向外展开，腰部收紧，腰线以下呈喇叭状，整体呈字母 X 造型，是连衣裙中的经典款，能体现女士丰胸细腰的优美曲线，深受女性青睐，是女性礼服最常选用的服装造型。

（5）Y 形连衣裙　上衣夸张肩部，肩部向外展宽，下裙紧身贴体，整体呈字母 Y 造型，可展示腿部的体型优势。

（6）V 形连衣裙　从肩部至底摆裙身逐渐变窄，整体呈倒梯形。适合宽肩窄臀的体型，有的 V 形连衣裙设计时加肩章或肩育克，强调肩部硬线条。

3. 按照服装类别分类

连衣裙按照服装类别进行分类，可以分为衬衫式连衣裙、外套式连衣裙、沙滩式连衣裙、帝政式连衣裙、工装式连衣裙、风衣式连衣裙等。

（1）衬衫式连衣裙　此类连衣裙的款型具有典型的衬衫样式。衬衫领、衬衫式门襟、衣袖等是这类连衣裙的典型特征，甚至就是衬衫的加长版。

（2）外套式连衣裙　此类连衣裙的款式具有外套的设计元素。普通外套常用的翻领、西装领、青果领等多用于此类连衣裙，表现较为硬挺的品质感。

（3）沙滩式连衣裙　沙滩装的款型其实就是内衣样式，使用场合主要是在海滨沙滩，比内衣的使用范围广泛。内衣常用的吊带、抽褶、低胸、绳带、荷叶边装饰等在沙滩装上都适用，沙滩装更有热带花卉图案等特别的装饰，更完美地表达服饰与着装环境的应景效果。

（4）帝政式连衣裙　此类连衣裙的款式受 18 世纪法国帝政时期女装影响。高腰、泡泡袖、低领、打褶设计等是此类连衣裙常用手法，打造类似拉长的古典雕塑的理想形象。及乳的高腰设计，线形具有明显转折的袒领、短袖，裙长及地，用料轻薄柔软，色彩素雅，装饰很少。裙装自然下垂形成了丰富的垂褶，对于人体感的强调与古希腊服装非常相似。

（5）工装式连衣裙　工装最初是为了工作需要而特制的服装，工装风格发源于美国工业化大生产时期，由于特殊的时代背景铸就了耐用、耐脏、多口袋等实用性比较强的特性。工装风格往往是结合职业特色、工作环境、工作需求来打造。随着时代的发展，工装风格变得越来越日常化、时尚化、中性化。拉链、贴袋、功能襻、金属装饰等是现代工装式连衣裙的经典特色。

（6）风衣式连衣裙　顾名思义，风衣式连衣裙就是具有风衣风格的连衣裙。风衣常用的肩盖、肩襻、腰带、双排或单排扣的门襟等成为风衣式连衣裙的显著特征。

4. 按照穿着场合分类

连衣裙按照穿着场合进行分类，可以分为通勤连衣裙、礼仪连衣裙、个性连衣裙、田园连衣裙、运动连衣裙、家居连衣裙等。

（1）通勤连衣裙　主要指白领女性在通勤途中、工作场所和社交场合穿着比较合适的服饰，通勤连衣裙是通勤装的一种，相比职业装更随意，但比平日所穿的休闲装更正式。在色彩上，黑色、白色和灰色是通勤装比较常见的颜色，但是现在的通勤连衣裙也有采用彩色拼接或是几何图案的，柔和又不失干练。

通勤连衣裙还可细分为商务型和都会型。商务连衣裙简约、大方，款式以对称为主，采用塑形性能较好的面料塑造端庄稳重的整体形象。都会连衣裙时尚简约、不张扬，展现女性知性和品味的需求，细节装饰精致、细腻而又自然。

（2）礼仪连衣裙　是社交和礼仪场合穿着的服装，有正式、半正式和略正式之分。根据穿着的时间不同分为两大类：日装礼服和晚礼服。

（3）个性连衣裙　强调个性化，廓型多变，局部造型夸张，配色独特，材料新颖，装饰细节丰富等是此类连衣裙的普遍特色。

（4）田园连衣裙　纯棉质地、层叠的花边及装饰、浪漫的艺术印花、精美的蕾丝、田园清新的色彩，都是此类连衣裙的鲜明特色。

（5）运动连衣裙　此类连衣裙兼具运动服与连衣裙的特点，既有淑女范又便于运动，且较之运动服更加妩媚，较之连衣裙更加洒脱。造型宽松，开口处（领口、袖口、裙摆口）常用罗纹装饰；以针织面料为主，富有弹性、舒适、吸汗。也适合平时休闲踏青时穿着。

（6）家居连衣裙　此类连衣裙始于睡裙，主要家居时穿着，具有健康、舒适、简单、温馨、宽松等特点，面料以棉、丝绸等天然材料为主。随着生活水平的提高，家居连衣裙向着不断时尚化的方向发展。

5. 按照衣袖分类

连衣裙按照衣袖进行分类时，又可以按照袖长和造型分别进行分类。按照袖长，可分为吊带连衣裙、无袖连衣裙、短袖连衣裙、中袖连衣裙、七分袖连衣裙、长袖连衣裙等；按照衣袖造型，可分为泡肩袖连衣裙、灯笼袖连衣裙、喇叭袖连衣裙、郁金香袖连衣裙、羊腿袖连衣裙等。

二、连衣裙的用料

制作连衣裙所使用的面料种类较多，范围比较广，从轻薄柔软的丝绸到薄呢绒都适用。连衣裙主要采用的是夏季和春秋季面料。一般来说，夏季连衣裙主要采用轻薄、柔软、滑爽、悬垂性好、透气吸湿性强的面料，穿在身上轻快、凉爽、飘逸、仙气满满；春秋季采用稍厚、吸湿透气性好、无静电的面料，穿着舒适、保暖、便于搭配其他服饰。连衣裙的首选面料是丝绸、雪纺，其次是棉、麻及棉麻混纺织物，最后是各种其他混纺织物及蕾丝面料等。

第二节 基础款连衣裙结构设计与纸样

视频 40 断腰式连衣裙结构

预习思考

- 请同学们收集连腰式连衣裙图片。
- 连腰式连衣裙结构设计要点有哪些？

连衣裙是上衣和裙子连在一起的服装，在上衣和裙子上可以变化的各种因素几乎都可以组合构成连衣裙的样式。剪裁合体的连衣裙可以完美衬托女性的身材，特别对于身材比较娇小的女性具有拉高身段的视觉作用。因此，连衣裙是女性喜欢的服装之一，连衣裙在各种款式造型中被誉为“时尚皇后”，是款式变化最多、最受青睐的服装种类。

从连衣裙的上下结构进行分类，主要可分为上下分割式即断腰式连衣裙和上下连体式即连腰式连衣裙。

一、断腰式连衣裙结构设计与纸样

（一）款式特点

如图 7-1 所示，该款连衣裙的衣身与裙身在腰节处有拼缝，基础领围，无袖，胸腰臀部都比较合体，前衣身左右各有 1 个腋下省和 1 个腰省，后衣身左右各有 1 个肩胛省和 1 个腰省。下裙为直身裙造型，前裙片左右各有 1 个腹凸省，后裙片左右各有 1 个臀凸省，后身背缝绱隐形拉链。

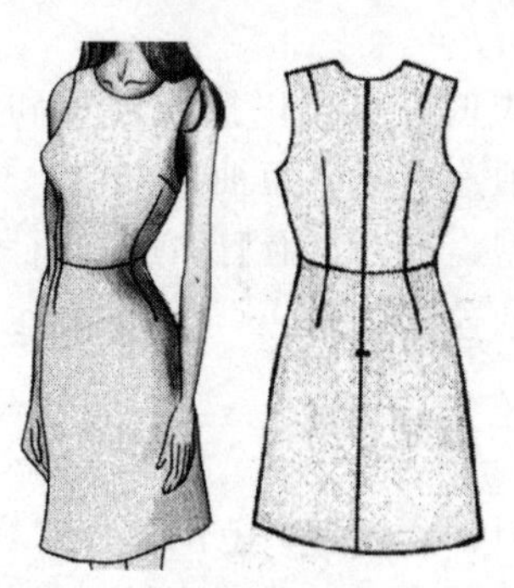

图 7-1 断腰式连衣裙款式

（二）规格设计

该款连衣裙的规格设计如表 7-1 所示，成品胸围、腰围加放 8cm 松量，臀围加放 6cm 松量，根据经验，无袖的成品肩宽在原型基础上减去 4cm 为宜。

表 7-1 断腰式连衣裙尺寸 单位：cm

号型	部位名称	后中裙长(L)	胸围(B)	腰围(W)	臀围(H)	臀长
160/84A	净体尺寸	38(背长)	84	68	90	18
	成品尺寸	94	92	76	96	18

（三）结构设计

断腰式连衣裙结构设计的方法步骤如下。结构制图中 W^*、H^* 等表示净体尺寸，不带 * 的 W、H 等为成品尺寸。

1. 上衣部分结构设计

上衣部分结构设计采用日本文化式八代原型（新原型）。

（1）核胸围　原型成衣胸围是 96cm，该连衣裙成品胸围是 92cm，可见，原型需要缩减胸围 4cm。因为在原型上处理省道时，前后衣片在胸围线上所有缩减的量总和约 3.5cm，加上后中缝在胸围线处撇进的 0.5cm，胸围总缩减量约 4cm，所以原型的衣片可以直接使用。

（2）前、后衣片原型处理　后衣片合并靠近侧缝的腰省，见图 7-2(a)。前衣片合并靠近侧缝的腰省，将袖窿省转移为腋下省，见图 7-2(b)。

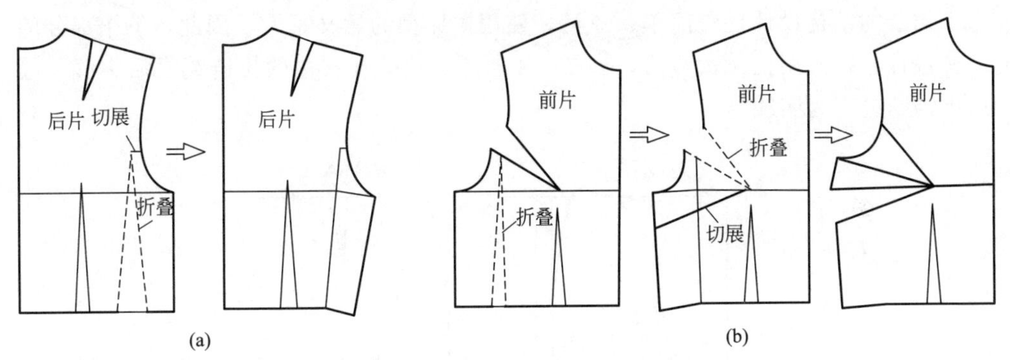

图 7-2 前、后衣片原型处理

（3）后中线　如图 7-3，胸围线处收进 0.5cm，腰节线处收进 0.8cm，自后颈点起连接各点画顺背缝线。

（4）领口线及贴边　八代原型（B^* = 84cm）领口的领围约 38cm，此款连衣裙可适当开大领口。开大领口的方法：前、后横开领加大相同的量如 1.5cm，相应地前直开领开深 2cm，后直开领开深 1cm，画顺新领口弧线。设领口贴边宽为 3cm，画新领口线的平行线为领口贴边线。

（5）小肩宽　自原型肩端点 SP 沿肩线向侧颈点方向缩减 2cm。

（6）袖窿线及贴边　袖窿深抬高 2cm，自新的肩端点 M 用圆顺弧线修画出新袖窿弧线。画新袖窿弧线的平行线，宽为 3cm，为袖窿贴边。

（7）上衣腰围线　设后腰省○＝2cm，前腰省△＝2cm，后腰围长＝W/4＋○－

2cm，前腰围长＝W/4＋△＋2cm，腰围线确定后连接侧缝线，注意前、后侧缝线须等长。

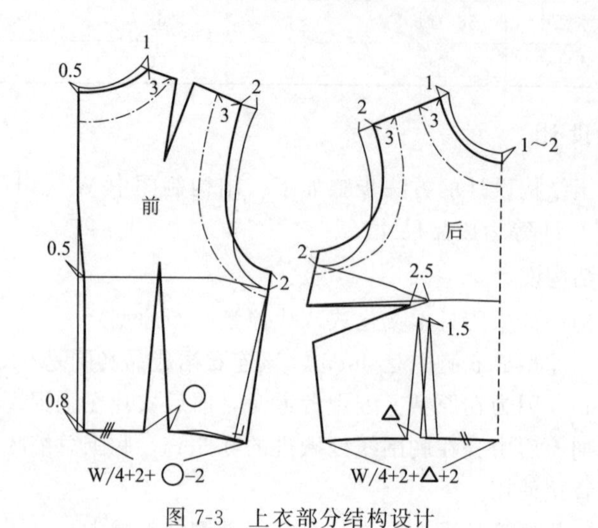

视频 41　断腰式连衣裙上衣结构

图 7-3　上衣部分结构设计

2. 下裙部分结构设计

裙子的结构设计比较简单、灵活，使用裙原型的意义不大，因此，下裙部分的结构设计直接采用比例裁剪法，如图 7-4 所示。该款连衣裙的拉链绱在后中缝，故后中需断缝，为实线。

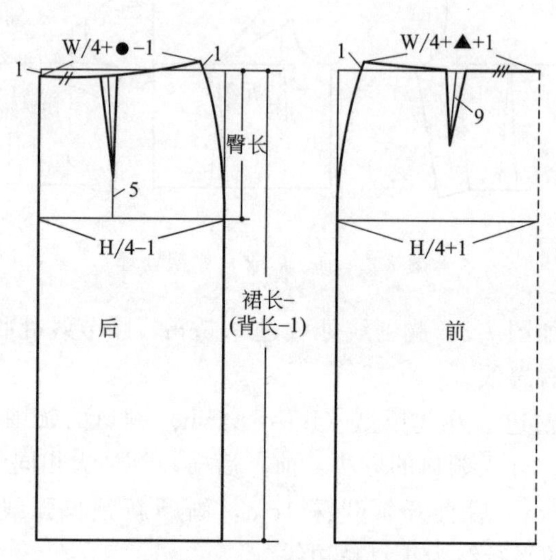

视频 42　断腰式连衣裙裙片结构

图 7-4　下裙部分结构设计

（1）下裙长、臀长　裙结构设计直接采用比例裁剪法。自腰节线向下量取裙长－（背长－1）＝57cm，画裙下摆基础线，臀长取 18cm。

（2）裙腰　后中下落 1cm，侧缝起翘 1cm，裙腰省位对齐上衣腰省位，设裙

后腰省●＝2cm，裙前腰省▲＝2cm，后腰围＝W/4＋●－1cm，前腰围＝W/4＋▲＋1cm。

（3）臀围　后臀围＝H/4－1cm，前臀围＝H/4＋1cm。

（四）纸样制作

1. 纸样制作要点

纸样制作要点适用于后续各款案例，故在后续的案例中不再赘述。

（1）准确加放缝份量　一般直线缝份量加放 1cm，弧线缝份量加放 0.7～0.8cm，衣摆、裙摆、袖口、脚口等的缝份量与款式、裁片形状、部位、面料的质地和缝制工艺方式等因素相关，加放量各不相同，须具体情况具体分析。本教材的纸样图中，无标注的就是默认加放 1cm 缝份量。

（2）准确标注刀眼（剪口）和定位　如省端点的刀眼、侧缝的对位刀眼等，省尖点的定位、口袋位置的定位等。

（3）标注齐全但不重复　标准的工业纸样上应该标注款式名称、经纬线（也叫纱向或丝绺线）、规格尺码、各裁片的名称和裁片数量、用料名称（面料、里料、衬料、填充料等）。

2. 前、后衣片与裙片纸样

如图 7-5 所示，上衣片和下裙片的后中处绱拉链，故加放缝份 1.5cm，下裙片裙摆加放缝份 2.5cm，其余部位加放缝份均为 1cm。

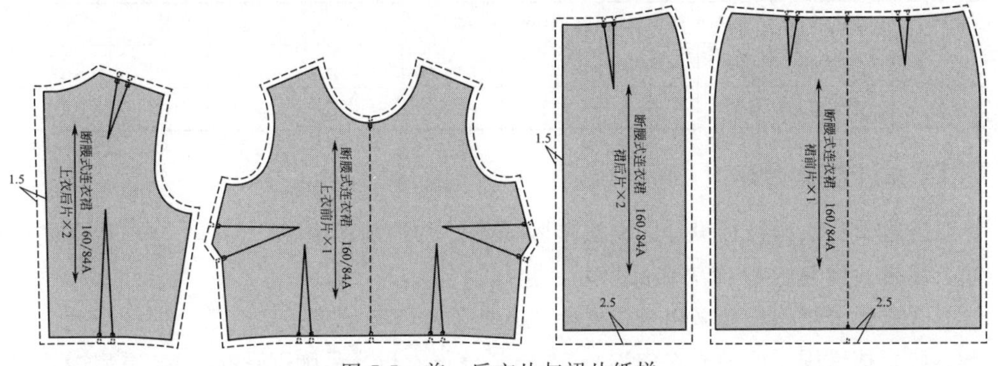

图 7-5　前、后衣片与裙片纸样

3. 零部件纸样

如图 7-6 所示，后领贴后中处加放缝份 1.5cm，其余部位加放缝份均为 1cm。

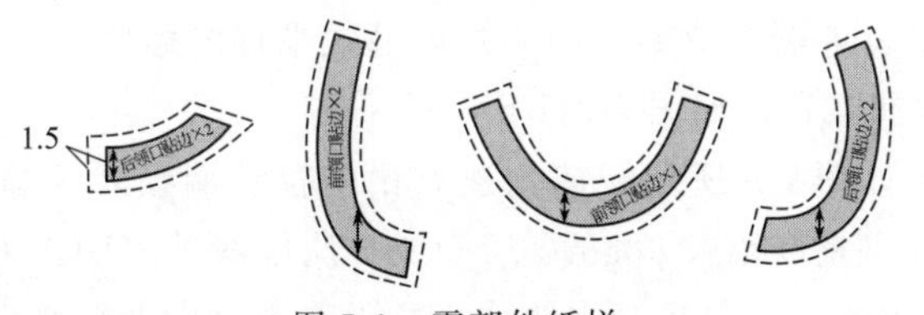

图 7-6　零部件纸样

视频 43　断腰式连衣裙纸样制作

二、连腰式连衣裙结构设计与纸样

（一）款式特点

如图 7-7 所示，衣身与裙身连成一体，前衣身设袖窿省和腰省，后衣身设腰省，后中缝绱隐形拉链。一片式短袖，无领领口为鸡心造型。

图 7-7 连腰式连衣裙款式

（二）规格设计

该款连衣裙的规格设计如表 7-2 所示。

表 7-2 连腰式连衣裙尺寸 单位：cm

号型	部位	后中裙长	胸围(B)	腰围(W)	袖长	肩宽	领围	臀围(H)	臀长
160/84A	净体尺寸	38(背长)	84	66				90	
	成品尺寸	90	94	78	20	39	50	98	18

（三）结构设计

连腰式连衣裙结构设计的方法步骤如下。结构制图中 W^*、H^* 等表示净体尺寸，不带 * 的 W、H 等为成品尺寸。

上衣部分结构设计采用日本文化式八代原型（新原型）。

(1) 核胸围　原型成衣胸围是 96cm，该连衣裙成品胸围是 94cm，原型需要缩减胸围共 2cm。因为后衣片中缝在胸围线处撇进 0.5cm，前衣片在胸围线处只需缩减 0.5cm 即可。

(2) 前、后衣片原型处理　后衣片的肩省将 1/2 转移到袖窿作为袖窿松量，剩下的作为小肩松量。如图 7-8(a)。前衣片侧缝线平行内移 0.5cm，袖窿省的 1/4 为袖窿松量，3/4 为袖窿省，如图 7-8(b)。

(3) 后中线　如图 7-9 所示，该款连衣裙的拉链绱在后中缝，故后中需断缝。后颈点下移 1cm，再量取裙长 90cm。后中线在胸围线处（BL）收进 0.5cm，在腰围线（WL）处收进 1cm，自后颈点起依次连接各点画顺背缝线。

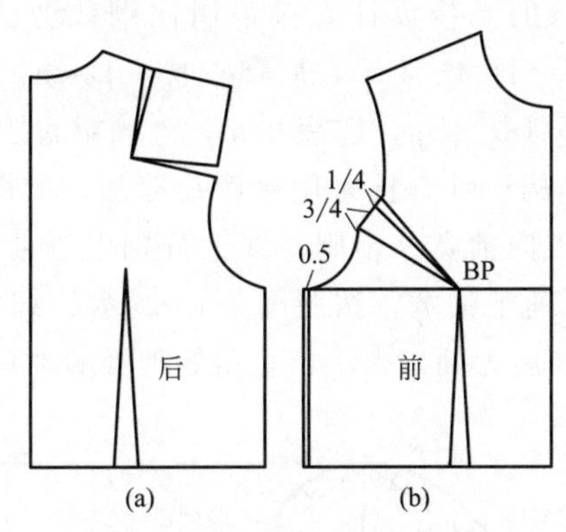

图 7-8 前、后衣片原型处理

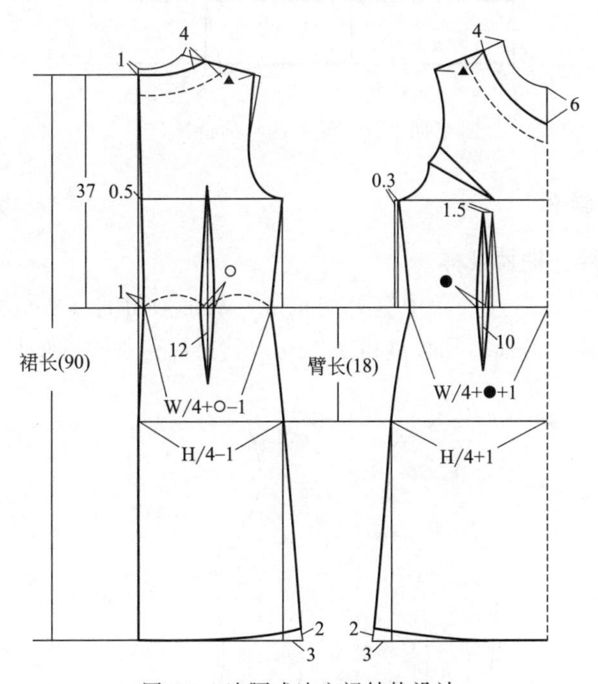

图 7-9 连腰式连衣裙结构设计

（4）领口线 八代原型（B^* ＝84cm）领口的领围约 38cm，此款连衣裙需按照款式图开大领口，即前、后横开领沿小肩线开大相同的量 4cm，前直开领自前颈点（FNP）向下开深 6cm，后直开领自后颈点（BNP）向下开深 1cm，前后各自画顺新领口弧线。并设领口贴边宽为 3cm，用虚线画出新领口线的贴边线。

（5）小肩线与袖窿弧线 领口确定后，前小肩长＝后小肩长。顺势画顺新袖窿弧线。再画新袖窿弧线的平行线，宽为 3cm，为袖窿贴边线。

（6）腰围线 设后腰省○＝2cm，前腰省●＝2cm，后腰围＝W/4＋○－1cm，前腰围＝W/4＋●＋1cm，腰围线确定后连接侧缝线，注意前、后侧缝线须等长。

（7）臀围　下裙部分的结构设计直接采用比例裁剪法。臀长＝18cm，后臀围＝H/4－1cm，前臀围＝H/4＋1cm，后腰省长＝12cm，前腰省长＝10cm。

（8）裙摆　侧边水平延长 3cm，起翘 2cm，画顺裙底摆线。

（9）袖片　袖片的结构设计直接采用比例裁剪法，如图 7-10 所示，袖山高＝AH/4＋2cm，从袖山顶点向袖宽（袖肥）线上分别引画前袖山斜线＝前 AH、后袖山斜线＝后 AH，即可确定袖宽。按照图 7-10 所示的细节参数画顺前后袖山弧线。袖宽两端内收 1.5cm 后为袖口大小，直角处理画顺袖口弧线。

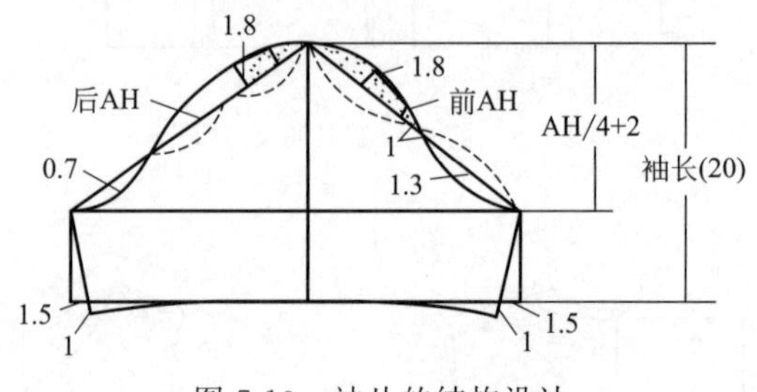

图 7-10　袖片的结构设计

（四）纸样制作

1. 前后衣裙片、袖片纸样

如图 7-11 所示，后片的后中缝处绱拉链，故加放缝份 1.5cm，前后片裙摆加放缝份 2.5cm，袖片的袖口加放缝份 2.5cm，其余部位加放缝份均为 1cm。

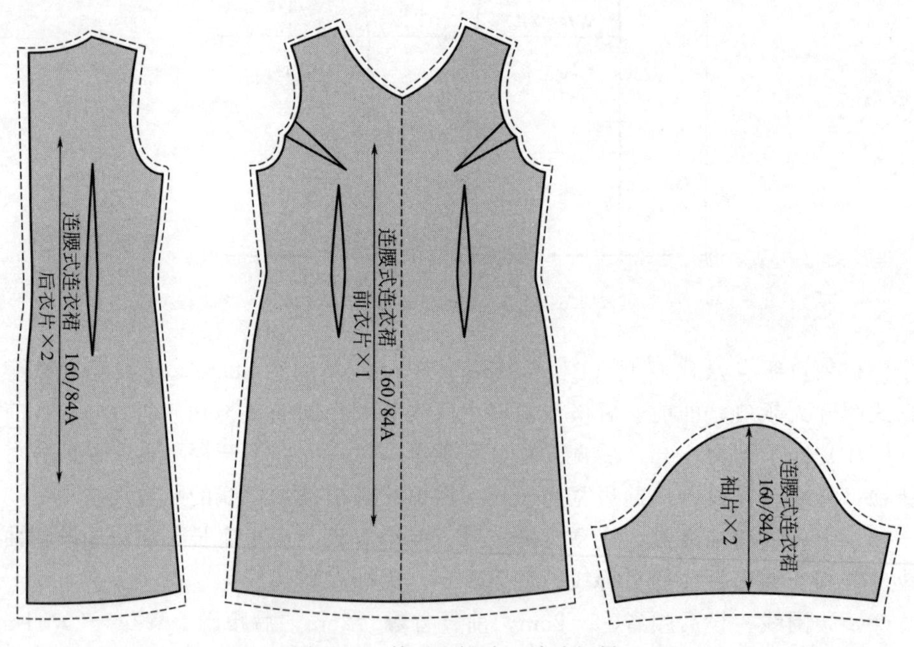

图 7-11　前后衣裙片、袖片纸样

2. 零部件纸样

如图 7-12 所示，后领贴后中处加放缝份 1.5cm，其余加放缝份均为 1cm。

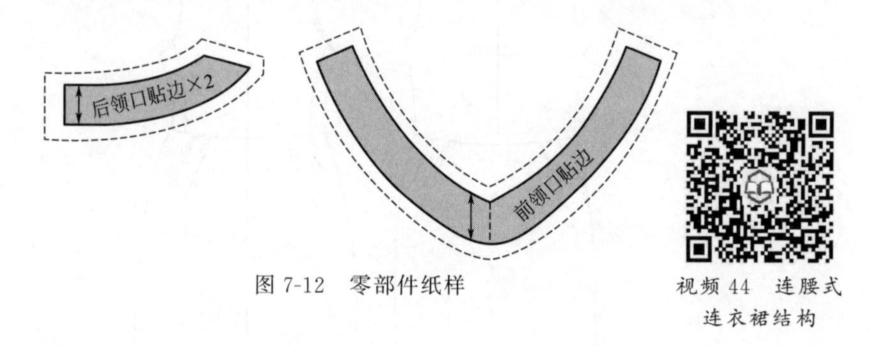

图 7-12 零部件纸样

视频 44 连腰式连衣裙结构

第三节 变化款连衣裙结构设计与纸样

预习思考

- 请同学们收集变化款连衣裙图片。
- 变化款连衣裙结构设计要点有哪些？

变化款连衣裙的结构设计主要是在基础款结构的基础上进行的，变化方法主要是外部廓形的变化与省道、褶裥、分割的变化等。

一、变化款连衣裙 1 结构设计与纸样

（一）款式特点

如图 7-13 所示，该款连衣裙为断腰式连衣裙，无领、无袖，前后衣片有侧片分割，上衣部前中有十字分割线，前后肩部靠近肩点左右各一褶裥，下裙腰部前后左右各两个褶裥。

（二）规格设计

该款连衣裙 1 的规格设计如表 7-3 所示。

表 7-3 变化款连衣裙 1 尺寸 单位：cm

号型	部位	后中裙长	胸围(B)	腰围(W)	臀围(H)	领围	肩宽	臂长
160/84A	净体尺寸	背长 38	84	66	90			
	成品尺寸	88	92	68	100	42	34	17

（三）结构设计

上衣部分结构设计采用日本文化式八代原型（新原型）。

图 7-13　变化款连衣裙 1 款式

1. 核胸围

原型成衣胸围是 96cm，该连衣裙成品胸围是 92cm，原型需要缩减胸围 4cm。因为在原型上处理省道时，前后衣片在胸围线上所有缩减的量总和约 3.5cm，加上后中缝在胸围线处收进的 0.5cm，胸围总缩减量约 4cm，所以原型的衣片可以直接使用。

2. 上衣后片

省道：如图 7-14(a) 所示，侧缝上的腰省（为计算方便，取整数 1cm）、靠近侧缝的腰省（e 省）直接各自合并，f 省不用。

后领口：横开领沿肩线开大 1cm，直开领开深 1cm。

后肩线：肩部设 4cm 褶裥，比原型肩省量大，故将原型肩点加宽 0.5cm、抬高 1cm，新肩点设为 SP′，距 SP′ 2cm 为褶裥位置起点，如图 7-14(a)。

后中线：后颈点下落 1cm 处为 A 点，后中心线在胸围线处收进 0.5cm，在腰

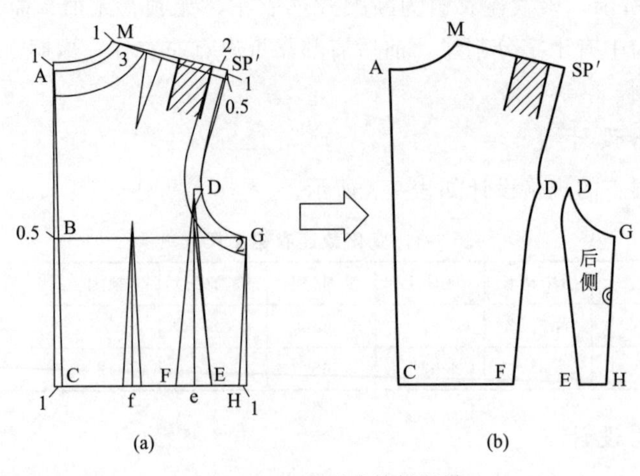

图 7-14　上衣后片结构设计

围线处收进 1cm，连接 A、B、C 点画顺后中线。

图 7-14(b) 为最终的后衣片和侧片部分（待与前侧片合并）。

3. 上衣前片

省道：如图 7-15(a) 所示，侧缝上的腰省（为计算方便，取整数 1cm）、靠近侧缝的腰省（b 省）直接各自合并掉。将 1cm 以外的袖窿省部分转为中心省，见图 7-15(b)。将 1cm 的袖窿省转为肩省，如图 7-15(c)。将腰省（a 省）转到前中心省，如图 7-15(c)、图 7-15(d)。

前领口：横开领沿肩线开大 1cm，直开领沿前中心线开深 1cm。

前肩线：将原肩点做与后肩点相同的处理，即加宽 0.5cm、抬高 1cm，如图 7-14(a)。由 1cm 的袖窿省转为肩省，设 4cm 褶裥，新肩点设为 SP′，距 SP′2cm 为褶裥位置起点，如图 7-15(c)。

前中线：前颈点下落 1cm 处为 Q 点，省转移完成后画顺前中线。

图 7-15(e) 为最终的前衣片。

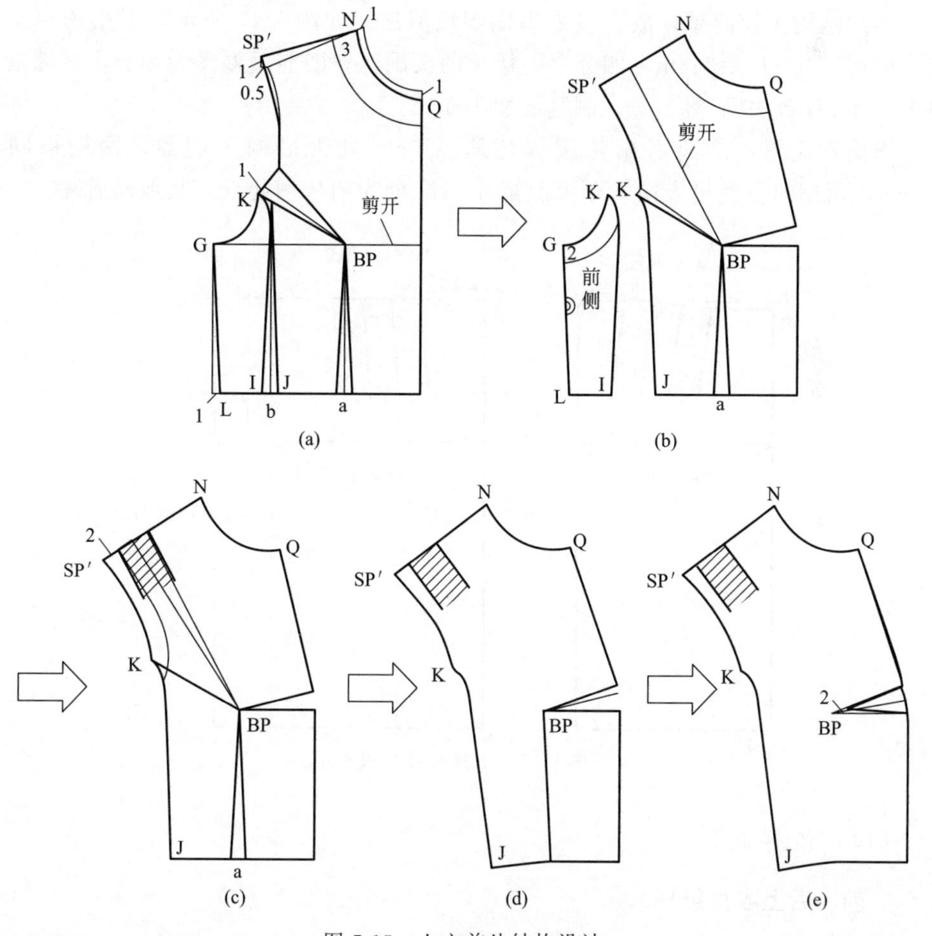

图 7-15 上衣前片结构设计

4. 上衣侧片

将图 7-14(b) 的后侧片与图 7-15(b) 的前侧片拼合侧缝线，即为上衣侧片，如图 7-16 所示。

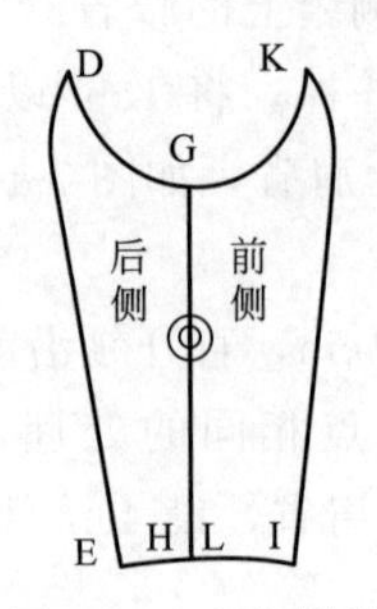

图 7-16　上衣侧片

5. 下裙片

裙片结构比较简单，故直接采用比例裁剪法。如图 7-17 所示，下裙长＝裙长 88－(背长 38－1)＝51cm，四分之一裙片的腰围、臀围前后差设为 2cm，腰部褶裥每个 3.5cm，后中下落 1cm，侧缝起翘 1.5cm。

根据款式图，距离后裙片腰线侧缝点 5cm 处为褶裥 1 起点，两褶裥间距 3.5cm，褶裥向下侧缝方向。距离前裙片 7cm 处为前褶裥起点，其他同后片。

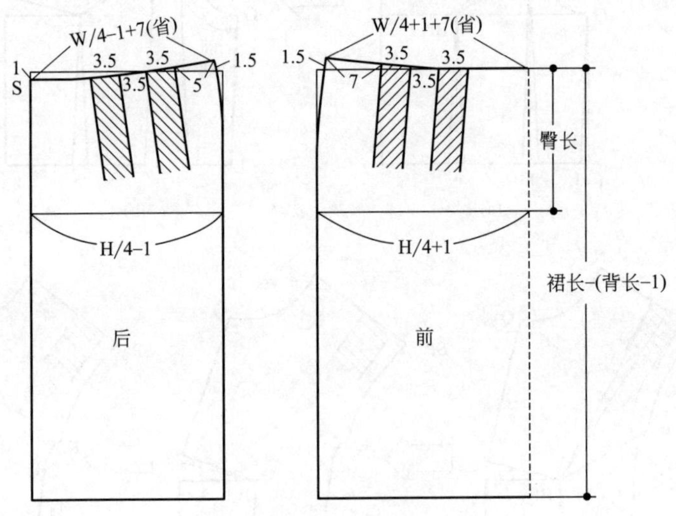

图 7-17　下裙片结构设计

（四）纸样制作

1. 前、后上衣片纸样

如图 7-18 所示，后中绱拉链处加放缝份 1.5cm，其余部位加放缝份均为 1cm。

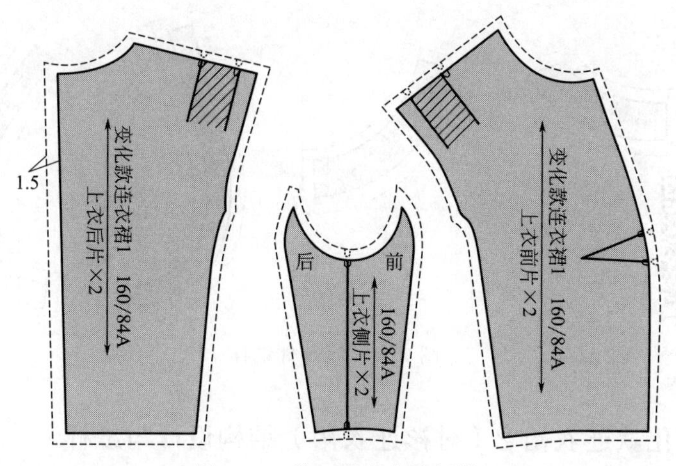

图 7-18　前、后上衣片纸样

2. 前、后下裙片纸样

如图 7-19 所示，下裙片后中加放缝份 1.5cm，下摆处加放缝份 2.5cm，其余部位加放缝份 1cm。

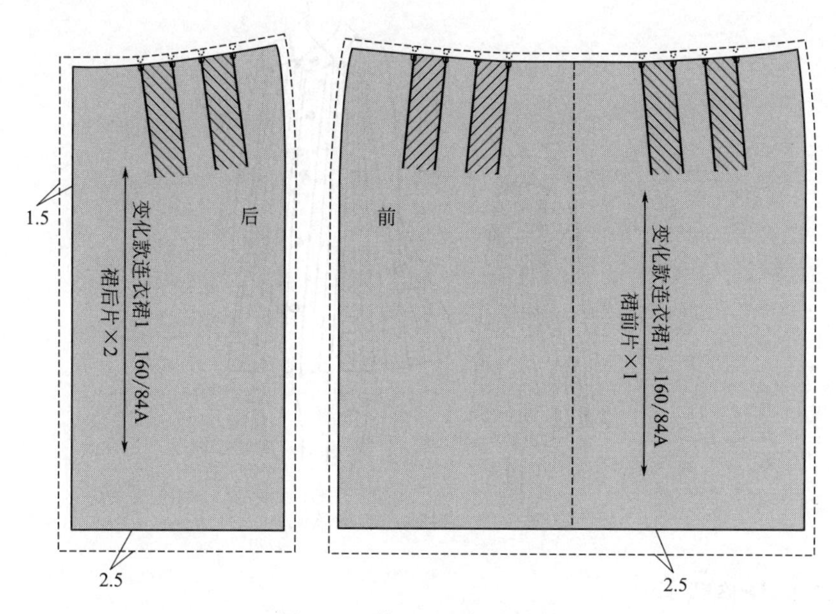

图 7-19　前、后下裙片纸样

3. 零部件纸样

如图 7-14(a)、图 7-15(a) 和图 7-15(c) 所示，领口贴边宽为 3cm，袖窿贴边宽为 2cm。如图 7-20 所示，后领贴边的后中加放缝份 1.5cm，其余加放缝份均为 1cm。

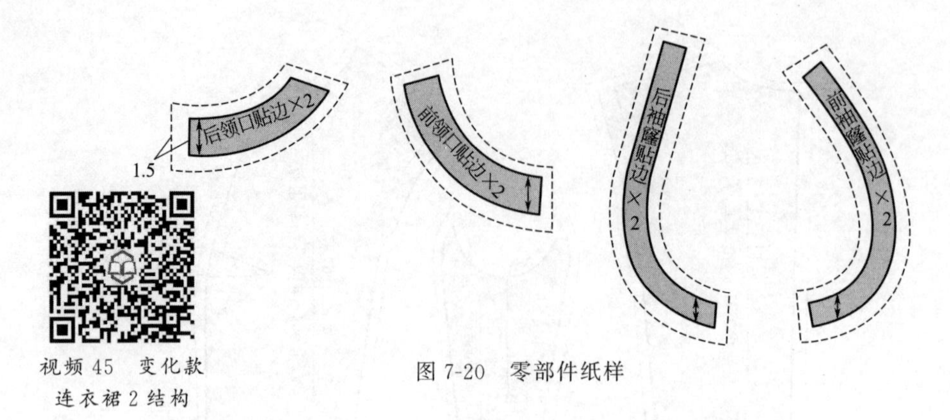

视频 45　变化款连衣裙 2 结构

图 7-20　零部件纸样

二、变化款连衣裙 2（衬衫连衣裙）结构设计与纸样

（一）款式特点

如图 7-21 所示，衣、裙一体，是连腰式连衣裙，前后有肩复势，前后衣身细密百褶，款式宽松，较宽暗门襟。分体翻折领，前中领口装饰。两片式衬衫长袖。

图 7-21　衬衫连衣裙款式

（二）规格设计

该款连衣裙的规格设计如表 7-4 所示。

表 7-4　衬衫连衣裙尺寸　　单位：cm

号型	部位名称	后衣长	胸围	下摆围	肩宽	袖长	袖口宽
160/84A	净体尺寸	38(背长)	84		38.5	52	
	成品尺寸	90	96	128	40	56	13

（三）结构设计

1. 衣身结构

采用日本文化式八代原型（新原型）。

（1）核胸围　原型成衣胸围是 96cm，该连衣裙成品胸围是 96cm，所以原型的衣片可以直接使用。

（2）领围　沿用原型的领口线。

（3）肩线、袖窿线　如图 7-22(a) 所示，后肩省直接放入肩线，肩点垂直上移 1cm，袖窿深下落 2cm，画顺后袖窿弧线；前肩点水平外移 1cm，袖窿深下落 2cm，画顺前袖窿弧线。

（4）设计前后肩复势　后中自后颈点向下取 6cm 作水平线与后袖窿弧线相交，前中自前颈点向下取 2cm 作水平线与前袖窿弧线相交，为前肩复势，如图 7-22(a) 所示。

（5）前袖窿省处理　如图 7-22(b) 所示，前袖窿省留下 1/3 作为袖窿松量，转移 2/3 到前肩复势，肩复势分割线两边等长，分别画顺前袖窿弧线、肩复势弧线。

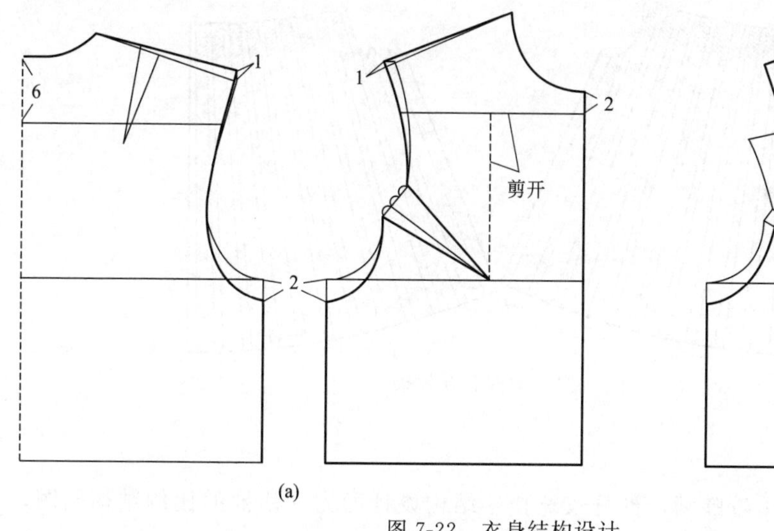

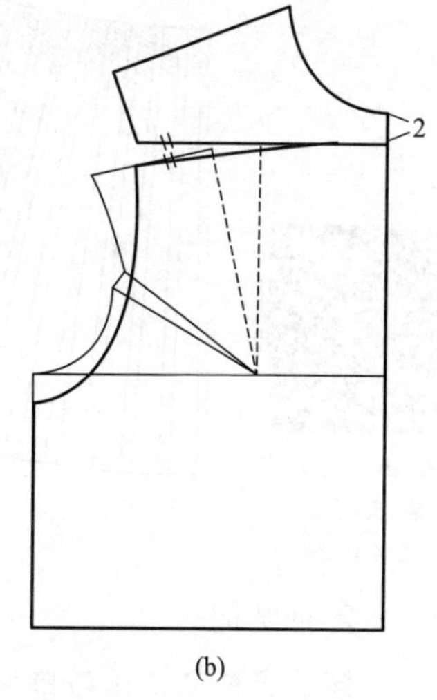

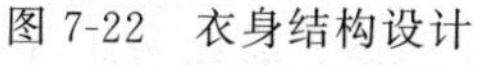
图 7-22　衣身结构设计

（6）腰省处理　宽松的衣身已经使省道失去作用，故前后衣身片不需要设腰省。

（7）衣长　如图 7-23 所示，后中自肩复势起向下继续延长（裙长－6)＝84cm。

（8）门襟　设叠门宽 2.5cm，则门襟总宽为 5cm。

（9）下摆　前后在侧缝各增大 8cm，起弧 2cm，见图 7-23。

（10）设计褶裥　如图 7-23 所示，分别从后中、前中起，肩育克端褶裥间隔

1.5cm，下摆端褶裥间隔 2.4cm，每个褶裥上段褶量设为 3cm，下段褶量设为 5cm。褶裥展开效果如图 7-24 所示。

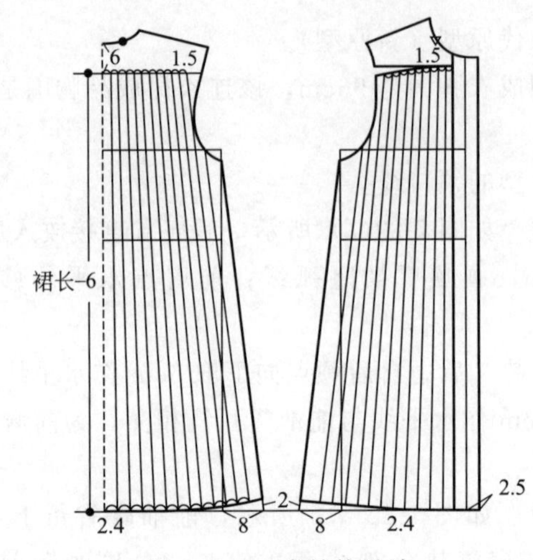

图 7-23　衣身结构设计

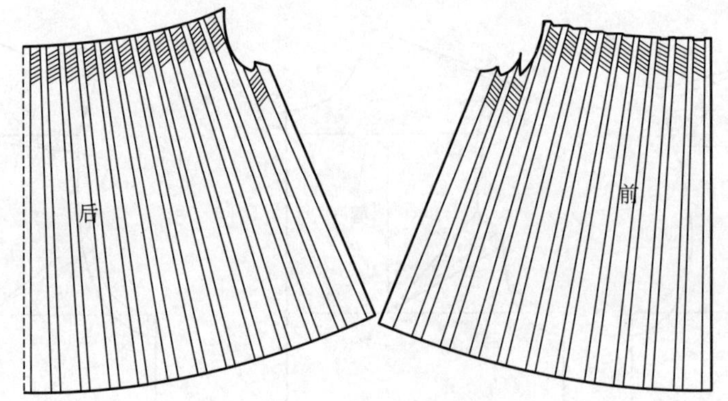

图 7-24　褶裥展开效果

视频 46　变化款连衣裙 2 衣片结构

2. 袖结构

该款衣袖的袖山较圆满，袖身较宽松，结构设计即为一片袖的比例结构制图，如图 7-25 所示，袖山高＝B/10＋4cm，袖身的袖口＝(袖口宽×2)cm，袖克夫（袖头）的长＝(袖口宽×2)cm，宽＝5cm。

3. 领和领饰结构

(1) 衬衫领　如图 7-26(a) 所示，底领高＝3.5cm，领面高＝6cm，底领前中起翘 1.5cm。

(2) 领饰　如图 7-26(b) 所示，在底领与领口拼合的基础上绘制领饰。领饰采用纽扣扣合。

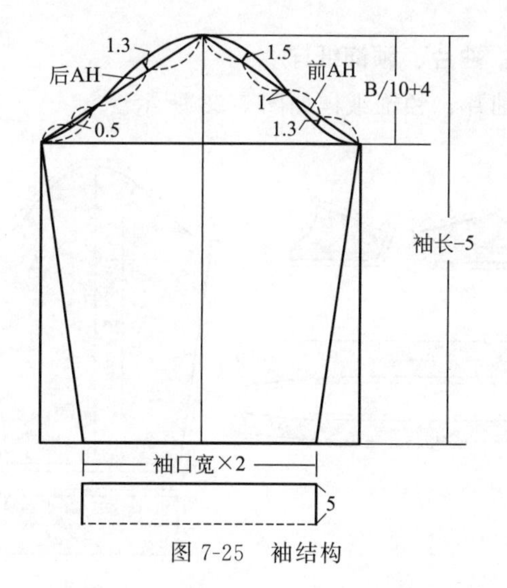

图 7-25　袖结构

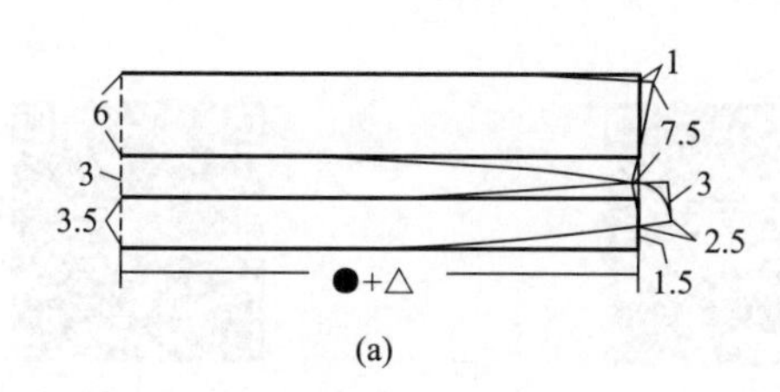

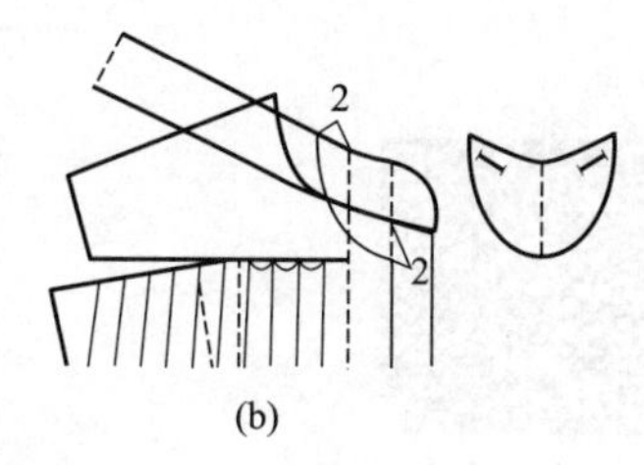

图 7-26　领和领饰结构

（四）纸样制作

1. 前后衣片、门襟纸样

如图 7-27 所示，后中处对折，故不需要加放缝份，下摆处加放缝份 2cm，其余部位加放缝份均为 1cm。

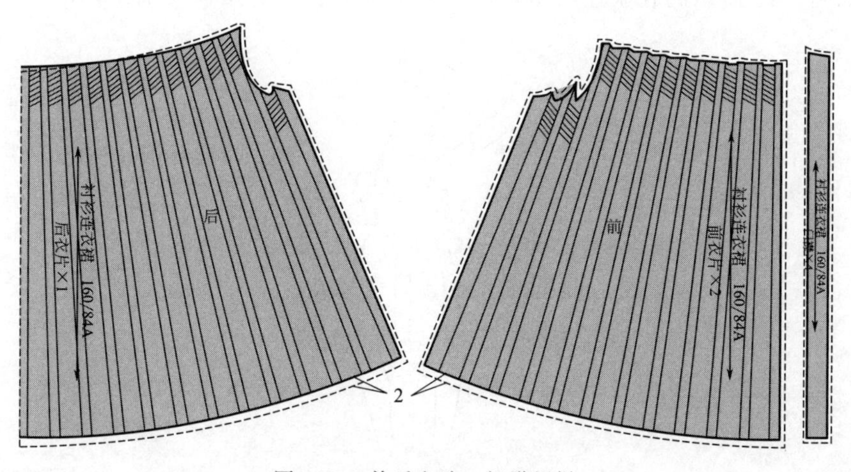

图 7-27　前后衣片、门襟纸样

2. 肩复势、领片、袖片、领饰纸样

肩复势、领片、袖片、领饰纸样如图 7-28 所示。

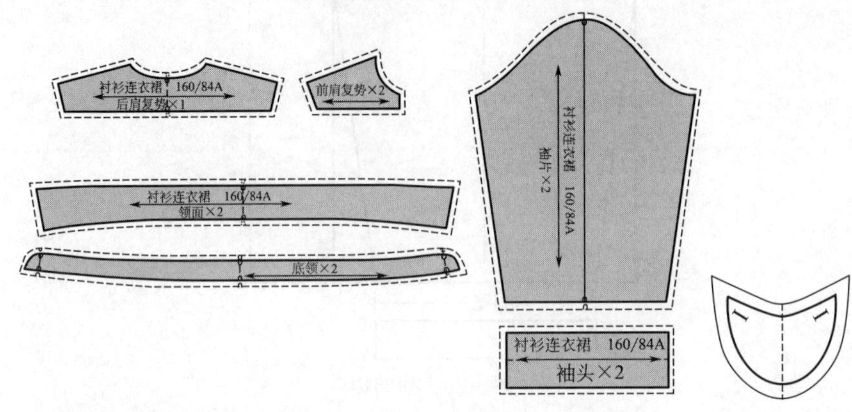

图 7-28 肩复势、领片、袖片、领饰纸样

视频 47 变化款连衣裙 2 衣片纸样制作

视频 48 变化款连衣裙 2 袖结构与纸样制作

视频 49 变化款连衣裙 2 领及装饰结构与纸样制作

三、变化款连衣裙 3（礼服连衣裙）结构设计与纸样

（一）款式特点

如图 7-29 所示的礼服连衣裙，自胸部至臀部为紧身贴体无袖式，吊带领在前

图 7-29 礼服连衣裙款式

部交叉，胸部以下水平横褶皱，前中心线抽褶。臀部以下喇叭裙造型，臀部接缝处抽褶。侧缝绱隐形拉链。

（二）规格设计

该款连衣裙的规格设计如表 7-5 所示。

表 7-5　礼服连衣裙尺寸　　单位：cm

号型	部位名称	后衣长	胸围	腰围	臀围	臀长
160/84A	净体尺寸	38(背长)	84	68	90	
	成品尺寸	92	88	72	92	20

（三）结构设计

如图 7-30 所示，该礼服连衣裙的结构设计采用日本文化式八代原型（新原型）。

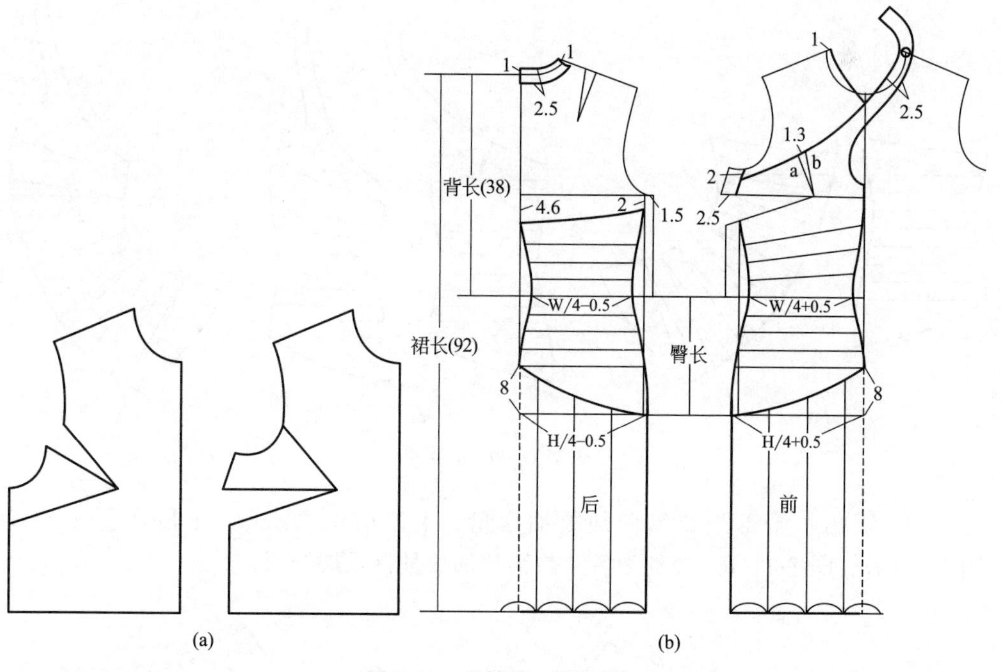

图 7-30　省转移、核胸围

（1）省转移、核胸围　如图 7-30(a) 所示，为方便设计前部吊带领的造型和准确位置，将原型的袖窿省转移至侧缝。原型成衣胸围是 96cm，该连衣裙成品胸围是 88cm，所以原型的衣片需要减去 8cm，如图 7-30(b) 所示，后衣片胸围减去 1.5cm，前衣片胸围减去 2.5cm。

（2）裙长　从原型后颈点向下延长背长至裙长＝92cm。

（3）吊带领　前、后横开领各自沿着前、后肩线向领口方向延长 1cm，后直开领提高 1cm，吊带领宽 2.5cm，吊带领在前中部交叉。吊带前领部由于斜纹的拉伸性能，应当去除 1.3cm 左右，去除量可通过转省的方式转移到前中抽褶线中。

（4）侧缝线　根据款式图样式，侧缝袖窿深下落 2cm。

（5）腰围线　后腰省均匀设置在后中和侧缝处，前腰省均匀设置在前中和侧缝处。腰围前后差为 1cm。

（6）臀围线　臀围前后差与腰围同步，为 1cm。

（7）横向抽褶　从胸下至臀围线，均匀设置横向分割线，分别在后中、前中展开加放抽褶量。后身片加放抽褶量如图 7-31(a) 所示；前身片先将侧缝省和斜纹去除量转移至前中线，如图 7-31(b) 所示，再在前中线处继续加放抽褶量如图 7-31(c) 所示。

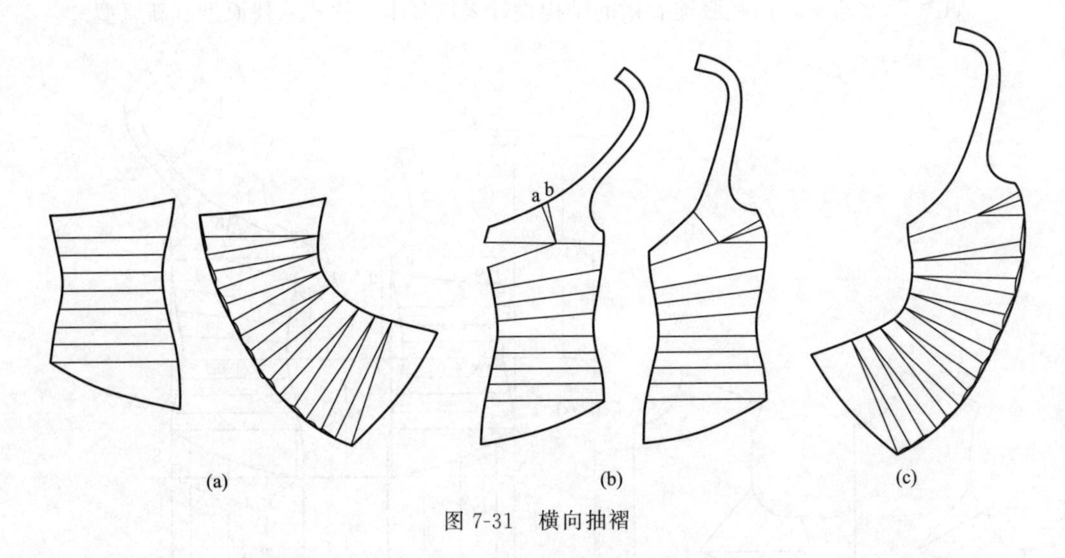

图 7-31　横向抽褶

（8）下裙　臀部下裙纵向加放抽褶量，上段褶量 7.5cm，下段褶量 15cm。图 7-32(a)、图 7-32(b) 分别为后、前裙片加放抽褶量展开图。

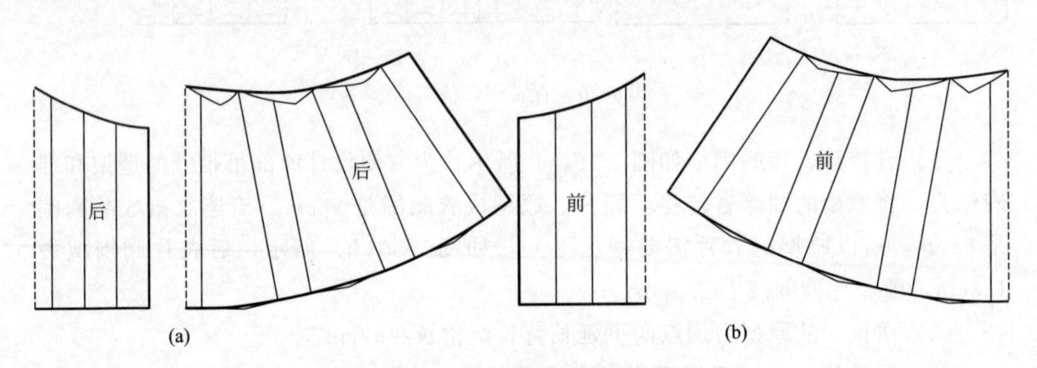

图 7-32　加放抽褶量展开效果

（四）纸样制作

1. 上衣前、后衣片及贴边纸样

因侧缝绱拉链，故前、后衣片侧缝和贴边侧缝各加放缝份 1.5cm，其余部位均加放 1cm 缝份，如图 7-33 所示。

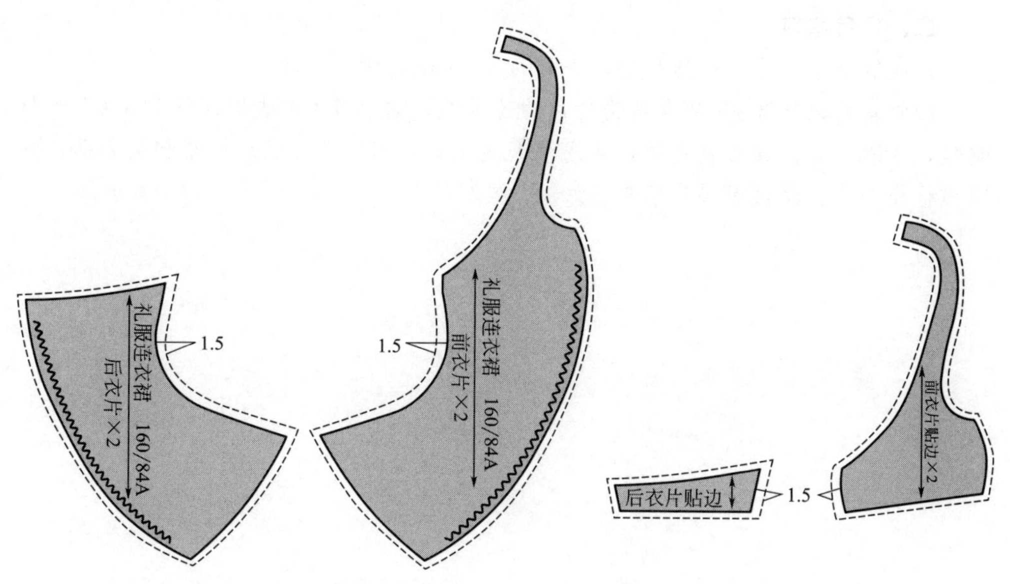

图 7-33　上衣前、后衣片及贴边纸样

2. 下裙纸样

下裙的后中、前中都是对称展开，故不加放缝份。下摆处加放缝份 2cm，其余部位均加放 1cm 缝份，如图 7-34 所示。

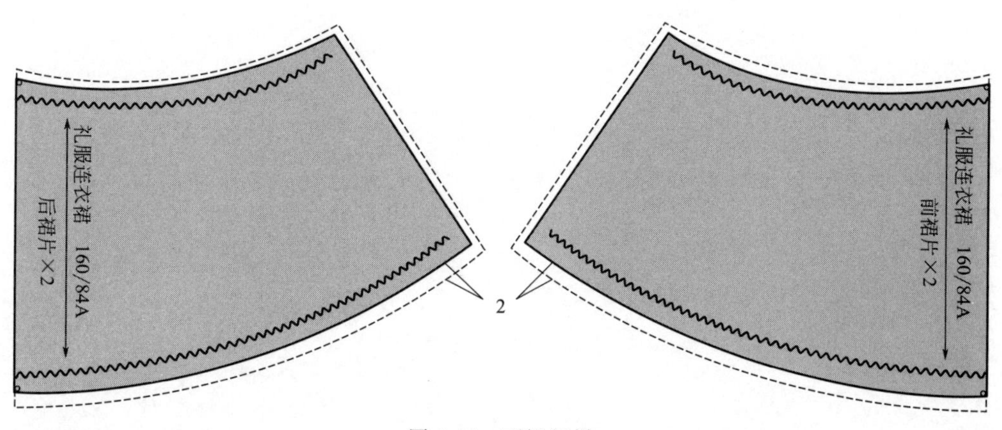

图 7-34　下裙纸样

思考与练习

一、思考题

1. 简述连衣裙的分类和连衣裙的用料。

2. 简述连衣裙结构设计要点。

二、项目练习

1. 绘制基础款连衣裙结构图，并进行1∶1纸样制作。

2. 收集或设计3～5款有结构特色的连衣裙，进行1∶5结构设计和1∶1纸样制作，须附正面、背面款式图，要求清晰显示款式图，可辅以局部结构放大图，并附规格尺寸表、建议面料等信息。

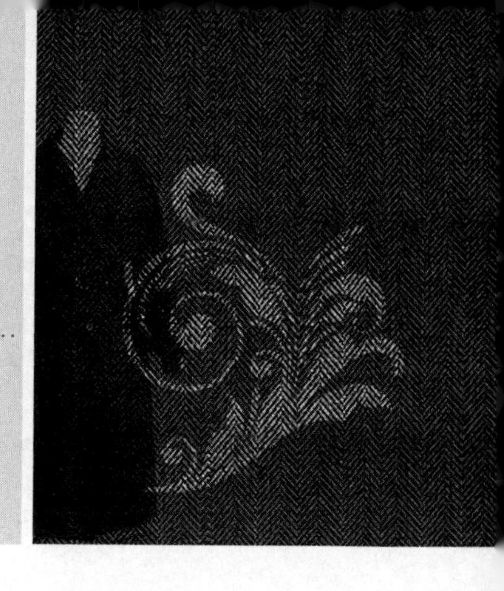

▶▶
第八章
女衬衫结构设计与纸样

第一节 女衬衫概述

预习思考

- 女衬衫有哪些分类？
- 女衬衫的结构设计要点有哪些？

衬衫是一种既可穿在内外上衣之间、又可单独穿用的上衣。中国周代已有衬衫，称中衣，后称中单。汉代称近身的衫为厕牏。宋代已用衬衫之名，现称之为中式衬衫。公元前16世纪，古埃及第18王朝已有衬衫，是无领、袖的束腰衣。14世纪诺曼底人穿的衬衫有领和袖头。16世纪欧洲盛行在衬衫的领和前胸绣花，或在领口、袖口、胸前装饰花边。18世纪末，英国人穿硬高领衬衫。维多利亚女王时期，高领衬衫被淘汰，形成现代的立翻领西式衬衫。19世纪40年代，西式衬衫传入中国。衬衫最初多为男用，20世纪50年代渐被女子采用，现已成为常用服装之一。

一、女衬衫的基本结构

视频50 女衬衫概述

衬衫的基本结构包括领子、门襟、袖子、衣身、克夫等。衬衫设计是围绕着这些基本结构进行的展开设计，各结构之间存在相互联系和相互影响的关系，如图8-1所示。

二、女衬衫的分类

1. 从款式划分

可分为正装长袖衬衫、正装短袖衬衫、无袖衬衫、无领衬衫、套头衬衫、休闲衬衫、广告衫等。

2. 从用途划分

可分为高级礼服衬衫、标准西服配套式衬衫、高级华丽时装衬衫。

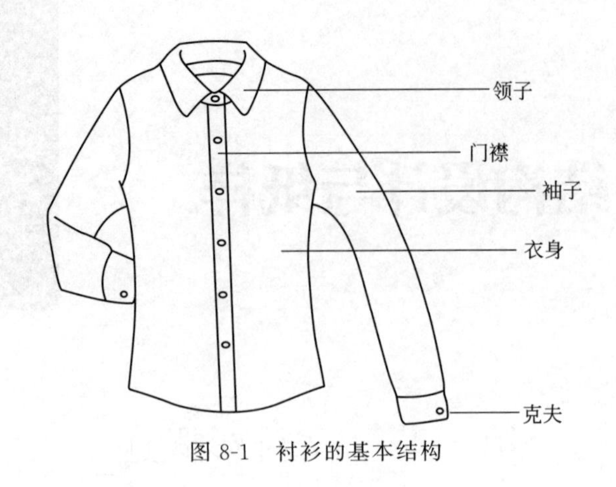

图 8-1　衬衫的基本结构

3. 从功能划分

可分为有特种功能的衬衫，各种劳动保护的衬衫，防火、防酸、防碱衬衫等。

4. 从领子结构划分

（1）闭合领　仅呈闭合状态，无法开启，以套头为主。此类领型又可分为无领、荡领和皱领，如图 8-2 所示。

图 8-2　闭合领分类

（2）开合领　根据穿着需要可自由开启或闭合。此类领型可分立领、翻领和男式衬衫领，如图 8-3 所示。

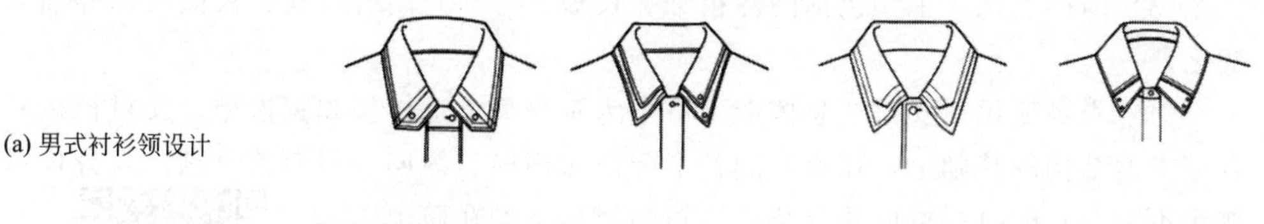

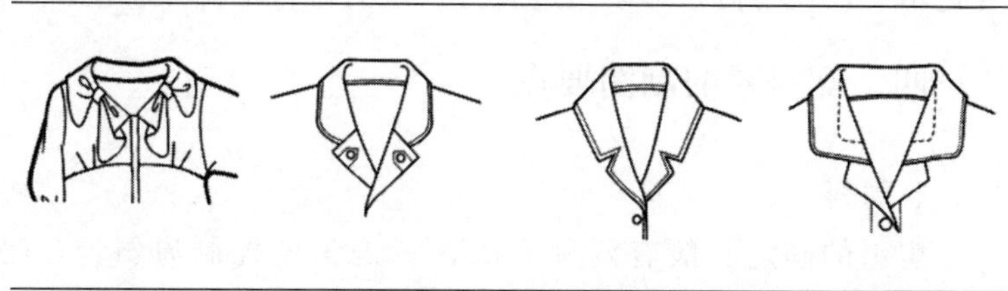

图 8-3　开合领分类

5. 从风格划分

（1）田园风格　通常采用较为宽松的造型，无领或小领开合领设计，宽松的袖型设计，细褶、碎褶、小纽扣、抽带等装饰设计，表现质朴、恬静、舒适的感觉。

（2）宫廷风格　通常采用较为合体的造型，立领设计，较合身的袖型在袖山处常有打褶设计。采用荷叶边、塔克裥等装饰设计，表现复古、华丽的感觉。

（3）职业风格　通常采用较为合体的造型，翻领设计，较合身的袖型。较少有装饰或采用较为简洁的装饰手法，如简单分割、少量打褶等设计，表现简洁、干练的感觉。

（4）工装风格　通常采用较为合体的造型，翻领设计，有一定松量的袖型，在袖口处常有收口设计。采用贴袋、襻扣、缉线、功能扣等装饰设计，表现运动、功能的感觉。

三、女衬衫的设计要点

（1）领型变化　主要包括领子造型、结构、尺度、开启或闭合方式变化等。不同的领型对应不同的结构设计，要考虑领子领围线与衣片领围线的拼合。

（2）袖型变化　主要包括袖山区域的造型变化和袖口的设计变化，女衬衫一般以一片袖为主，也有无袖、插肩袖和圆装袖等，也可以是平袖、喇叭袖等。

① 袖山区域的造型变化可从袖山高、袖窿弧线、袖山装饰等变换结构。

② 袖口的设计变化可从袖子造型、结构、开合方式及变化；克夫宽窄、层次及表面装饰细节变化等。

(3) 门襟变化　主要包括门襟粗细、长短、开启与闭合方式、表面装饰等细节变化。

(4) 衣身变化　女衬衫总体造型可分为紧身型、适体型和宽松型。女衬衫在原有基本型结构的基础上，在衣身的各个部位做横向、纵向、斜向的分割。衣身长短变化不一，长的衬衫可以超过膝盖，短的衬衫下摆在脐上。

四、女衬衫的制图要点

视频51　女衬衫结构要领

1. 肩斜

肩斜的确定一般有两种方法，一是角度控制肩斜，二是用计算公式控制肩斜。相比较而言，用角度控制肩斜比较合理。因为，人体的肩斜具有一定的稳定性，而计算公式会因胸围、肩宽、领围等因素的变化而变化。采用角度控制肩斜就使肩斜具有一定的稳定性。由于实际运用中用量角器量角度不方便，把角度转换成用两直角边的比值来确定肩斜度，既保留了角度确定的合理性，又使制图方法得到简化。

2. 后小肩线略长于长小肩线

后小肩线略长于长小肩线的原因是通过后小肩的略收缩，满足人体肩胛骨隆起及前肩部平挺的需要。后小肩线略长于长小肩线的控制数值与人体的体型、面料的性能及省缝设置有关，一般控制在 0.5～1cm。

3. 门、里襟叠门

上装门、里襟合上后，纽扣的中心应落在叠门线上。服装的门、里襟大小与纽扣的直径有关，纽扣的直径越大，则叠门宽度越宽。一般来说，叠门宽度＝纽扣直径＋(0～0.5)cm。由于前中心线上所受的横向拉力，门、里襟叠门的最小值为 1.5cm。

4. 后横开领略大于前横开领

由于颈部斜截面近似桃形，前领口处平而后领口有凸面弧形，因此形成了衣领的前窄后宽。同时，衣领结构制图时在前后衣片领圈绘制的领围线和数据要优于独立制图。在衣片领圈上制图，领底线与领圈的转折点、领底线的凹势以及衣领的造型一目了然。

5. 底摆起翘斜度

女衬衫底摆起翘是指摆缝处的底边线与衣长线之间的距离，底摆起翘从以下两个因素考虑。

① 因女性人体的胸凸量，时在胸部处竖直方向的底摆有一定程度的起翘，要使底摆达到水平状态，要将近摆缝处的底摆多余量去除。

② 底摆起翘与摆缝偏斜度密切相关，在一定程度上影响着底摆起翘量。摆缝偏斜度越大，起翘量就越大，反之亦然。

第二节　基础款女衬衫结构设计与纸样

预习思考

- 基础款女衬衫的结构设计要点有哪些？
- 比例法结构设计与原型法结构设计各自的优缺点有哪些？

一、款式特点

如图 8-4 所示，该款女衬衫为适体型，穿着舒适，适用场合广。衣身开前门襟，前衣片有 1 个腋下省（侧缝省），后衣片有 1 个肩胛省；女式翻领，领角呈方形；袖子为一片宽松长袖，有袖开衩，袖口有 1 个褶，装袖克夫。

图 8-4　基础款女衬衫款式

二、规格设计

该款女衬衫的规格设计如表 8-1 所示，女衬衫成品胸围加放 11cm 松量，肩宽 40cm，达到宽松的舒适度。该款式用比例法完成结构制图，因此其他部位尺寸由公式计算完成。

表 8-1　基础款女衬衫尺寸　　单位：cm

号型	部位名称	衣长(L)	胸围(B)	肩宽(S)	前腰节长	领围(N)	袖长(SL)
160/84A	净体尺寸	38(背长)	84	38			52
	成品尺寸	64	95	40	40	35	53

视频 52　基础款女衬衫前、后衣片结构设计 1

三、结构设计

基础款女衬衫结构设计的方法步骤如下。比例法结构制图中用到的 B、N 等为成品尺寸。

1. 基础结构线制图

视频 53　基础款女衬衫前、后衣片结构设计 2

基础结构线制图如图 8-5 所示。

（1）绘制结构线　长方形，长度为衣长 64cm，宽度为 B/2＋5cm，这里的 5cm 是为女衬衫下摆向外起翘准备的预留量。

（2）绘制腰围线　从上平线往下取前腰节长 40cm。

（3）绘制胸围线　从上平线往下取 3B/20＋9cm。

（4）绘制前后侧缝线　分别从前中心线和后中心线取值 B/4 数值，往下拉垂线交至底摆辅助线。

（5）绘制胸宽线与背宽线　分别取值 1.5B/10＋3cm 和 1.5B/10＋4cm，往上拉垂线交至上平线。

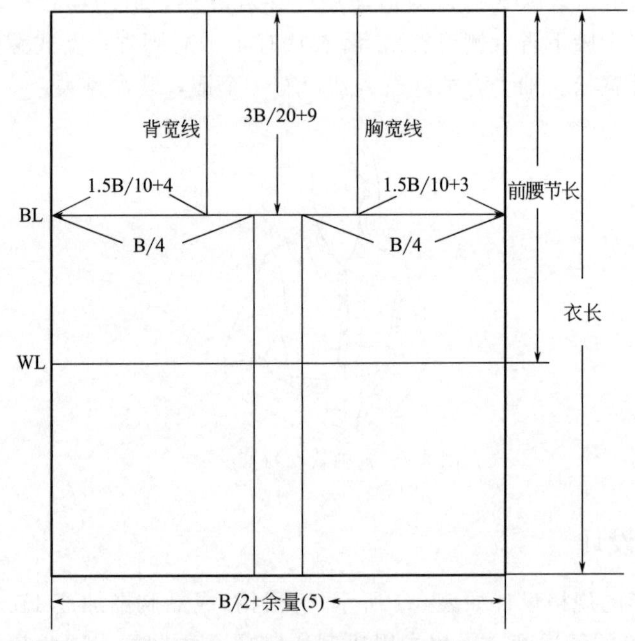

图 8-5　女衬衫款式基础结构线

2. 后衣片结构设计

后衣片结构设计如图 8-6 所示。

（1）绘制后中心线　该款式后片连裁，故将后中心绘制成翻折线。

（2）绘制领围线　后直开领取值 2，后横开领取值为 N/5。将后横开领辅助线三等分，后领围线过第一个等分点，连成圆顺曲线。

（3）绘制肩线和肩胛省　从上平线往下取宽度为 B/20－1cm 的平行线，从后中心线交点取值后肩宽为 S/2，确定肩点辅助线。再将肩点向右偏移 1cm，向下偏移 2cm，确认新的肩点，将肩点与侧颈点相连成圆顺曲线。

确定肩胛省的省尖点，在肩线上距离侧颈点 4cm 处绘制省道线，省长 8cm，

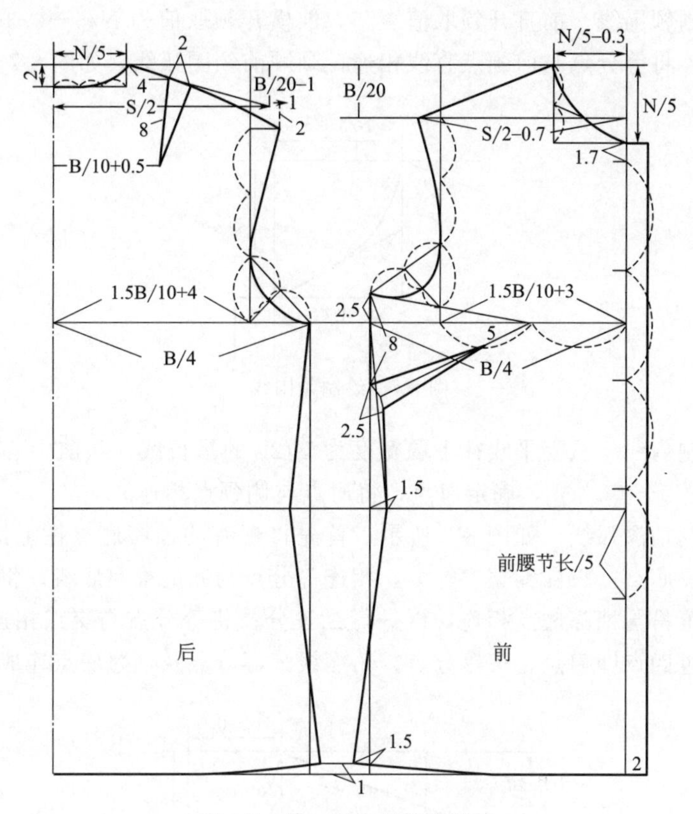

图 8-6　前、后衣片结构设计

省尖点距离后中心线长度为 B/10＋0.5cm，最后在肩线上完成省宽为 2cm 的省道。

（4）绘制袖窿弧线　将背宽线三等分，其中一等份与袖窿底点相连，再进行二等分；将等分点与交点相连成角度线，再二等分。过四点即肩点、三等分点、角度线二等分点及袖窿底点连成圆顺曲线。

（5）绘制侧缝线　首先确定腰围，将侧缝辅助线向内收 1.5cm，连接成新的侧缝线。

（6）绘制底摆线　底摆侧缝终点相交于底摆辅助线提高的 1cm 线上，使得前后侧缝线等长，曲线连接。

3. 前衣片结构设计

前衣片结构设计如图 8-6 所示。

（1）绘制前门襟　在前中心线往外绘制 2cm 宽的门襟线。定扣位，在前中心线辅助线上绘制。

第一颗扣位为前颈点下降 1.7cm，最后一颗扣位为腰围线下降取值前腰节长/5，将起点和终点端的扣位线四等分，确定其余扣位。

（2）绘制领围线　前直开领取值 N/5，前横开领取值为 N/5－0.3cm。再将直开领二等分，将等分点与前颈点直线相连，画顺前领围弧线，如图 8-7 所示。

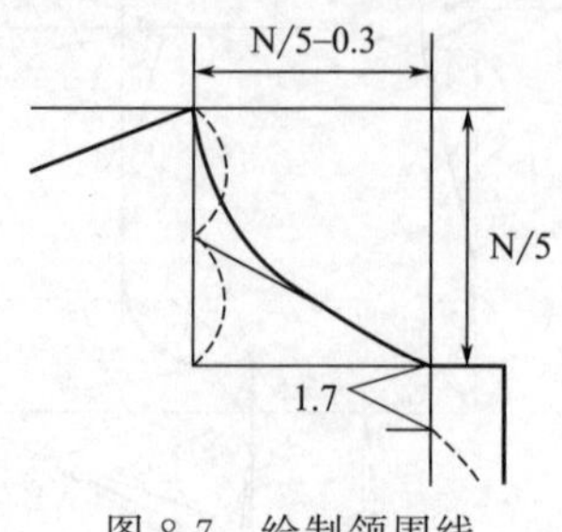

图 8-7　绘制领围线

（3）绘制肩线　从上平线往下取宽度为 B/20 的平行线，从前中心线交点取值前肩宽为（S/2－0.7)cm，确定肩点，将肩点与侧颈点相连。

（4）绘制袖窿弧线　如图 8-8 所示，首先将现有的袖窿底点往上提高 2.5cm，确定新的袖窿底点，将前胸宽二等分，相连等分点与新的袖窿底线。将胸宽线三等分，其中一等份与袖窿底点相连，再进行二等分；将等分点与交点相连成角度线，再二等分。过四点即肩点、三等分点、角度线二等分点及袖窿底点连成圆顺曲线。

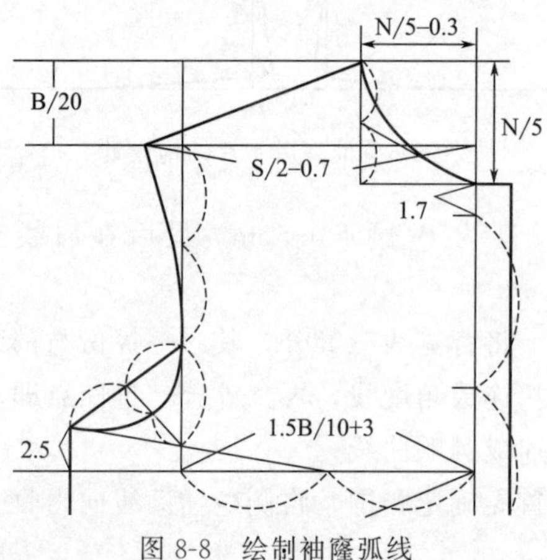

图 8-8　绘制袖窿弧线

（5）绘制侧缝线及腋下省　首先确定腰围，将侧缝辅助线向内收 1.5cm，连接成新的侧缝线。在侧缝线上取值 8cm，与胸宽线中点相连，距离顶点 5cm，确定省尖点，并在侧缝完成省宽为 2.5cm 的腋下省。

（6）绘制底摆线　将底摆辅助线提高 1cm，往外倾斜 1.5cm，曲线连接。

视频 54　基础款女衬衫领、袖结构设计

4. 领子结构设计

该女衬衫领子为连体翻折领，由领座与领面连裁的一片式领型，领宽 7cm，结构设计如图 8-9 所示。

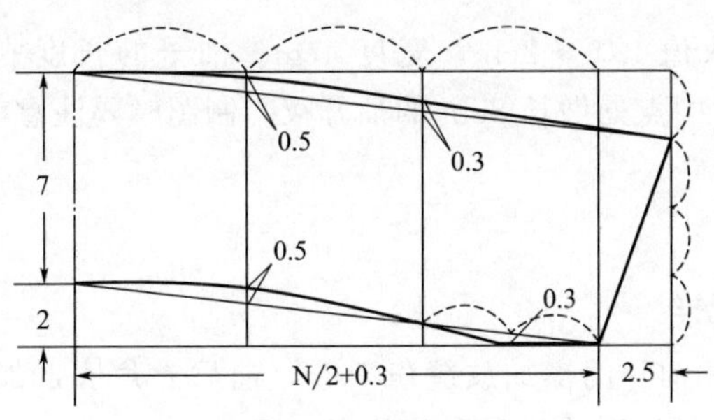

图 8-9　领子结构设计

先绘制长度为 N/2＋0.3cm、宽度为 9cm 的长方形，将长度方向三等分。沿着长度方向绘制 2cm 宽的辅助线。

绘制领底线辅助线，在后中心线上取 2cm 点与前颈点相连。在第一个等分点往上 0.5cm，在第三等份的中点往下 0.3cm，连成圆顺曲线。

绘制上领线，在第一个等分点往上 0.5cm，在第二个等分点往上 0.3cm，领角取宽度的四分之一点，将四点连成圆顺曲线。

5. 袖子结构设计

袖子的结构设计如图 8-10 所示，袖山高为 B/10＋1.5cm，从袖山顶点向袖宽（袖肥）线上分别引画前袖山斜线 AH/2 和后袖山斜线 AH/2＋0.5cm，即可确定袖宽。按照图 8-10 所示的细节参数画顺前后袖山弧线。

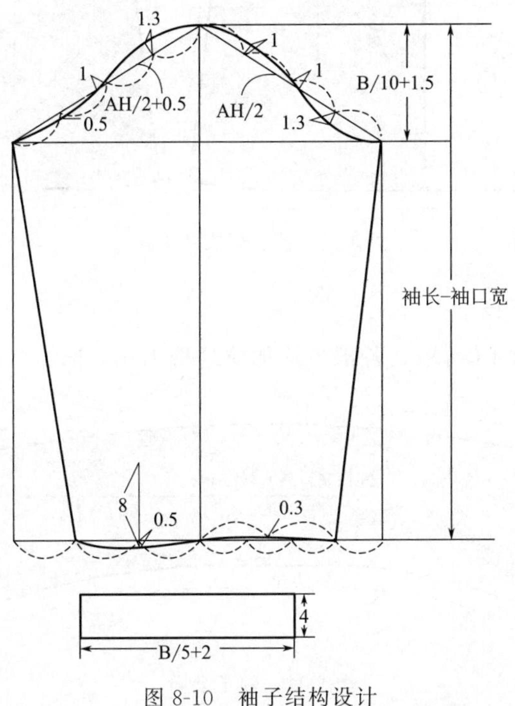

图 8-10　袖子结构设计

袖克夫的长度取值 B/5＋2cm，宽度 4cm。袖子的长度取值袖克夫长＋4cm（1 个褶）。在后袖片中点处做长 8cm 的袖开衩。制图时要注意前、后袖缝线等长。

四、纸样制作

1. 前、后衣片纸样

如图 8-11 所示，前片门襟加放缝份 5cm，前后衣片底摆加放缝份 2cm，其余部位加放缝份 1cm。标注对位记号和省位点。

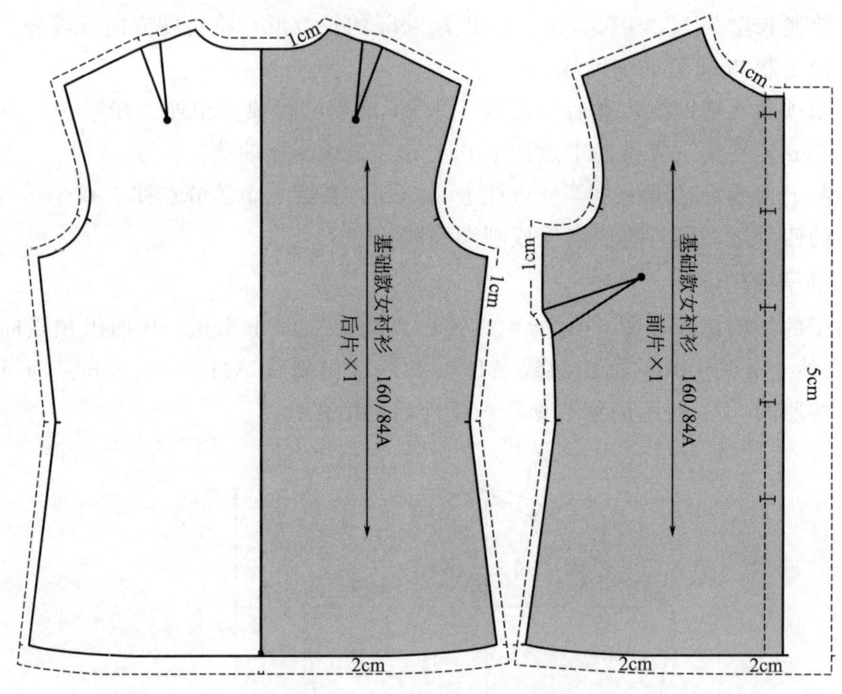

图 8-11 前、后衣片纸样

2. 领子、袖片纸样

如图 8-12、图 8-13 所示，各部位均加放缝份 1cm。标注对位记号。

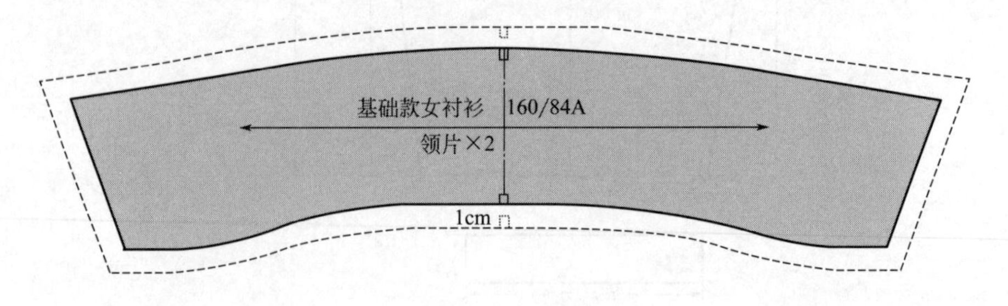

图 8-12 领子纸样

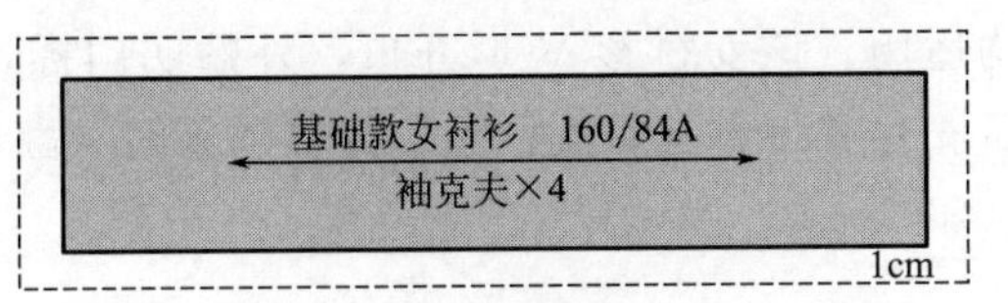

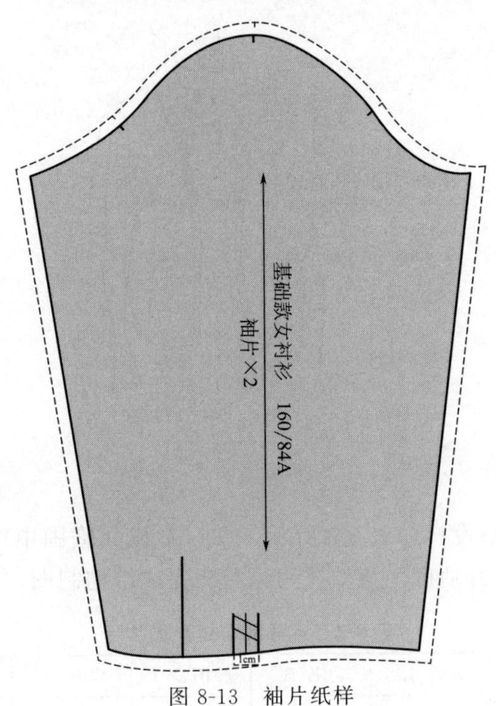

图 8-13　袖片纸样

第三节　变化款女衬衫结构设计与纸样

预习思考

- 收集变化款女衬衫的款式及对应的结构制图。
- 变化设计的部位如何实现结构设计？

变化款女衬衫的结构设计主要是在基础款的结构上进行变化，主要在于衣身的分割、褶裥和省道变化等。

一、变化款女衬衫 1（刀背缝女衬衫）结构设计与纸样

（一）款式特点

如图 8-14 所示，该款女衬衫为合体型衣身，款式庄重、大方，适合夏季职场

穿着，中薄型面料均适用。该女衬衫V形开口，外贴明门襟，底摆有弧度；其前衣片有刀背分割，后衣片有腰省至底摆；领子为带领座的立翻领；袖子为短袖，袖口折边。

图 8-14　刀背缝女衬衫款式

（二）规格设计

该款女衬衫的规格设计如表8-2所示，女衬衫成品胸围中加放10cm松量，肩宽39cm，达到宽松的舒适度。该款式用原型法完成结构制图。

表 8-2　刀背缝女衬衫尺寸　　单位：cm

号型	部位名称	衣长(L)	胸围(B)	腰围(W)	肩宽(S)	袖长(SL)	袖口宽
160/84A	净体尺寸	38(背长)	84	66	38	52	
	成品尺寸	60	94	77	39	20	30

（三）结构设计

该款女衬衫衣身部分的结构设计采用日本文化式八代原型（新原型）。

视频55　刀背缝女衬衫省道处理

1. 原型省道处理

前片袖窿省的1/3量保留，余下2/3量的省道转移到刀背缝的分割线中，如图8-15所示。

后片肩胛省的2/3量转移到袖窿为松量，余下1/3量作为肩部吃势处理，如图8-16所示。

2. 后衣片结构设计

后衣片结构设计如图8-17所示。

（1）绘制衣长　将原型从腰围线往下加长22cm，取臀长18cm，确定臀围线。

（2）绘制后中心线　该款式后片连裁，故将后中心绘制成翻折线。

（3）绘制领围线和肩线　该女衬衫领型为立翻领，故要开大侧颈点0.5cm，将

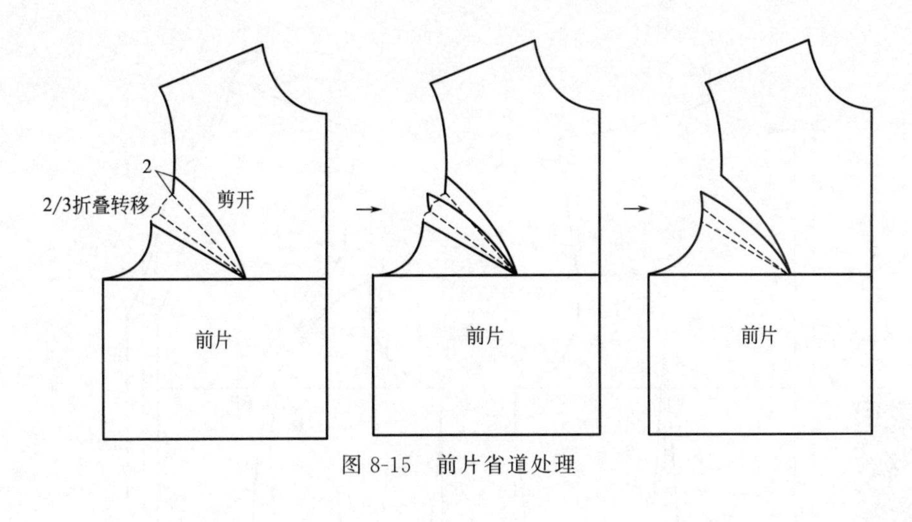

图 8-15 前片省道处理

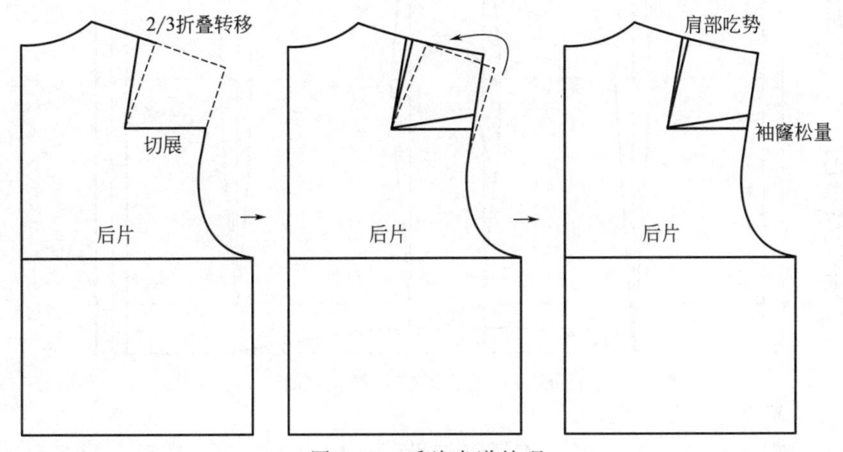

图 8-16 后片省道处理

后颈点与侧颈点连成圆顺曲线，并确定肩线。

（4）绘制侧缝线和底摆线 将侧缝辅助线向内收 1.5cm，底摆起翘 2cm，连成顺直侧缝线和底摆线，注意侧缝与底摆交角修成 90°。

（5）绘制省道 将腰围二等分，确定省中线，长度如图 8-17 所示，完成省宽为 3cm 的省道。

3. 前衣片结构设计

前衣片结构设计如图 8-17 所示。

（1）绘制领围线和肩线 前直开领下降 0.7cm，前横开领加宽 0.5cm，将后颈点与侧颈点连成圆顺曲线，并确定肩线。

（2）绘制前门襟和扣位 该女衬衫款式为 V 形开襟，装明门襟，设计门襟宽为 2.5cm，V 领长度 11cm。门襟装 5 颗扣，第一颗位置为前颈点向下 11cm，最后一颗位置距离底摆线 16cm。

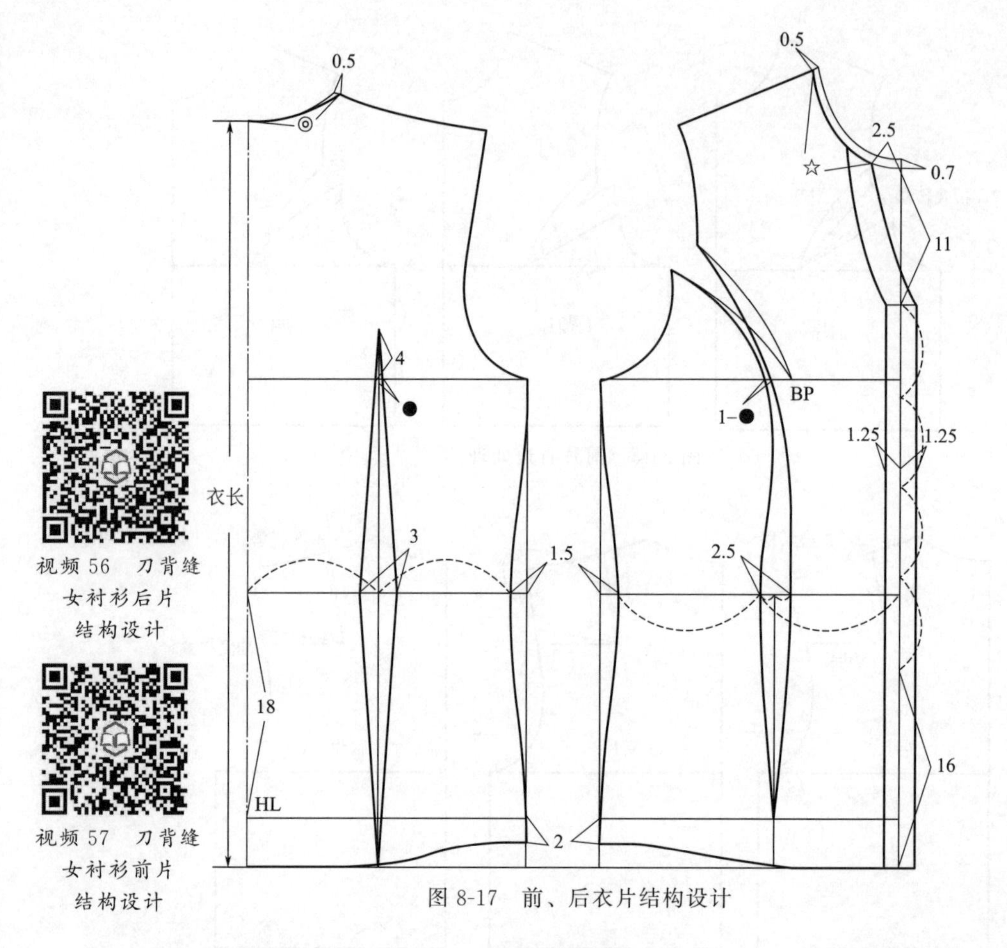

图 8-17 前、后衣片结构设计

（3）绘制侧缝线和底摆线 将侧缝辅助线向内收 1.5cm，底摆起翘 2cm，连成顺直侧缝线和底摆线，注意侧缝与底摆交角修成 90°。

（4）绘制刀背分割线 将腰围二等分，确定刀背缝位置，腰围处收量为 2.5cm。胸围处收量如下计算：该款式胸围为 94cm，而原型胸围为 96cm，故在前片分割线上收掉 1cm 的量。由于后片省道在胸围处已收掉一部分，量取数值记为●，则前片胸围处收量为 1－●。

根据衣身结构设计，将前片和侧片的轮廓线分离。

4. 领子结构设计

立翻领由领座和领面组成，领座宽 3cm，领面宽 4.2cm，结构设计如图 8-18 所示。

5. 袖子结构设计

确定袖山高：合并前片和侧片的刀背缝，再根据前、后衣片的袖窿弧线，确定袖山高，如图 8-19 所示。

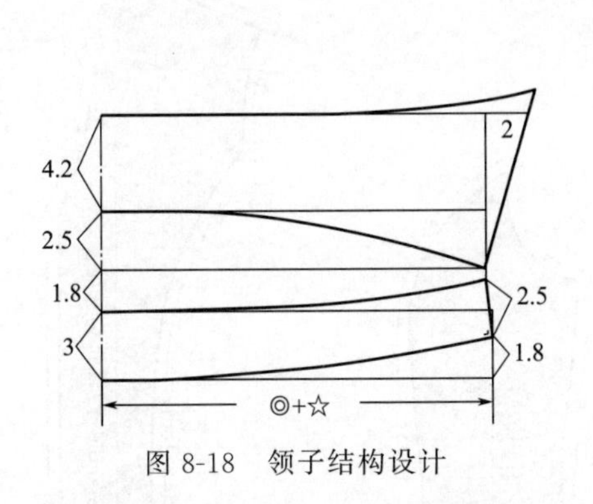

图 8-18　领子结构设计

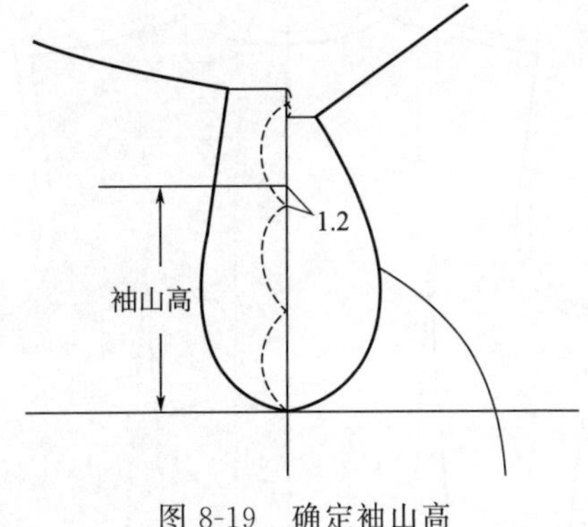

图 8-19　确定袖山高

短袖袖长 20cm，袖口宽 30cm。从袖山顶点向袖宽（袖肥）线上分别引画前袖山斜线前 AH－0.5cm 和后袖山斜线后 AH，袖山弧线按照一片袖结构设计原理完成，如图 8-20 所示的细节参数画顺前后袖山弧线。

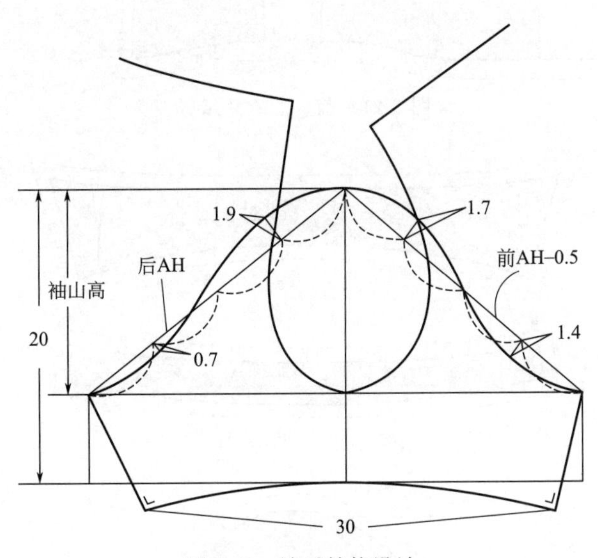

图 8-20　袖子结构设计

（四）纸样制作

1. 前、后衣片纸样

如图 8-21 所示，前后衣片底摆加放缝份 2cm，其余部位加放缝份 1cm。标注对位记号和省位点。

2. 领片、袖片、门襟条纸样

如图 8-22～图 8-24 所示，除袖口加放 2cm，其余各部位均加放 1cm。标注对位记号和省位点。

1cm
刀背缝女衬衫 160/84A
后片×1
1cm
1cm
2cm
刀背缝女衬衫 160/84A
侧片×2
1cm
1cm
1cm
2cm
1cm
1cm
1cm
1cm
刀背缝女衬衫 160/84A
前片×2
1cm
1cm
2cm

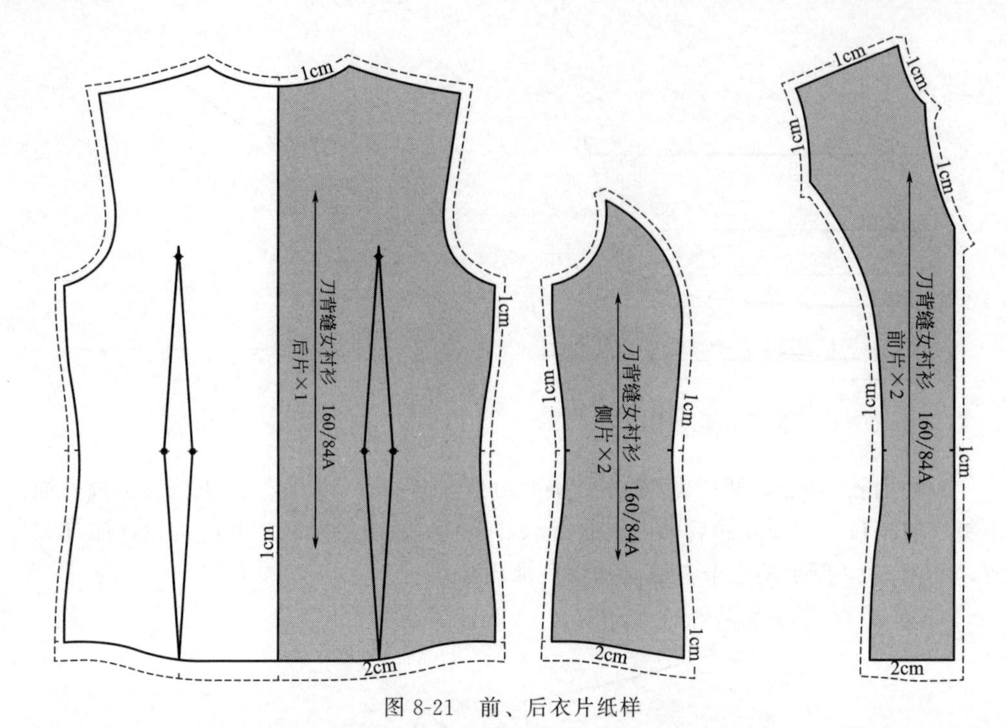

图 8-21 前、后衣片纸样

刀背缝女衬衫 160/84A
领面×2
1cm
刀背缝女衬衫 160/84A
领座×2
1cm

图 8-22 领片纸样

1cm
刀背缝女衬衫 160/84A
袖片×2
1cm
2cm

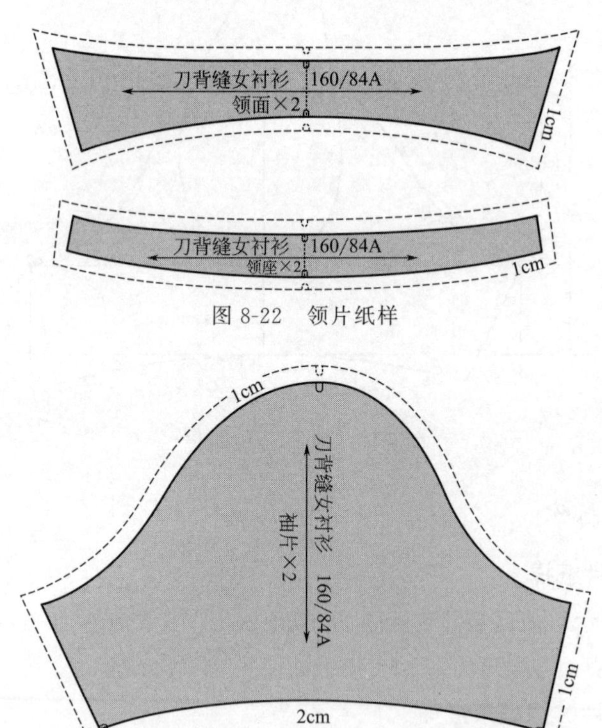

图 8-23 袖片纸样

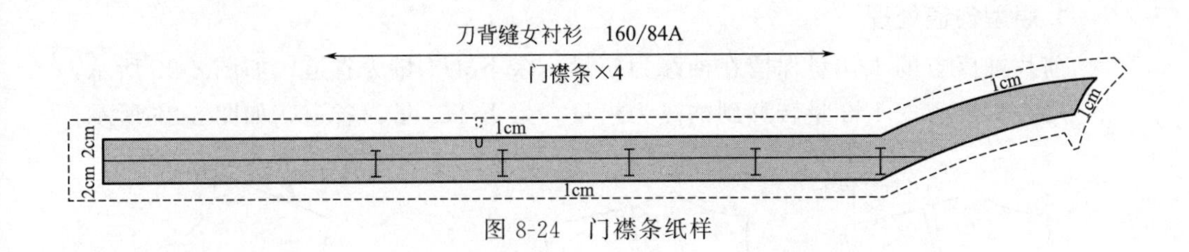

图 8-24　门襟条纸样

二、变化款女衬衫 2（U 形分割女衬衫）结构设计与纸样

（一）款式特点

如图 8-25 所示，该款女衬衫为宽松型衣身，款式休闲、活泼，穿着自然、蓬松，适合中薄型面料。该女衬衫前后肩胸背“U”形分割，前胸下分割线安装宝剑式横襻；底摆处穿细松紧带；领型借鉴中国传统旗袍，立领改良为平立领；袖子为短袖，袖口装条状袖口条。

图 8-25　U 形分割女衬衫款式

视频 58　U 形分割女衬衫结构设计

（二）规格设计

该款女衬衫的规格设计如表 8-3 所示，女衬衫成品胸围中加放 12cm 松量，肩宽 39cm，达到宽松的舒适度。该款式用原型法完成结构制图。

表 8-3　U 形分割女衬衫尺寸　　单位：cm

号型	部位名称	衣长(L)	胸围(B)	肩宽(S)	袖长(SL)	袖口宽
160/84A	净体尺寸	38(背长)	84	38	52	
	成品尺寸	60	96	39	28	28

（三）结构设计

该款女衬衫衣身部分的结构设计采用日本文化式八代原型（新原型）。

1. 原型省道处理

前片袖窿省的 1/4 量保留在袖窿为松量，余下 3/4 量为省道，如图 8-26 所示。

后片肩胛省的 1/2 量转移到袖窿为松量，余下 1/2 量为省道，如图 8-26 所示。

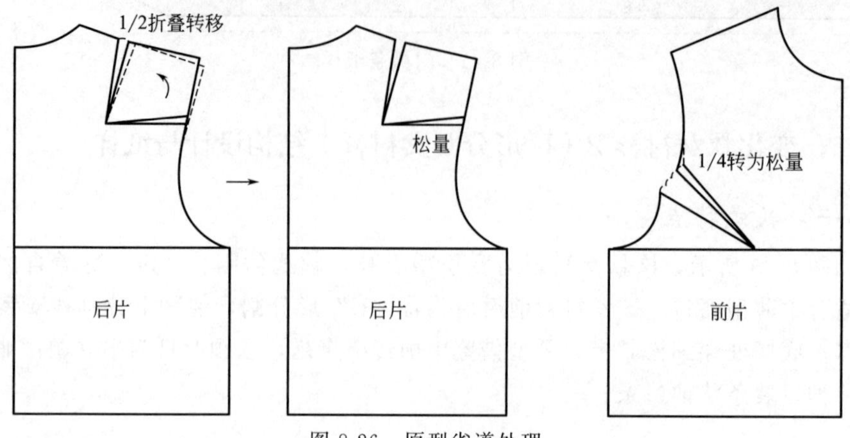

图 8-26　原型省道处理

2. 后衣片结构设计

后衣片结构设计如图 8-27 所示。

（1）绘制衣长：将原型从腰围线往下加长 23cm。

（2）绘制后中心线：该款式后片连裁，故将后中心绘制成翻折线。

（3）绘制领围线：该女衬衫领型为平立领，故要开深后直开领 1cm，侧颈点往里收 3cm，将后颈点与侧颈点连成圆顺曲线。

（4）绘制肩线和袖窿线：肩点往内收 1cm，连接新的肩线和袖窿线。

（5）绘制侧缝线和底摆线：将底摆向外 5cm，起翘 2cm，连成顺直侧缝线和底摆线，注意侧缝与底摆交角修成 90°。

（6）绘制 U 形分割线：在距离后颈点 17cm 处做横向分割，宽度 10cm，并加放 3cm 的抽褶量。将肩线二等分，中点即为纵向分割线起点。将肩线上所含省道的量△转移到分割线上，将后片分割成后上片和后片。

3. 前衣片结构设计

前衣片结构设计如图 8-27 所示。

（1）绘制领围线　前直开领下降 2cm，前横开领加宽 3cm，将后颈点与侧颈点连成圆顺曲线。

（2）绘制肩线和袖窿线　肩点往内收 1cm，连接新的肩线和袖窿线。

（3）绘制侧缝线和底摆线　将底摆向外 5cm，起翘 2cm，连成顺直侧缝线和底摆线，注意侧缝与底摆交角修成 90°。

（4）绘制前门襟　该女衬衫款式为 V 形开襟，装明门襟，设计门襟宽为

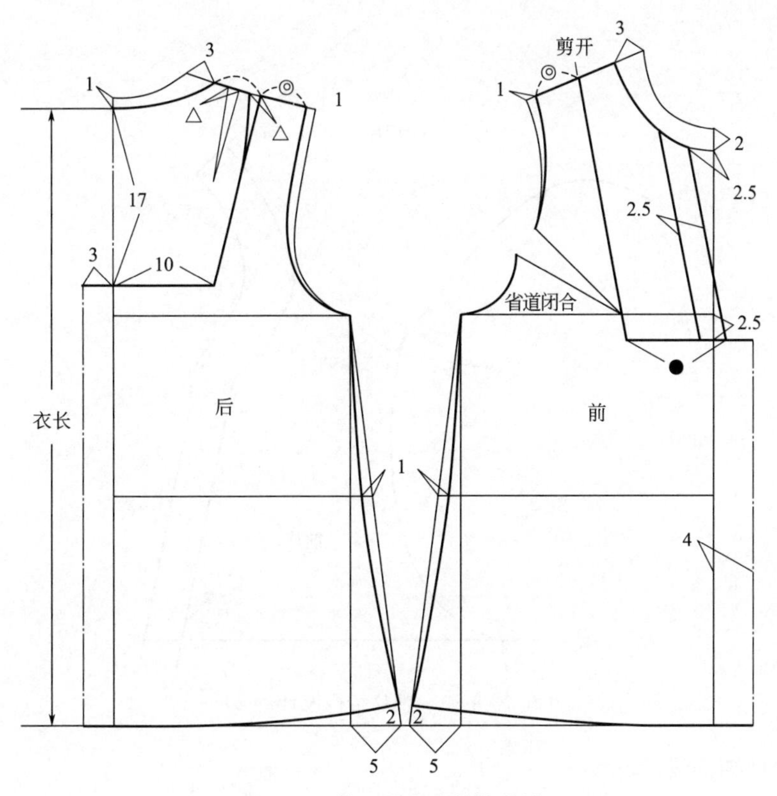

图 8-27　前、后衣片结构设计

2.5cm，长度在胸围线以下 2.5cm。

（5）绘制 U 形分割线　在肩线上，从肩点量取与后肩分割等长◎的点作为分割线起点，经过 BP 点与胸围线以下 2.5cm 的横向分割线相交，并在横向加放 4cm 的抽褶量，将前片分割成前上片和前片。

（6）绘制横襻　在前片上量取横襻长度●，宽度 2cm，两端做宝剑头设计，如图 8-28 所示。

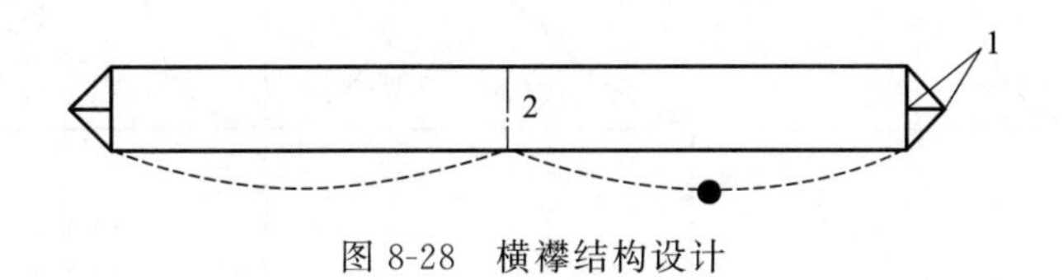

图 8-28　横襻结构设计

4. 领片结构设计

该女衬衫领型为平立领，为贴合衣身领围线，操作时将前后衣片拼合，在肩点处交叠 2cm。根据衣片前后领围线，绘制领宽为 2.8cm 的平立领，如图 8-29 所示。

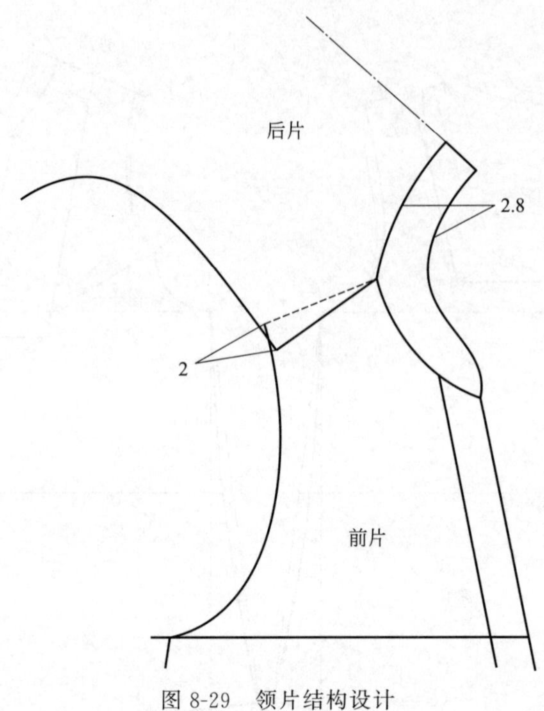

图 8-29　领片结构设计

5. 袖片结构设计

确定袖山高：合并前片和侧片的刀背缝，再根据前、后衣片的袖窿弧线，确定袖山高，如图 8-30(a) 所示。

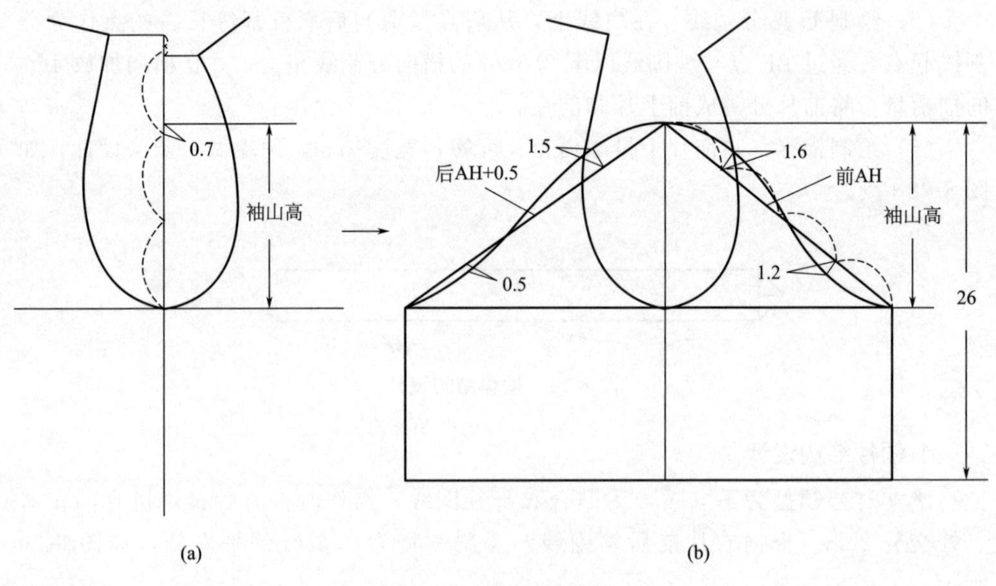

图 8-30　袖片结构设计

短袖袖长 26cm，从袖山顶点向袖宽（袖肥）线上分别引画前袖山斜线前 AH 和后袖山斜线后 AH＋0.5cm，袖山弧线按照一片袖结构设计原理完成，如图 8-30(b) 所示的细节参数画顺前后袖山弧线。袖口条长 28cm，宽 2cm，如图 8-31 所示。

图 8-31　袖口条结构设计

（四）纸样制作

1. 前、后衣片纸样

前片先将袖窿省合并，连顺新的分割线，如图 8-32 所示。

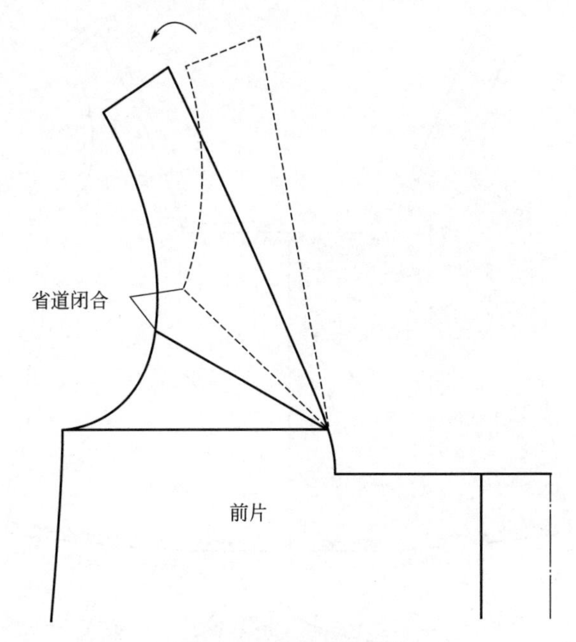

图 8-32　前片省道转移

前后衣片底摆加放缝份 2cm，其余部位加放缝份 1cm。标注对位记号和省位点。如图 8-33 所示。

2. 领片、袖片及横襻纸样

如图 8-34～图 8-36 所示，各部位均加放缝份 1cm。标注对位记号和省位点。

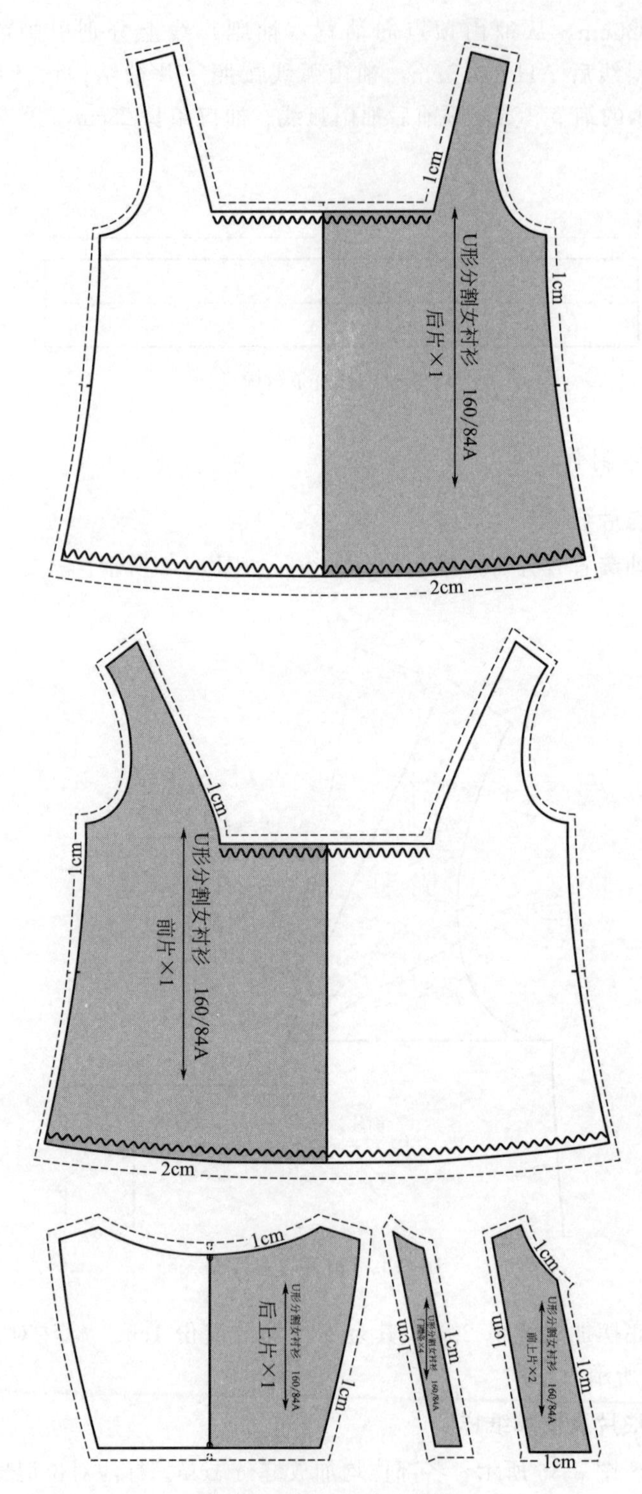
1cm
U形分割女衬衫 160/84A
后片×1
1cm
2cm
1cm
1cm
U形分割女衬衫 160/84A
前片×1
2cm
1cm
U形分割女衬衫 160/84A
后上片×1
1cm
1cm
1cm
1cm
1cm
U形分割女衬衫 160/84A
前上片×2
1cm
1cm

图 8-33 前、后衣片纸样

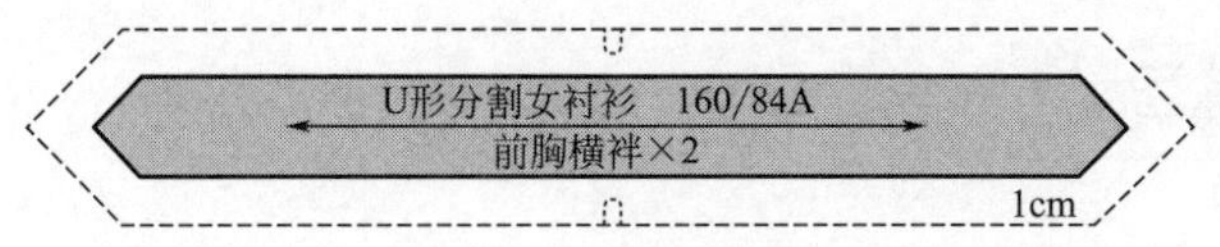

图 8-34 横襻纸样

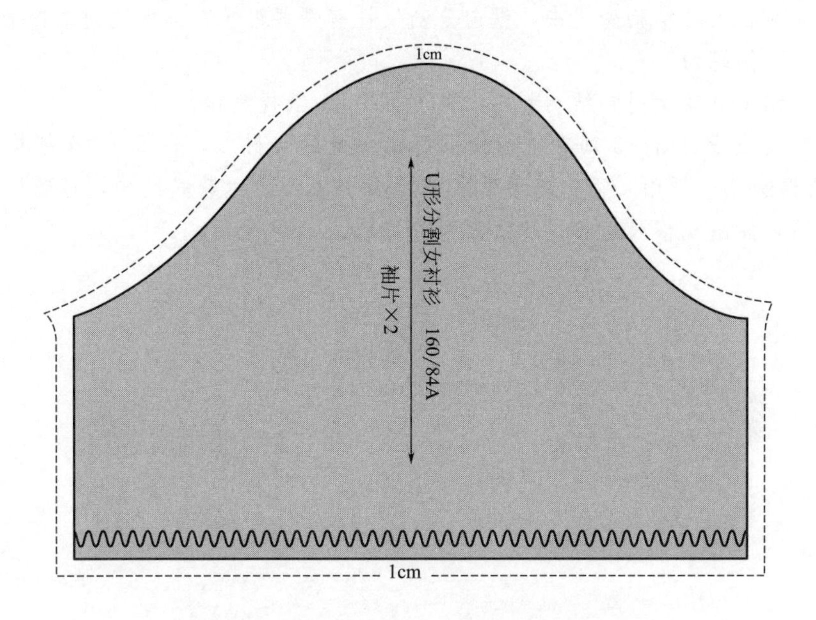

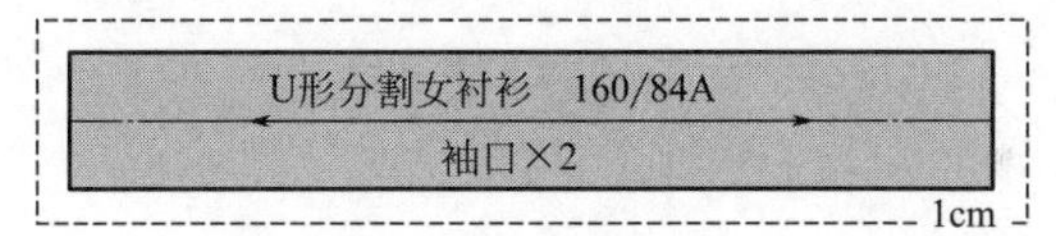

图 8-35 袖片纸样

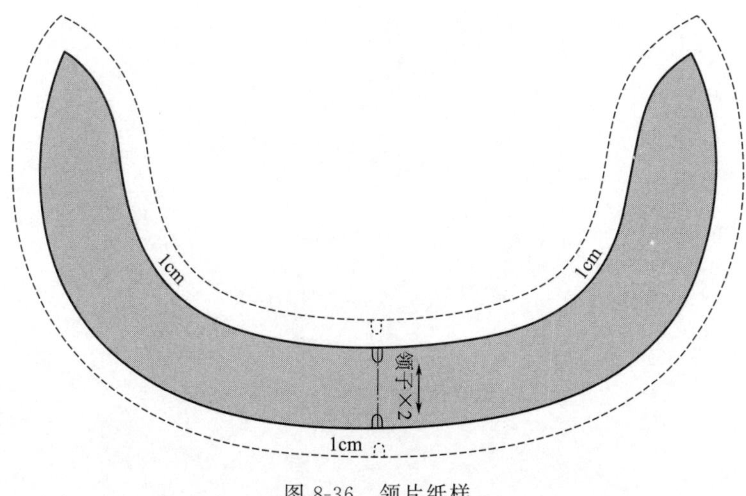

图 8-36 领片纸样

思考与练习

一、思考题

1.女衬衫衣身结构变化中，横向分割设计有哪些部位？如何达到结构平衡？

2.女衬衫衣身结构变化中，纵向分割设计有哪些部位？如何达到结构平衡？

二、项目练习

1.绘制基础款女衬衫结构制图，并进行1∶1纸样制作。

2.收集或设计3～5款有结构设计变化形式的女衬衫，进行1∶5结构设计和1∶1纸样制作，须附正面、背面款式图，要求清晰显示款式结构，可辅以局部结构放大图，并附规格尺寸表、建议面料等信息。

参考文献

［1］ 陈明艳. 女装结构设计与纸样［M］. 2版. 上海：东华大学出版社，2013.
［2］ 张祖芳，周静. 女装结构设计［M］. 上海：学林出版社，2014.
［3］ 戴鸿. 服装号型标准及其应用［M］. 3版. 北京：中国纺织出版社，2009.
［4］ 三吉满智子. 服装造型学（理论篇）［M］. 郑嵘，张浩，韩洁羽，译. 北京：中国纺织出版社，2006.
［5］ 刘瑞璞. 服装纸样设计原理与应用（女装编）［M］. 北京：中国纺织出版社，2008.
［6］ 张文斌. 服装结构设计［M］. 北京：中国纺织出版社，2006.
［7］ 海伦・约瑟夫-阿姆斯特朗. 高级服装结构设计与纸样（基础篇）［M］. 王建萍，译. 上海：东华大学出版社，2013.
［8］ 海伦・约瑟夫-阿姆斯特朗. 高级服装结构设计与纸样（下册）［M］. 王建萍，译. 上海：东华大学出版社，2018.
［9］ 房世鹏. 衣领袖结构设计与制板［M］. 北京：中国纺织出版社，2015.
［10］ 胡迅，须秋洁，陶宁. 女装设计［M］. 2版. 上海：东华大学出版社，2015.
［11］ 吕学海. 服装结构原理与制图技术［M］. 北京：中国纺织出版社，2008.
［12］ 尹玲. 服装CAD应用［M］. 北京：中国纺织出版社，2017.
［13］ 日本文化服装学院. 服饰造型基础［M］. 上海：东华大学出版社，2005.
［14］ 阳川，练红. 服装结构设计师的专业素质［J］. 成都纺织高等专科学校学报，2005（1）：11-12.
［15］ 宋静容. 现代服装样板师的培养模式探讨［J］. 浙江纺织服装职业技术学院学报，2005（3）：91-94.
［16］ 中华人民共和国国家质量监督检验检疫总局，中国国家标准化管理委员会.《GB/T 15557—2008 服装术语》［M］. 北京：中国标准出版社，2008.